北京理工大学“双一流”建设精品出版工程

RECHULI GONGYI XUE

热处理工艺学

王迎春　程兴旺 ◎ 主编

北京理工大学出版社
BEIJING INSTITUTE OF TECHNOLOGY PRESS

图书在版编目(CIP)数据

热处理工艺学 / 王迎春,程兴旺主编. --北京:北京理工大学出版社,2021.6(2025.1重印)

ISBN 978-7-5682-9866-7

Ⅰ.①热…　Ⅱ.①王…②程…　Ⅲ.①热处理-工艺学-高等学校-教材　Ⅳ.①TG156

中国版本图书馆CIP数据核字(2021)第098550号

责任编辑:多海鹏　　文案编辑:辛丽莉
责任校对:周瑞红　　责任印制:李志强

出版发行/北京理工大学出版社有限责任公司
社　　址/北京市丰台区四合庄路6号
邮　　编/100070
电　　话/(010) 68944439(学术售后服务热线)
网　　址/http://www.bitpress.com.cn

版 印 次/2025年1月第1版第4次印刷
印　　刷/廊坊市印艺阁数字科技有限公司
开　　本/787 mm×1092 mm　1/16
印　　张/13
字　　数/293千字
定　　价/48.00元

前言

金属材料是最重要的工程结构材料之一，其组织性能的合理调控关系着工程构件、机器零件和工模具的使用安全、使用寿命和经济成本等。热处理作为改变金属材料内部组织结构和性能的最常用的方法，在机械制造、航空航天、汽车制造、新能源等领域有着广泛的应用。热处理技术的发展与完善直接关系到我国制造业水平的提升与核心竞争力的增强，其基本原理和方法是金属材料领域科技人员应该掌握的专业基础。

热处理工艺学是研究热处理各种工艺原理和规律的一门学科，主要是解决热处理“怎么做”的问题，包括热处理工艺方法选择、工艺参数的确定和热处理缺陷的控制与预防等。本书共分为六章，第1章阐述了金属加热的传热原理、加热参数的确定以及加热缺陷的预防与控制。第2章到第5章系统介绍了钢的常用热处理工艺，包括退火、正火、淬火、回火、表面淬火、化学热处理等工艺的特点与应用、工艺参数的确定、常见热处理缺陷的预防与补救等。此外还结合近年来材料领域热处理技术和工艺的最新进展，实时地增加了各种先进工艺方法的简介。第6章通过独立章节全面地介绍了综合形变和相变的先进复合工艺--形变热处理的各种工艺方法。

在中华民族伟大复兴的征程中，科技创新始终是推动社会进步的重要力量。随着科技的快速发展，新材料、新工艺层出不穷，对热处理技术的要求也越来越高。因此，我们编写的教材力求注重基础，突出应用，强调创新。

本书在编写过程中参阅并引用了部分国内外相关教材、科技著作及论文内容，在此特向有关作者表示衷心感谢！

本书可作为金属材料专业本科生专业教材，也可供从事金属材料及热处理工艺研究和生产的广大科技人员参考。

由于编者水平有限，书中的疏漏和缺点在所难免，敬请广大读者批评指正。

编　者

前言

编者

目　录
CONTENTS

第 1 章
金属的加热

金属热处理就是将金属工件放在一定的介质中加热到某一温度，并保温一定时间，然后以适当的冷速进行冷却，获得所需要的组织结构来满足工件的性能要求的技术。加热是热处理的首要工序。加热对热处理质量有直接的影响。

金属工件的加热方式分为直接加热和间接加热。直接加热为内阻直接加热，不需要加热介质，如直接通电进行电阻加热、电磁感应加热、低能粒子轰击加热（激光加热、电子束加热）等。间接加热是利用外热源的热量，通过加热介质，以对流、传导以及辐射的方式向工件传递热量，如电阻炉、盐浴炉或燃料炉加热等。

在加热过程中，材料内在的热力学状态、晶体结构、物理化学性质或化学成分分布会发生变化，随后在一定冷速下冷却，获得预期的组织性能。若加热不加控制，则可能会给工件带来性能恶化，如引起工件的氧化和脱碳，造成工件表面质量下降、硬度降低、使用寿命减少等情况。

加热参数主要包括加热速度、加热温度和加热时间等。合理的加热参数是保证工件顺利进行热处理，获得最终理想组织性能的关键因素之一。因此，热处理时对加热参数有一定的要求。

本章将讨论金属材料在热处理时的物理过程及其影响因素、加热参数的确定、钢加热时的氧化与脱碳反应及控制、加热缺陷及其预防等。

1.1 金属加热的物理过程及其影响因素

金属工件在加热炉内加热时，热量由炉内热源传递给工件表面，工件表面得到热量再向工件内部传递。由炉内热源把热量传递给工件表面的过程，可以借助辐射、对流及热传导的方式实现。工件表面获得热量后向工件内部传递的过程，则靠热传导方式进行。

1.1.1 加热介质与工件表面的传热过程

1. 对流传热

对流传热时，热量的传递靠发热体与工件之间流体的流动进行。流体质点在发热体表面靠热传导获得热量，然后流动至工件表面时将其热量又借热传导传递给工件表面。对流过程中，相互对流的粒子相遇时也要发生热交换。因此，对流传热和流体的转移密切相关。

对流传热时单位时间内加热介质传递给工件表面的热量有如下关系：

$$Q_c = \alpha_c F(t_{介} - t_{工}) \tag{1-1}$$

式中 Q_c——单位时间内通过热交换面对流传热给工件的热量，J/h；

$t_{介}$——介质温度，℃；

$t_{工}$——工件表面温度，℃；

α_c——对流传热系数，J/(m^2·h·℃)；

F——热交换面积（工件与流体接触面积），m^2。

由对流传热的物理过程可以看出，对流传热过程的传热系数对热量的传递起着重要的作用，影响传热系数 α_c 的因素很复杂，主要包括以下几种。

1）传热流体运动情况

作为传递热量的流体，其运动状态可分为静止和强迫流动两种。静止状态的液体或气体在加热过程中由于靠近热源与远离热源（工件附近）处的温度不同，其密度也不同，因而发生自然对流，其热量的传递就靠自然对流进行，因此其传热系数 α_c 较小。

强迫流动是指用外加动力强制流体运动，如气体炉用风扇强制气体循环等。由于此时流体运动速度快，因此传热系数较大。强迫流动时，如果流体沿着工件表面一层层有规则地流动，则称为层流。它使流体质点与工件表面热交换后不能及时离开，影响传热。当流体不规则地流过工件表面时，流体质点能在热交换后较快地离开工件表面，因而有利于传热。流体的这种不规则运动，称为紊流。紊流的传热系数大于层流的传热系数。当以空气作为加热介质并沿着单个的圆柱方向流动时，其对流传热系数为

$$\alpha_c = (4.64 + 3.49 \times 10^{-3}\Delta T) - \frac{\omega^{0.61}}{D^{0.39}} \times 3\ 600\ \text{J/(m}^2\cdot\text{h}\cdot℃) \tag{1-2}$$

式中 D——圆柱体直径，m；

ΔT——空气和圆柱体的温差，℃；

ω——空气流动速度，m/s。

2）流体的物理性质

流体的导热系数、比热及密度越大，传热系数 α_c 越大；黏度系数越大，越不易流动，传热系数则越小。

3）工件表面形状及其在炉内放置位置

工件表面形状及其在炉内放置位置（或方式）不同，传热系数也不同。工件形状和放置位置对流体流动越有利，则传热系数越大。

2. 辐射传热

当物体的温度大于绝对零度时，就能从表面放出辐射能，温度越高，辐射出的总能量就越大。辐射能的载运体是电磁波。波长为 0.1～100 μm 的辐射能被物体吸收后变为热能，而波长在此范围内的电磁波为热射线。热射线的传播过程称为热辐射。物体在单位时间内由单位表面积辐射的能量为

$$E = c\left(\frac{T}{100}\right)^4\ \text{J/(m}^2\cdot\text{h)} \tag{1-3}$$

式中 T——物体的绝对温度，K；

c——辐射系数，J/(m^2·h·K^4)。

c=20.52 kJ/(m^2·h·K^4) 的物体称为绝对黑体，即辐射来的能量全部吸收，常以 c_0

表示。在相同温度下，一切物体的辐射能以黑体为最大，即 $c<c_0$。

工件放在炉内加热时，一方面要接受从发热体、炉壁等辐射来的能量，但一般金属材料均非绝对黑体，因此对辐射来的能量不可能全部吸收，有部分热量要反射出去；另一方面，工件本身也要辐射出去一部分热量。因而用来加热工件的热量应由发热体、炉壁等辐射来的热量，减去反射的热量及自身辐射的热量。在辐射传热时工件表面所吸收的热量 Q_r 可用下式表示，即

$$Q_r = A_n c_0 \left[\left(\frac{T_1}{100} \right)^4 - \left(\frac{T_2}{100} \right)^4 \right] F \tag{1-4}$$

式中　A_n——相当吸收率，与工件表面黑度、发热体表面黑度、工件相对于发热体的位置及炉内介质等有关；

T_1——发热体（或炉壁）的绝对温度，K；

T_2——工件表面的绝对温度，K；

F——工件吸收热量 Q_r 的表面积，m^2。

当发热体与工件之间存在挡板等遮热物时，将使辐射传热量减少。例如，两平行板间发生辐射传热时，若中间放置另一块平板，计算表明，其辐射传热量将减少一半，这种作用称为遮热作用。

当发热体与工件之间存在气体介质时，则这些气体将吸收辐射能。有些气体吸收辐射能的数量极少，可以近似地认为它们不吸收辐射能，如单原子气体 H_2、O_2、N_2 等；但是另外一些气体，如 CO_2、H_2O 等都能吸收较多的能量。气体吸收射线的波长具有选择性，亦即对有些波长范围内的射线不吸收，而对另一些波长范围内的射线有吸收作用。当射线经过气体时，其能量在行进过程中逐渐被吸收，剩余的能量则透过气体。气体层的厚度越大，压力越大，吸收能力也越强。所有气体对射线的反射率都等于零。气体本身也辐射能量，其辐射能力与绝对温度的四次方成比例。

3. 传导传热

传导传热是通过传热物质质点间的相互碰撞进行热量传递。传热物质质点在原位做热振动时，它们之间的互相碰撞，促使具有较高能量的质点把部分能量（热量）传递给能量较低的质点。温度是表征物体内能高低的一种状态参数，因此，热传导过程是温度较高（内能较高）的物质向温度较低（内能较低）的物质传递热量的过程。热传导过程的强弱以单位时间内通过单位等温面的热量，即热流量密度 q[$J/(m^2 \cdot h)$]表示，其公式为

$$q = -\lambda \frac{dT}{dx} \tag{1-5}$$

式中　λ——热传导系数，$J/(m \cdot h \cdot ℃)$；

$\frac{dT}{dx}$——温度梯度；

–——（负号）表示热流量方向和温度梯度方向相反。

4. 综合传热

在实际工件加热过程中，上述三种传热方式往往同时存在，但会依据加热介质、加热温度的不同以其中一种或两种传热方式为主。同时考虑上述三种传热方式的称为综合传热，其

传热效果可以认为是三种传热的单独传热结果之和，即

$$Q = Q_c + Q_r + Q_{cd} \tag{1-6}$$

式中 Q_c、Q_r 和 Q_{cd} 分别表示对流传热、辐射传热和热传导传热的热量。

由于这三种传热过程很难截然分开，所以在工件加热时往往综合考虑，并以下式表示：

$$Q = \alpha(t_{介} - t_{工}) \tag{1-7}$$

式中 α——综合传热系数，J/(m^2·h·℃)。

且 $\alpha=\alpha_c+\alpha_r+\alpha_{cd}$，其中 α_c，α_r 和 α_{cd} 分别表示对流传热、辐射传热和热传导传热的传热系数。

5. 加热介质对传热系数 α 的影响

热处理加热时，常用的加热介质有空气、惰性气体（氮气、氨气）、氨热分解气体、$CO-H_2-N_2-H_2O-CO_2$、N_2-CO-H_2 混合气体、熔融盐类液体和熔融金属液体等。流态化炉（也称为流动粒子炉）在生产上也有应用，因为它的加热介质常为石墨粒子或砂粒（如石英砂等），因此可以把它视为固体介质。真空加热在热处理加热中也有广泛的应用，其本质是在稀薄的空气介质中加热。

1）流态化炉中加热的特点

采用石墨粒子作为流态化物质时，石墨粒子既作为电阻发热体，又作为加热介质（石英砂只作加热介质用）。因为内热式流态化炉（类似于内热式盐炉）中，石墨粒子放在两电极之间，石墨是导体，故两电极通过石墨导电。当流态化炉工作时，一定压力和流量的气流由炉底通入炉内，吹动石墨粒子上下翻滚，犹如加热液体沸腾一样，两极间石墨粒子之间时而接触，时而分离，产生一定电阻，电流流过时发热。与此同时，通过对流直接接触及辐射将热量传给工件。据试验，在流态化炉中加热时，在高温时辐射传热约占50%。在850 ℃时石墨粒子流态化炉的传热系数 α=1 758 kJ/(m^2·h·℃)，相当于中温盐炉的传热系数。

2）在液态介质（熔盐或金属）中加热的特点

工件在液体介质中加热时，以热传导为主，兼有辐射传热及对流传热。当以综合传热公式表示时，其传热系数则与液体的导热系数、比热、密度有很大关系。例如，在相同加热温度下，铅浴的传热系数比盐浴大一倍以上。有人测定 50%KCl+50%NaCl 盐浴在 900 ℃时的传热系数为 2 261 kJ/(m^2·h·℃)。

3）在气体介质中加热的特点

在气体介质中加热时，在高温区以辐射传热为主，而在低于 600 ℃的循环气体炉中则以对流传热为主，在中间温度区域（如中温淬火加热）两者均有一定作用，故在可控气氛加热时安装气流循环风扇，不仅对炉内气氛成分均匀有很重要的作用，而且对加速传热也有一定作用。表 1-1 为钢材在不同温度、不同介质中加热时的传热系数计算值 α_t（炉温与工件最终加热温度差为 10 ℃）及不同气流速度下的经验传热系数 α_e 值。由于用可控气氛光亮加热时工件表面光洁，黑度较小，故传热系数小。

4）真空加热的特点

真空加热时为辐射传热。由于表面光洁，黑度更小，因而传热系数计算值 α_t 较光亮加热时更小。

表 1-1　传热系数计算值 α_t 和经验传热系数 α_e

炉温/℃	钢材 α_t/[kJ·(m^2·h·℃)$^{-1}$]		气流速度/(m·min^{-1})	α_e/[kJ·(m^2·h·℃)$^{-1}$]
	空气介质	光亮加热	自然对流	
300	75.4	46	2	63~75
500	184.3	105	5	92~121
700	368.6	209	10	147~167
900	615.5	355.9	15	251~335

1.1.2　工件内部的传热过程

工件表面获得热量以后，表面温度升高，表面与内部的温度存在着温度梯度，因此发生热传导过程。如前所述，其传热强度可以用比热流量公式（1-5）表示，即

$$q = -\lambda \frac{dT}{dx}$$

此处导热系数 λ 为被加热工件材料的热传导系数。热传导系数 λ 是材料的热物理参数，它说明材料具有单位温度梯度时所允许通过的热流量密度。

热传导系数 λ 的数值，对钢来说和它的化学成分、组织状态及加热温度有关。图 1-1 为钢中合金元素含量对热传导系数的影响。由图 1-1 可以看出，钢中合金元素会不同程度地降低钢的热传导系数。热传导系数随着钢中各组织组成物，按奥氏体、淬火马氏体、回火马氏体、珠光体的顺序增大。热传导系数与温度的关系近似地呈线性关系：

$$\lambda = \lambda_0(1 + bt) \tag{1-8}$$

式中　λ——温度为 t ℃时的热传导系数；

λ_0——温度为 0 ℃时的热传导系数；

b——热传导温度系数，与钢的化学成分及组织状态有关，1/℃。

图 1-2 为不同钢的热传导系数与温度的关系。由图可见，在低温时合金元素强烈地降低热传导系数，随着温度的提高，其影响减弱。高于 900 ℃时，合金元素的影响已看不出来，因为此时已处于奥氏体状态，奥氏体的热传导系数最小。纯铁和碳钢的热传导系数随着温度的升高而降低。

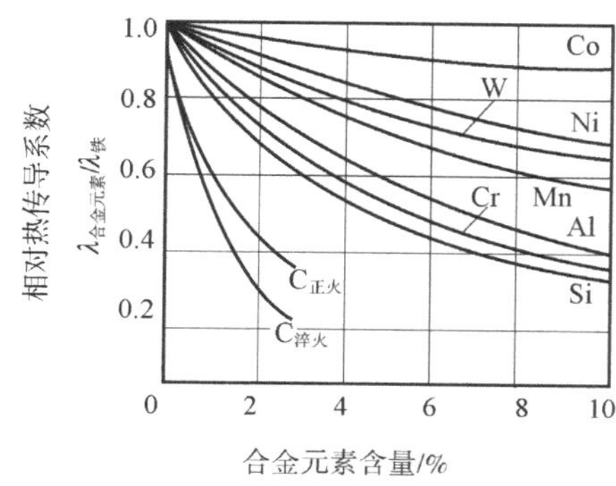

图 1-1　合金元素对二元铁合金热传导系数的影响

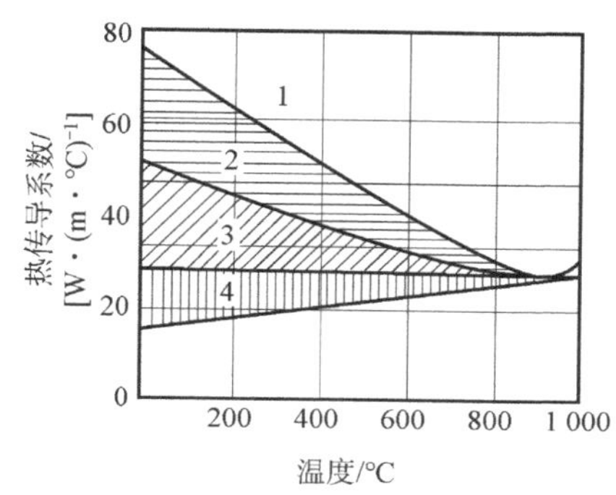

图 1-2　不同钢的热传导系数与温度的关系

1—纯铁；2—碳钢；3—合金钢；4—高合金钢

1.2 金属加热参数的确定

热处理过程中的加热对工件热处理质量有直接影响。工件的加热状态取决于加热速度、加热温度、加热时间及加热方式等。因此，热处理时对加热参数有一定的要求。

1.2.1 加热速度的确定

加热速度通常是指钢件在加热时，单位时间内其表面温度升高的度数，单位为℃/h 或℃/min，有时也用加热单位厚度钢件所需的时间（min/cm）或单位时间内加热钢件的厚度（cm/min）来表示。

生产中，为了提高生产率，总是希望快速加热工件，以提高炉子生产率，并减少氧化、脱碳，降低单位燃料消耗量，所以快速加热是提高炉子各项指标的重要措施。但在生产实践中，加热速度受到技术上可能达到的加热速度及具体工件所允许的加热速度两个因素的限制。

1. 加热设备的类型及功率的影响

热处理中使用的加热设备不同，加热速度也不同。浴炉加热速度大于箱式炉中的加热速度（大约快 1 倍），而火焰炉的加热速度又大于电炉（大约快 1/3），对于同一类型设备来说，其功率越大，即单位时间可以供给的热量越多，其加热速度也越快。此外，感应加热及穿透电流加热要比一般热处理炉的加热速度快得多。

2. 工件的影响

在加热过程中如果加热速度控制不当，会造成工件的内外温差过大，导致工件的内部产生较大的热应力，从而使工件出现变形甚至产生裂纹。对厚大工件来说，其不仅受炉子给热能力的限制，而且受到钢件本身所允许的加热速度的限制，这种限制可归纳为加热初期断面上温差的限制、加热末期断面上透烧程度的限制和因炉温过高造成的加热缺陷的限制。

1）加热初期断面上温差的限制

在加热初期，钢件表面与中心产生温度差。表面的温度高，热膨胀较大；中心的温度低，热膨胀较小。而表面与中心是一个不可分割的金属整体，所以膨胀较小的中心部分将限制钢件表面的膨胀，使钢件表面受到压应力；同时，膨胀较大的表面部分将强迫中心部分一起膨胀，使中心受到拉应力。这种应力称为热应力。从断面上的应力分布可以看出，表面与中心处的热应力都是最大的，在表面与中心之间的某个位置上的金属则既不受到压应力也不受到拉应力。

加热速度越大，内外温差越大，产生的热应力也越大。当热应力在钢的弹性极限以内时，对钢的质量没有影响，因为随着温度差的减小和消除，应力会自然消失。当热应力超过钢的弹性极限时，钢件将发生塑性变形。如果热应力再大，超过了钢的强度极限，就会破裂。这时热应力对钢件中心的危害性更大，因为中心受的是拉应力，一般钢的抗拉强度远低于其抗压强度，所以中心的热应力容易造成内裂。若温度差消除后所产生的热应力不能完全消失，即为残余应力。

加热过程中热应力的大小受材料成分、加热温度和工件截面尺寸的影响。

如果钢的塑性好，即使在加热过程中形成很大的内外温差，也只能引起塑性变形，以任意速度加热，都不会因热应力而引起钢件开裂。如果钢的导热性好（导热系数大），则在加热过程中形成的内外温差就小，加热时所引起的塑性变形或开裂的可能性较小。低碳钢的导热系数大，高碳钢和合金钢的导热系数小，因而高碳钢和合金钢在加热时容易形成较大的内外温差，而且这些钢在低温时塑性差，所以在刚入炉加热时，容易发生因热应力而引起的开裂。

如果被加热工件的断面尺寸较小，则加热时形成的内外温差也较小；断面尺寸大的工件，因加热时形成较大的内外温差，故容易因热应力而导致钢件变形或开裂。

根据上述分析，可知：

（1）在加热初期，限制加热速度的实质是减少热应力。加热速度越快，表面与中心的温度差越大，热应力越大，这种应力可能造成钢件的变形和开裂。

（2）对于塑性好的金属，热应力只能引起塑性变形，危害不大。因此，对于低碳钢温度在 500 ℃以上时，可以不考虑热应力的影响。

（3）允许的加热速度还与金属的物理性质（特别是导热性）、几何形状和尺寸有关，因此，对尺寸较大的高碳钢和合金钢工件进行加热时要特别小心，而对薄材则可以任意速度加热。

2）加热末期断面上透烧程度的限制

加热末期，钢件断面仍然可能存在温差。加热速度越大，则形成的内外温度差越大，往往也需要限制钢件加热末期的加热速度。但是，实际和理论都说明，降低整个加热过程的加热速度是不可取的。因此，往往在快速加热后，为了减小温差可以降低加热速度或保温，以求得内外温度均匀。

上述的两个温度差（加热初期为避免裂纹与开裂所允许的内外温差和加热末期因透烧程度要求的内外温差）都对加热速度有所限制。一般低碳钢大多可以进行快速加热而不会给产品质量带来影响。但加热高碳钢和合金钢时，其加热速度就要受到一些限制，高碳钢和合金钢在 500 ℃以下时易开裂，故应限制加热速度。

3. 加热方式的影响

工件入炉方式有随炉升温、预热加热、到温入炉和高温入炉等几种。

（1）随炉升温加热，即工件装入室温的炉膛内后，随着炉子升温而不断加热。此法加热速度慢，截面上温差小，装炉方便，但生产效率极低，适合于易畸变、开裂的工件或大件。

（2）预热加热，即工件先在已升温至较低温度的炉子中加热，通电后工件随炉子一道升温，直至所需加热温度。预热加热的工件截面温差较小，可减少工件在高温段的停留时间，减轻氧化、脱碳。预热加热常用于大件、高合金钢工件。

（3）到温入炉加热，又称热炉装料加热，即先把炉子升到工件要求的加热温度，然后再把工件装炉加热。此法是热处理生产中普遍采用的方法，特点是便于生产，加热较快，适用于多数中、小工件。

（4）高温入炉加热，即工件装入比工件要求的加热温度高的炉内进行加热，直至工件达到要求的温度。此法加热速度快，截面温差大，操作较难掌握。高温入炉加热多用于对畸变要求不高或不易畸变的工件，如某些锻件的退火、正火加热等。

以上四种加热方式，主要表现为加热速度不同。它们的加热速度按随炉升温加热→预热加热→到温入炉加热→高温入炉加热的方向由慢到快，加热过程中产生的热应力则按随炉升温加热→预热加热→到温入炉加热→高温入炉加热的方向由小到大。高温入炉加热是一种节能的快速方法，但是容易产生较大的热应力，因此针对不同的材料，适用的最小尺寸不同。可用高温入炉方式加热的中碳合金钢，直径应小于 400 mm；中碳钢和低碳合金钢直径应小于 600 mm；高碳高合金钢则不宜采用高温入炉的方式加热。

4. 实际生产中加热速度的控制

在实际生产中，加热速度快一些，可以节约热能，提高生产率，还可以减小氧化、脱碳程度。考虑钢件加热速度时一般应注意以下几点。

（1）塑性高的钢材加热速度可快一些，反之，脆性大的钢材加热速度应相对减慢。因此，对尺寸较小的碳钢及低合金钢工件，都可以采用较快的加热速度。

（2）高碳钢、高铬钢、高速钢等高碳高合金钢的导热性差，如 T10 钢的导热能力相当于 20 钢导热能力的 2/3，W18Cr4V 高速钢的导热能力是 20 钢的 1/3，而高锰钢的导热能力仅为 20 钢的 1/6。导热能力差，则必然加大表面与心部的温差，其热应力也就相应增大。此外，此类钢不仅导热性差，而且塑性也较低。显然，截面大的高合金钢件，若加热速度过高，热应力易超过钢的弹性极限而发生扭曲变形，甚至超过钢的抗拉强度而出现裂纹。所以合金钢特别是高合金钢的加热速度不宜过快，在生产中常采用预热的方式进行加热。

（3）工件的断面越大，则工件内部存在偏析、夹杂、组织不均匀等缺陷以及残余应力的可能性也越大，所以大工件热处理多数采用预热加热或缓慢加热的方式限制加热速度。

（4）断面厚薄相差悬殊及形状复杂的工件易于产生应力集中，难以做到均匀加热，所以也要控制加热速度。

（5）若加热前工件存在较大的残余应力，则当加热产生的热应力与内应力方向一致时，容易导致工件变形开裂，因此，加热速度应慢一些。例如，铸锻件在其锻后及铸造后的热处理过程中，由于工件内部不可避免地存在铸造及锻造应力，故必须控制其加热速度。如铸铁件退火时就是采用低温入炉、缓慢随炉升温的方式进行加热的。

（6）固体渗碳、退火等工艺，由于工艺本身及设备特点的限制，通常不采用快速加热的方式。

（7）如果钢中存在成分偏析严重、夹杂物较多的情况，就可能造成组织不均匀，导致钢中各部位导热性不一致，尤其是大块夹杂物与尖角状夹杂物，其尖端正是热应力所在之处，极易引起开裂，所以对这类钢件应缓慢加热。

（8）低于 500 ℃加热时，一般钢的塑性较差，热应力及残余应力易导致工件开裂。而在温度较高的情况下，由于钢的塑性较好，可以通过塑性变形改变内应力的大小及分布而不致开裂，所以控制低温区的加热速度是很重要的，一般以 50～100 ℃/h 速度加热。预热也是一项有效的措施。

1.2.2 加热温度的选择

工件加热温度基本上决定了其加热时所得到的组织，而工件冷却后的组织和性能也在很大程度上取决于加热时所得到的组织。因此，在实际生产中加热温度是非常重要的。对于不同的热处理工艺方法、不同材质的工件及不同的加热方式，加热温度可能有很大的区别。因此，必须结合实际的工艺具体确定加热温度。

确定加热温度最根本的依据是热处理的目的和钢的成分。碳钢和低合金钢加热温度的选择主要是借助于平衡相图，对于正火和淬火及一些退火工艺来说，其加热温度必须确保工件加热时获得奥氏体组织，否则就难以保证在冷却后得到要求的组织和性能。这是一个根本原则，所以必须以其临界点 Ac_1，Ac_3 或 Ac_{cm} 作为确定其加热温度的依据。

不同成分的钢临界点不同，所以热处理时所采用的加热温度也不同。多数合金钢的加热温度也是依其临界点而定的。但是由于合金碳化物较难熔解，合金元素在奥氏体中扩散也慢，按照奥氏体化要求，往往采用较高的加热温度。如过共析钢的淬火加热温度一般选择在 Ac_1 以上 30~70 ℃，9CrSi 钢的 Ac_1 为 770 ℃，但其淬火温度为 850~870 ℃；再如 W18Cr4V 高速钢的 Ac_1 为 820 ℃，而其淬火加热温度为 1 270~1 290 ℃，高于 Ac_1 达 400 ℃之多。另外，大多数合金元素（除 Mn、N、Co 等）使钢的临界点提高，因此，合金钢的加热温度不能直接由 Fe-Fe_3C 相图得出，可通过有关手册等资料查取。

此外，即使同一成分的钢进行同一种热处理，由于其工件的大小、形状、原始组织以及热处理要求的不同，其加热温度的选择也将有所不同。对一般碳钢工件，在其允许的加热温度范围内，综合考虑上述因素，决定采用上限或下限温度。

（1）工件尺寸：小件取下限温度，大件取上限温度。因为小件加热快，棱边、角等处易发生过热；大件加热慢，心部加热到预定温度所需时间较长，为避免心部加热不足，应适当提高加热温度。

（2）工件形状：形状复杂、易畸变开裂的工件，采用下限温度；简单工件采用上限温度。

（3）冶金质量：用 Al 脱氧的本质细晶粒钢，取上限温度；用 Si、Mn 脱氧的本质粗晶粒钢，取下限温度。

（4）原始组织：原始组织较细时，取下限温度；原始组织粗大又不均匀时，取上限温度。

（5）加热速度：加热速度快时，取上限温度；反之，取下限温度。

对生产批量大的工件，在初步确定加热温度后，还需进行工艺试验，以最终确定合适的加热温度。

实际操作过程中要特别注意工件应放置在炉膛内有效加热区内进行加热，以保证工件的实际加热温度为预定的温度。有效加热区指能够保证由给定热处理工艺所要求加热温度的装料区域。具体加热设备的有效加热区范围是根据预先测温而设定的。而一般靠近炉门的温度比有效加热区内温度偏低，而热源附近的温度比有效加热区内温度偏高。

具体针对不同的热处理目的的加热温度的制定原则，在以后的章节中再分别介绍。

1.2.3 加热时间的确定

确定加热时间的基本原则是在规定的加热温度下，所选的加热时间应足以保证热处理质量。

工件的加热时间（$\tau_{加}$）应当是工件升温时间（$\tau_{升}$）、透热时间（$\tau_{透}$）与保温时间（$\tau_{保}$）的总和，即

$$\tau_{加} = \tau_{升} + \tau_{透} + \tau_{保} \tag{1-9}$$

其中，升温时间是指工件入炉后表面达到炉内温度的时间，透热时间是指工件内部与表面都达到炉内温度的时间，保温时间是指为了达到热处理工艺要求而恒温保持的时间。这样的区分是由实际加热过程中这三部分时间的含义及其规律各不相同而确定的。升温时间主要取决于加热炉或加热装置的热功率、加热制度、加热介质以及装炉量；透热时间主要取决于被加热工件的形状、体积、截面尺寸，以及工件材料本身的导热性能，同时还与炉温的高低有关；保温时间主要取决于热处理工艺制度的要求，如是否需要得到

成分均匀的固溶体，是否需要在保温过程中完成某些相变、碳化物的溶解或析出，是否需要成分相对均匀化等。如正火、淬火热处理工艺中的加热工序，由于奥氏体化的速度较快，普通的碳钢加热时珠光体向奥氏体转变只需要 1 min 左右，合金钢的转变可能需要几分钟，但是合金碳化物的溶解较为滞后。一般来说，工件透热后相变过程基本上能够较快完成，因此不需要很长的保温时间。对于扩散退火、预防白点退火和淬火后的回火等热处理工艺，需要较长的时间完成转变，保温时间对完成热处理工艺目的作用较大，因此，确保足够的保温时间是很重要的。

应当指出，对于实际生产中的热处理，经常以控温仪表指示达到设定温度来开始计算实际加热时间，这是由于实际测定工件表面是否达到炉温温度有一定的不便，因而，常采用经验加热系数方法来估算总加热时间。为了更加准确地控制工件热处理加热过程，应当通过合理地放置炉内的测温元件，采用合理的装炉量和装炉位置来减小仪表指示温度与工件表面实际温度之间的差距。

热处理工件的升温和透热，时间可以具体计算，现对其进行简单讨论。

根据传热学的原理，可将热处理的工件按截面尺寸分为两类：一类是薄件，工件的厚度与加热时间呈线性比例关系；另一类是厚件，当截面尺寸达到一定尺寸时，工件厚度与加热时间不呈线性比例关系。

对薄件加热来说，在单位时间 $d\tau$ 内传给工件表面的热量 dQ 可用下式表达

$$dQ = kS(T_{介} - T_{表})d\tau \tag{1-10}$$

式中 k——介质到工件的传热系数，W/(m²·℃)；

S——工件表面积，m²；

$T_{介}$——介质温度,℃；

$T_{表}$——工件表面温度,℃。

若在薄件中，工件温度以表面温度表示，即 $T_{表} = T_{工}$，热量 dQ 引起工件温度升高了 dT，则

$$dT = \frac{dQ}{cV\gamma} = (T_{介} - T_{工})k\frac{S}{(cV\gamma)}d\tau = K(T_{介} - T_{工})d\tau \tag{1-11}$$

式中 $K = k \cdot \dfrac{S}{cV\gamma}$；

c——钢的比热容；

γ——钢的密度；

V——工件体积。

$$dT/(T_{介} - T_{工}) = Kd\tau \tag{1-12}$$

$$\ln(T_{介} - T_{工}) = -K\tau + \ln c \tag{1-13}$$

当 $\tau = 0$ 时，工件温度等于工件的起始温度，则 $\ln c = \ln(T_{介} - T_{始})$。将它代入式（1-13），得到

$$\tau = (c\gamma/k)(V/S)\ln[(T_{介} - T_{始})/(T_{介} - T_{工})] \tag{1-14}$$

由式（1-14）可以看出，薄件加热所需要的时间不仅与工件的形状尺寸因素（V/S）有关，而且与材料本身的性质、加热介质的种类及特性以及入炉时炉温等因素有关。

几何因素（V/S）与工件形状的关系见表 1-2。

表 1-2 几何因素（V/S）与工件形状的关系

工件形状	$W=V/S$
球体	$D/6$
圆柱体（全部加热）	$DL/4L+2D$
圆柱体（一端加热）	$DL_1/4L_1+D$
圆筒（空心圆柱体）（全部加热）	$(D-d)L/[4L_1+2(D-d)]$
长方形板材	$B_2L/2(BL+Ba+aL)$
立方体	$B/6$
正方形、三角形或等边六边形棱柱体	$D_1L/(4L+2D_1)$

注：W—几何因素；D—外径；D_1—周径（多角形内切圆周直径）；B—正方体棱柱高及板厚；d—内径；L—长度；a—板厚。

工件本身的几何形状、工件表面积与其体积之比以及工件材料的物理性质（C、λ、γ 等）直接影响工件内部的热量传递及温度场。表 1-3 为不同形状和尺寸的工件加热计算时的特征尺寸及形状系数。该表表明不同形状和尺寸的同种材料制成的工件，当其特征尺寸 s 与形状系数 p 的乘积相等时，则以同种方式加热时，其加热时间也相等。当求得一种形状和尺寸的工件的加热时间时，利用此关系可求得另一种尺寸和形状的工件的加热时间。

表 1-3 不同形状和尺寸的工件加热计算时的特征尺寸及形状系数

工件形状	特征尺寸 s	形状系数 p
球	球径	0.7
立方体	边长	0.7
圆柱	直径	1.0
菱形	边长	1.0
环	环宽度	1.5
	环厚度	1.5
板	厚度	1.5
管材	壁厚	开口长管 2.0；长管 4.0；闭口管 4.0

通常，只有大件或装炉量很大时，加热时间才分别计算透热时间和保温时间。对中小件，基本可以做到心部和表面同步升温，故一般不必分开计算。一般只计算炉温到温后至工件透烧的时间，按有效厚度 H(mm) 计算。有效厚度是指工件在加热条件下，在最快加热方向上的截面厚度，如圆柱体 $H=D$（直径）、圆盘 $H=h$（厚度）。按有效厚度 H 计算加热时间的经验公式如下

$$\tau = \alpha \times K \times H \tag{1-15}$$

式中 τ——加热时间，min 或 s；

α——加热系数，min/mm 或 s/mm；

H——工件有效厚度，mm；

K——工件装炉条件修正系数，通常取 1.0~2。

加热系数与加热介质和工件材料有关。碳钢、合金钢和高速钢在各介质中的加热系数见表 1-4。

表 1-4　碳钢、合金钢和高速钢在各介质中的加热系数（α 值）

钢材	每毫米有效厚度的加热时间	
	空气电阻炉/min	盐浴炉/s
碳钢	0.9~1.1	25~30
合金钢	1.3~1.6	50~60
高速钢	—	15~20（一次预热） 8~15（二次预热）

工件在炉内排布方式直接影响热量传递的通道，如辐射传热中的挡热现象及对流传热中影响气流运动情况等。工件装炉条件修正系数 K 值的取值与堆垛方式的关系见表 1-5。

表 1-5　工件在炉内排布方式的加热时间修正值

炉内排布方式	修正系数 K	炉内排布方式	修正系数 K
	1.0		1.0
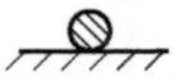	1.0		1.4
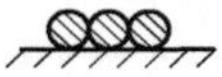	2.0		4.0
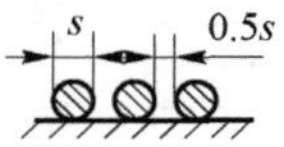 s　$0.5s$	1.4	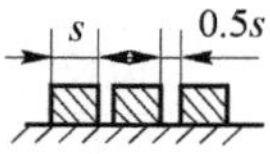 s　$0.5s$	2.2
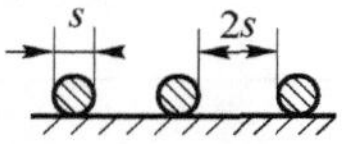 s　$2s$	1.3	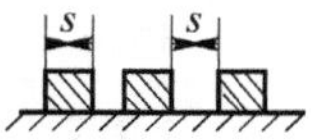 s　s	2.0
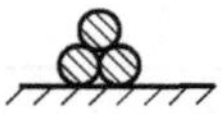	1.7	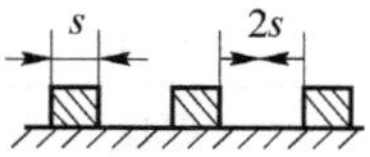 s　$2s$	1.8

工件有效厚度的取值与工件形状相关。一般可按以下规定考虑。

（1）圆柱形工件按直径计算。

（2）板形工件按厚度计算。

（3）对于管形（空心圆柱件）工件：当高度/壁厚≤1.5 时，以高度计算；当高度/壁厚>1.5 时，以 1.5 倍壁厚计算；当外径/内径>7 时，按实心圆柱体计算。

（4）圆锥体工件取 2/3 高度处直径；空心内圆锥体工件以外径乘 0.8 计算。

在有效厚度相同时，常见形状工件加热速度的大小顺序为：球状>正方体>圆棒料>矩形>棒料>板料。

按式（1-15）计算加热时间较为简便，但按其算出的加热时间通常较为保守，实际中可根据具体情况适当缩短。生产中，还常利用在具体生产条件下得出的经验公式，如每毫米有效厚度的加热时间来计算加热时间，其效果往往更好。

1.2.4　金属在真空中的加热速度和加热时间

在真空中加热金属比在盐浴和气氛中慢。一般真空加热的时间为盐浴的 6 倍。在周期式炉中，零件的温度滞后于仪表指示的炉温。图 1-3 所示为直径 20 mm 和直径 50 mm 钢棒在真空中加热时，试棒温度和炉温的关系。可以看出，试棒表面温度一旦超过 400 ℃就发生滞后，在 600 ℃以下心部温度的升高非常缓慢，超过 600 ℃升温速度增加。中间在 800 ℃保持 60 min，可使试棒温度和炉温指示一致。当炉温升到 800 ℃以上时，试棒温度与炉温趋于接近。

当工件尺寸更大时，工件温度滞后于炉温的现象更为严重。为此必须预先测出滞后的时间数据，否则就不能得到正确的加热温度和保持时间。图 1-4 表示在真空炉中施行油淬火前的加热时，奥氏体化温度和工件尺寸对炉温指示与工件温度滞后时间的影响。图中的数据测定方法是采用直径 25 ~164 mm 的试棒，中心插入热电偶，在 880 ℃进行预热后，当炉温与试棒温度一致时，再继续升到淬火加热温度（1 020 ℃）。通过一系列试验，测出了指示炉温与工件实际温度的差别。例如，把直径 40 mm 工件从 880 ℃加热到 1 020 ℃，当炉温达到 1 020 ℃后，要经过 15 min 工件才能达到这个温度。把这个滞后时间和加热时间相加，才能得到所需的总加热时间。因此，一定尺寸和一定装炉量的钢件进行真空加热时，在升温过程中往往要设置两个以上的均温台阶。

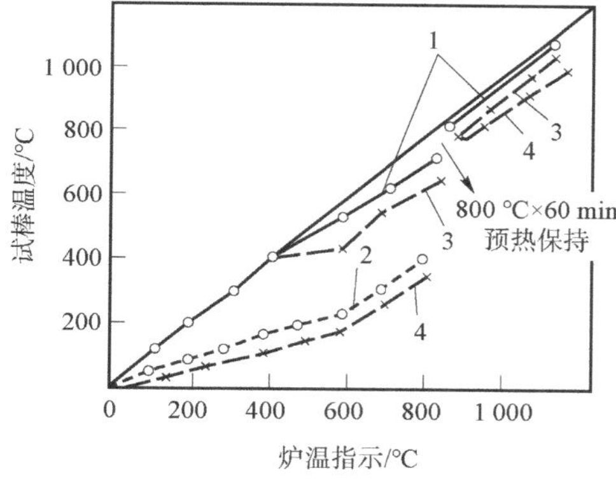

图 1-3　真空加热时，炉温与试棒温度的关系

1—直径 20 mm 试棒表面；2—直径 20 mm 试棒心部；3—直径 50 mm 试棒表面；4—直径 50 mm 试棒心部

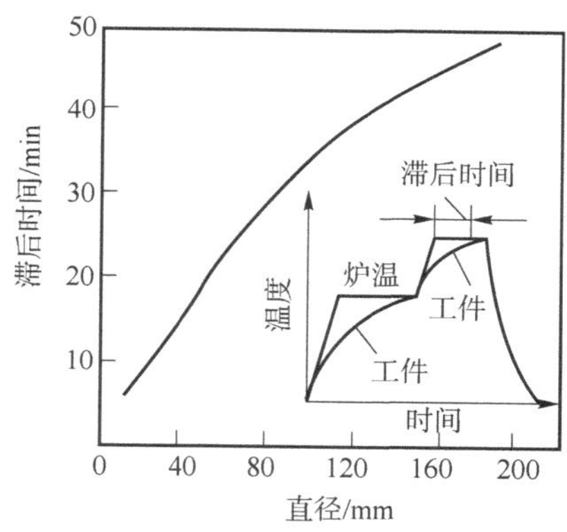

图 1-4　在油淬火真空炉中加热时，钢的奥氏体化温度、工件尺寸对炉温和工件温度滞后时间的影响

为了提高生产效率，缩短加热时间，可在真空炉抽真空后通入中性氮气（N_2）或惰性气体（He、Ar）于低真空或大气压下施行对流加热。对直径 375 mm×120 mm、重 90 kg 的 56NiCrMoV 钢棒在 IpsenVTTCK-424-R 型真空炉中进行的真空加热（870 ℃）和通气（5 bar N_2）对流加热进行比较，试验结果表明，对流加热可缩短一半以上的加热时间。对流加热还可以减少钢材表面合金元素 Mn、Cr 的蒸发，维持钢材热处理后的性能。

此外，由于真空加热主要依靠辐射，面对发热体的被处理件部分容易受热，升温速度也相对快些。所以真空加热时，工件在料盘上的放置要保持一定间隔，避免相互遮蔽。

1.3　钢加热时的氧化与脱碳反应及其控制

金属热处理可在不同介质中加热，如在空气介质中加热、在保护气氛中加热、真空加热、盐浴炉加热、流态化炉中加热等。在加热过程中金属表面会与周围介质发生作用，可能发生化学反应，如氧化、脱碳等，还可能发生物理作用，如脱气、合金元素的蒸发等。这些物理、化学作用可直接影响工件的表面状态，从而影响工件的使用性能。

1.3.1　钢加热时的氧化反应及氧化过程

氧化是金属材料中的金属元素在加热过程中与氧化性气氛（O_2、CO_2、H_2O 等）发生作用，而使表面氧化，并形成金属氧化物层（氧化皮）的一种现象。因空气炉、燃气（煤气、天然气）内都含有 O_2、H_2O 及 CO_2 等氧化性气体，故在加热时，工件难免会和这些氧化性气体发生作用，而使表面氧化，并在表面形成氧化皮。这种氧化皮是不希望存在的，它不仅使工件表面变色、失去光泽，而且使力学性能，如弯曲疲劳强度等变坏。为此必须防止氧化现象的发生。

对铁来说，根据加热温度不同，常见的氧化反应有所不同。

当加热温度<570 ℃时

$$3Fe+2O_2 \rightleftharpoons Fe_3O_4 \tag{1-16}$$

$$\frac{3}{4}Fe+H_2O \rightleftharpoons \frac{1}{4}Fe_3O_4+H_2 \tag{1-17}$$

$$3Fe+4CO_2 \rightleftharpoons Fe_3O_4+4CO \tag{1-18}$$

当加热温度≥570 ℃时

$$2Fe+O_2 \rightleftharpoons 2FeO \tag{1-19}$$

$$Fe+H_2O \rightleftharpoons FeO+H_2 \tag{1-20}$$

$$Fe+CO_2 \rightleftharpoons FeO+CO \tag{1-21}$$

根据质量作用定律，不同温度化学反应进行的方向取决于该温度下的平衡常数 K_p 及参与反应物质的浓度或分压。反应（1-19）相当于在空气介质中加热的情况，其中平衡常数 K_p 应为

$$K_p = \frac{\alpha_{FeO}}{\alpha_{Fe} \cdot p_{O_2}^{\frac{1}{2}}} \tag{1-22}$$

式中，α_{FeO}、α_{Fe}分别表示 FeO 及 Fe 的活度，若取纯态为标准态，则取其活度=1，即 $\alpha_{FeO}=\alpha_{Fe}=1$，则有

$$K_p = \frac{1}{p_{O_2}^{\frac{1}{2}}} \tag{1-23}$$

p_{O_2}为反应（1-19）达到平衡时氧的分压，此分压一般被称为该氧化物的分解压。当 Fe 在高于 570 ℃的温度下加热时，若气氛中氧的分压大于此分解压，则铁将被氧化，反之则分解。对其他金属也可类似处理。平衡常数 K_p 值可用热力学的等压方程求得。一定温度有一定的 K_p 值，从而也有一定的分解压。图 1-5 为一些常见金属氧化物的分解压力与温度的关系。由图 1-5 可见，一般金属氧化物的分解压力均随温度的升高而增大。由于不同金属氧

化物的分解压力不同，故在某种情况下，如果两种金属在同一种炉气中加热，则有可能一种金属被氧化，如氧化物分解压较低的金属，其分解压小于炉气氧分压 p_{O_2}，而另一种金属不发生氧化，如氧化物分解压较高的金属，其分解压大于炉气氧分压 p_{O_2}。典型的例子是钢加热时的内氧化问题。由图 1-5 可以看出，Si、Mo 等合金元素比铁易于氧化，若炉气成分对铁来说尚处于还原区，而对 Si、Mn 来说已处于氧化区时，则加热过程中，铁虽然没有被氧化，但其中处于 O_2 的扩散通道上的合金元素 Si、Mn 却会被氧化。内氧化就是氧沿晶界或其他通道向内扩散，与晶界附近的 Si、Mn 等元素结合成氧化物的现象。

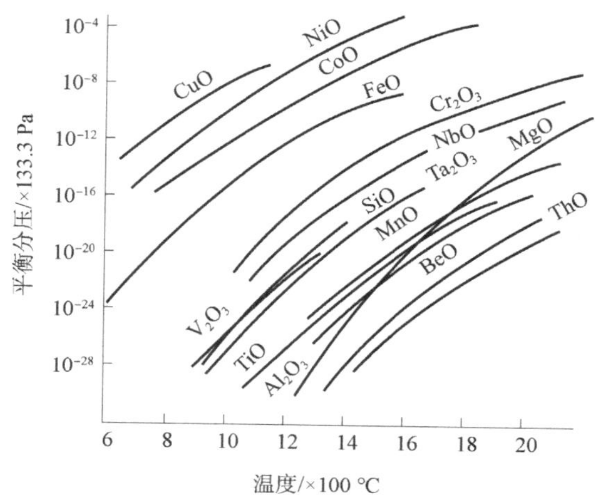

图 1-5　金属氧化物分解压与温度的关系

当 Fe 在 H_2O 和 H_2 或 CO_2 和 CO 介质中加热时，其反应式应为（1-17）和（1-20）或（1-18）和（1-21），对应的平衡常数可用等压方程求得。

对反应（1-17），有

$$\lg K_{p_1}=\frac{1\ 455}{T}-1.259 \tag{1-24}$$

对反应（1-18），有

$$\lg K_{p_2}=\frac{237.4}{T}+0.286 \tag{1-25}$$

对反应（1-20），有

$$\lg K_{p_3}=\frac{724}{T}-0.391 \tag{1-26}$$

对反应（1-21），有

$$\lg K_{p_4}=\frac{-966.7}{T}+1.155 \tag{1-27}$$

按这些 K_p 值与温度的关系可制成图 1-6。根据热力学最小自由能原理可以推知，对反应（1-17）和（1-20）来说，只有当$\frac{p'_{H_2}}{p'_{H_2O}}<K_{p_1}$或 K_{p_3} 时铁被氧化，当$\frac{p'_{H_2}}{p'_{H_2O}}>K_{p_1}$或 K_{p_3} 时被还

原；对反应（1-18）和（1-21）来说，也只有当$\frac{p'_{CO}}{p'_{CO_2}}<K_{p_2}$或$K_{p_4}$时才被氧化，当$\frac{p'_{CO}}{p'_{CO_2}}>K_{p_2}$或$K_{p_4}$时被还原。根据上述关系，在图1-6中我们可以看到，当铁在H_2O-H_2气中加热时，平衡常数K_p曲线把图分成两区，曲线右上区为还原区，左下区为氧化区。铁只有当气氛中H_2O和H_2的分压相当于氧化区值时被氧化，而在右上区时则被还原。同时还可以看出该种气氛对铁的氧化能力随着温度的升高而降低。对在CO_2-CO气氛中加热时，也可作类似分析，但该种气氛对铁的氧化能力随着加热温度的提高而提高。

当炉气中同时存在H_2O、H_2、CO_2和CO时，铁在其中加热是否被氧化，同样应该根据热力学条件来进行判断。根据体系自由能变化的等温方程，可以推得无氧化加热条件为：
当T>570 ℃时，有

$$\frac{p'_{H_2}\cdot p'_{CO}}{p'_{H_2O}\cdot p'_{CO_2}}\geqslant K_{p_3}\cdot K_{p_4} \tag{1-28}$$

式中，p'_{H_2}、p'_{CO}、p'_{H_2O}和p'_{CO_2}分别表示炉气中H_2、CO、H_2O和CO_2的分压。

在图1-6中，如果把两条平衡曲线相交所割分的区域分开来看，上区为两种反应还原的重叠区，故当两种反应同时存在时，仍为还原区。下区为两种反应的氧化区重叠区，故仍为氧化区。而左区和右区，则正好为一种反应的氧化区与另一种反应的还原区重叠，此时应根据式（1-28）式进行判断。

钢的氧化虽属于化学反应，但在钢的表面上一旦形成氧化膜后，氧化的速度便主要取决于氧和铁原子通过氧化膜的扩散速度。图1-7为钢氧化速度与加热温度的关系。随着加热温度的提高，原子扩散速度增大，钢的氧化速度增大。在570 ℃以下时，在钢件表面形成的主要是致密的Fe_3O_4，氧化速度极慢，氧化膜不易继续加厚，形成Fe_3O_4氧化膜对钢铁性能无显著影响，相反会提高钢的抗氧化性。但在570 ℃以上加热时所形成的氧化膜以FeO为主，其结构简单、疏松，氧和铁原子易于通过FeO而进行扩散，氧化速度很快，长时间加热会形成较厚的氧化皮，容易崩落，从而使钢件尺寸下降，重量减小，表面粗糙度增加。表面形成FeO氧化皮还可使钢件热处理后产生局部软点或硬度不足。

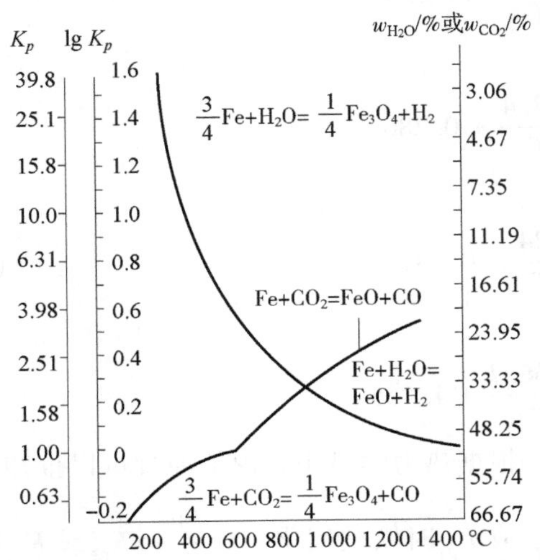

图1-6　K_p与温度的关系

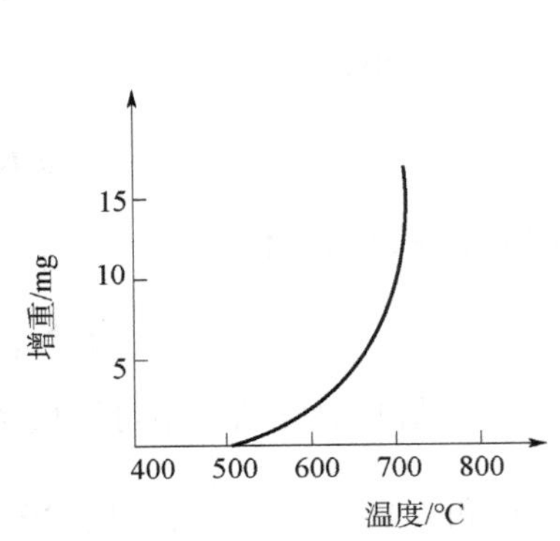

图1-7　钢氧化速度与加热温度的关系

1.3.2　钢加热时的脱碳反应及脱碳过程

1. 钢加热时的脱碳、增碳平衡

钢在加热时不仅表面发生氧化，形成氧化铁，而且钢中的碳也会和气氛作用，使钢的表面失去一部分碳，碳含量降低，这种现象称为脱碳。在高温下，脱碳反应经常与表面氧化反应同时发生。常见的脱碳反应有以下几种：

$$CO_2+C_{\gamma-Fe} \rightleftharpoons 2CO \tag{1-29}$$

$$H_2O+C_{\gamma-Fe} \rightleftharpoons CO+H_2 \tag{1-30}$$

$$2H_2+C_{\gamma-Fe} \rightleftharpoons CH_4 \tag{1-31}$$

式（1-29）~式（1-31）反应都是可逆反应，当反应向右进行时，钢在加热过程中发生脱碳，而当反应条件使反应向左方向进行时，将发生增碳作用。在一定条件下反应，可达到平衡，使炉气呈中性。在脱碳—增碳的混合气氛中，通过调节炉气的比例，可以使钢材表面进行光亮加热，也可以对工件表面进行渗碳处理。属于脱碳性的气体有 CO_2、H_2、H_2O、O_2 等；属于渗碳性的气体有 CH_4、CO 等。与前述铁的氧化一样，可以根据热力学条件求出反应温度下的反应平衡常数，再与炉气成分的分压比及平衡常数比较，即可判断其是脱碳还是增碳。例如，对反应（1-29），若 $\frac{[p'_{CO}]^2}{p'_{CO_2}\cdot \alpha_C} < K_p$，则在该条件下的 CO_2-CO 气体中加热时将发生脱碳，反之则增碳。只有当 $\frac{[p'_{CO}]^2}{p'_{CO_2}\cdot \alpha_C} = K_p$ 时不增碳也不脱碳。此处 α_C 为在该温度下碳在钢的奥氏体中的活度。关于活度的概念已在物理化学课程中介绍过，α_C 值大小与奥氏体中碳含量有关，碳含量较高者，α_C 值较大，当碳以石墨形式出现时，则 $\alpha_C=1$。在不同加热温度，对不同碳含量的奥氏体有不同的碳的活度 α_C，因而当上述脱碳、增碳反应达到平衡时，对不同钢中的碳含量可以计算出平衡曲线。图 1-8 为碳钢在 CO-CO_2 混合气中加热时的平衡曲线。图中不同曲线表示不同碳含量钢的奥氏体平衡曲线，*SE* 线以左析出渗碳体，*SG* 线以下则析出铁素体，故 *ESG* 线与铁碳相图中 *ESG* 线相当。*ES* 线的延长虚线表示与固态碳（石墨）平衡的曲线。既然图中奥氏体区的不同曲线代表与钢中一定奥氏体碳含量平衡的曲线，则可以根据该图判断加热时是否脱碳或增碳。取图中 $w_C=0.4\%$ 曲线为例，其 $w_C=0.4\%$ 代表与炉气平衡的钢的奥氏体碳含量为 0.4%，若加热温度与炉气成分均位于此曲线上，则既不脱碳也不增碳；若位于曲线左上方，则表面将增碳；若位于曲线右下方，则表面将脱碳。

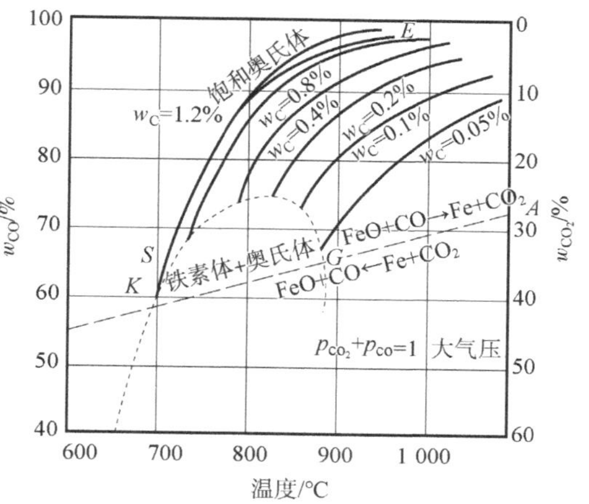

图 1-8　碳钢在 CO-CO_2 混合气中加热时的平衡曲线

2. 脱碳层的组织特点

钢加热时，若炉气碳势低于钢中碳含量，则钢的表面将发生脱碳。脱碳包括两个过程。

（1）钢件表面的碳与炉气发生化学反应（脱碳反应），形成含碳气体逸出表面，使表面碳浓度降低；

（2）由于表面碳浓度的降低，工件表面与内部发生浓度差，从而发生内部的碳向表面扩散的过程。

根据炉气的碳势、加热温度及钢中碳含量的不同，碳钢脱碳层有两种类型的组织：一种叫半脱碳层，一种叫全脱碳层。当钢材表面碳被基本烧损，表层呈现全部铁素体（F）晶粒时，为全脱碳层。图 1-9 所示为共析碳钢全脱碳层的金相组织，表层白亮色部分为脱碳铁素体（F），心部为珠光体组织（P），中间部位为白亮色铁素体+黑色区域的珠光体（F+P）。半脱碳层是指钢材表面上的碳并未完全烧损，但已使表层碳含量低于钢材的平均碳含量，如图 1-10 所示。

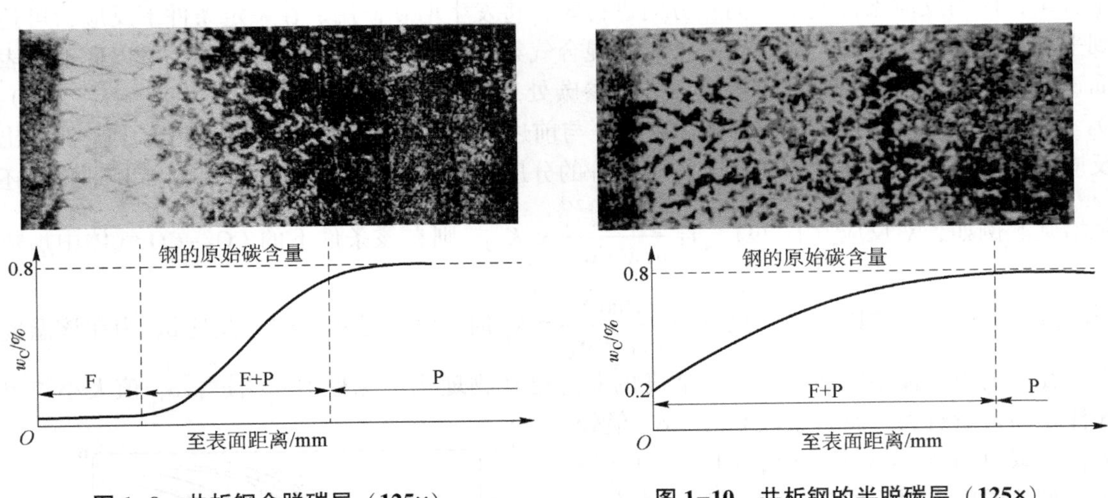

图 1-9　共析钢全脱碳层（125×）

图 1-10　共析钢的半脱碳层（125×）

对于机器零件用钢和工模具钢来说，表面脱碳是一种有害缺陷，它使工件力学性能（硬度、强度、耐磨性、疲劳强度等）下降，在使用中易导致早期失效；同时脱碳层中由于存在着很大的残余拉应力，故也是加工处理过程中造成废品的主要因素，如表面淬火裂纹、磨削裂纹。

在强的氧化性气氛中加热时，表面脱碳与表面氧化将同时发生。在钢件的表面自内向外依次为：基体组织→半脱碳层（过渡层）→脱碳层→氧化皮，如图 1-11 所示。实际上，在过渡层外的脱碳层并不是真实的脱碳层，该脱碳层又被进一步氧化而成为氧化皮的一个组成部分。由于从表面向内部碳原子进行定向下坡扩散，故全脱碳层的铁素体发生了定向再结晶，形成柱状晶粒，如图 1-9 所示。

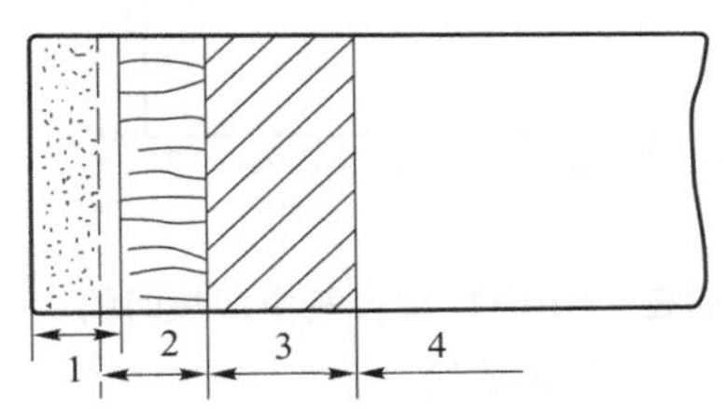

图 1-11　氧化、脱碳层结构

1—氧化皮；2—全脱碳层；3—过渡层；4—基体

在一般情况下，表面脱碳现象比氧化现象更易发生，特别是对碳含量较高的钢。例如，当炉气成分和加热温度位于图 1-8 中的 *KSGA* 线的上方时，Fe 的氧化现象不会发生，但可能脱碳。

3. 影响脱碳的因素

和氧化一样，影响脱碳的主要因素是温度、时间、炉内气氛。此外，钢的化学成分对脱碳有一定的影响。

影响脱碳的因素有：

（1）加热温度影响：一般随着加热温度的升高，脱碳层厚度增加。

（2）加热时间的影响：加热时间越长，脱碳层厚度越大。所以，缩短加热时间，特别是缩短钢件表面已达到较高温度后在炉内的停留时间，可以快速加热，这是减少脱碳的有效措施。

（3）炉内气氛的影响：炉内气氛对脱碳的影响是根本性的，炉内气氛中 H_2O、CO_2、O_2 和 H_2 均能引起脱碳，而 CO 和 CH_4 能使钢增碳。生产实践证明，为了减小可见脱碳层厚度，在强氧化性气氛中加热是有利的，这是因为铁的氧化将超过碳的氧化，因而可减小可见脱碳层厚度。

（4）钢的化学成分对脱碳的影响：钢中碳含量越高，加热时越容易脱碳，若钢中含有 Al、W 等元素，则脱碳增加；若钢中含有 Cr、Mn 等元素，则脱碳减少。

1.3.3　氧化与脱碳的控制

钢铁等金属材料在热处理加热时的氧化脱碳使金属烧损、性能降低，造成浪费。因此，如何实现少无氧化加热，进行光亮热处理，即工件热处理后，不因氧化等原因而使工作表面颜色变暗、表面粗糙度升高，而仍保持热处理前原来工件表面光亮状态，是热处理工作者关注的重点。显然，要在热处理加热时不发生氧化、脱碳现象，基本原则就是避免工件表面与加热介质发生化学作用。据前所述，应降低氧化性气体在炉气中的分压，使反应朝还原方向进行。

1. 真空加热

所谓真空加热，即在低于一个大气压（一般为 $1.33 \sim 1.33\times10^{-2}$ Pa）的稀薄空气中加热，因此其基本反应为式（1-16）和式（1-19），能否发生氧化反应取决于该加热温度下该氧化物的分解压和炉气氧的分压，如前所述。但由图 1-5 看出，一般金属氧化物的分解压很小。例如，铁在 727 ℃时氧化铁的分解压为 $p_{O_2}=10^{-21}$大气压。空气中氧占 21%，当空气为一个大气压时，氧的分压为 0.21 大气压。故 727 ℃时氧化铁的分解压相当于真空度 1.33×10^{-9} Pa 时稀薄空气中氧的分压。这比一般真空加热时所采用的真空度要高得多。显然，从分解压的角度考虑，真空加热只能减轻氧化现象，但不能避免氧化。但这仅是从热力学角度得出的结论，若从动力学角度考虑，在该条件下，氧化反应进行得很慢，几乎很难觉察。因此，真空加热可避免氧化、脱碳，达到光亮热处理的目的。

在真空中加热时，工件表面不仅防止了表面氧化，而且可以使表面净化、脱脂、除气。

除了在真空炉中进行真空加热外，还可以将工件放在密封的不锈钢箱内抽气，实现真空加热，又称包装加热。

2. 可控气氛中无氧化加热

可控气氛中实现无氧化加热，是通过控制炉气成分使之不氧化、脱碳，又不发生增碳反应。

在一定温度下，钢材表面奥氏体中碳浓度与炉气之间达到不脱碳、不增碳的化学平衡状态时，该钢材表面的碳含量称为该种气氛的碳势。常压下当温度一定且炉气成分一定时，碳势也会是固定的。因此，碳势代表了在中性气氛中一定温度下的炉气成分。控制碳势就是控制炉气气氛中 CO/CO_2、CH_4/H_2 的含量比例。因此，通过控制碳势使平衡碳势等于钢材的碳含量即可实现无氧化脱碳加热。

碳势可以采用红外仪、氧探头或露点仪测定炉气中 CO_2、O_2 或 H_2O 含量来确定。应当注意的是，各种手册及资料介绍用不同原料气作为可控气氛时，碳势与露点及炉气成分、反应温度之间的平衡曲线与实际生产中测定的平衡曲线是有差别的。首先，在生产中炉气是处于不断进入与排出的状态，并有空气的进入及炉气的外泄等因素，炉气的化学平衡很难严格保持；另外，加热材料的变化、炉温的波动、炉温的均匀性也都会影响平衡的露点值，因此，在实际工作中必须针对具体炉型及生产条件进行实测和调节。

3. 敞焰少无氧化加热

在利用煤气作为燃料时，如果使工件在气体燃料不完全燃烧的情况下加热，则可以实现少无氧化加热，这种方法称为敞焰少无氧化加热。为了补偿由于不完全燃烧所造成的发热量不足及损耗问题，应当尽量将不完全燃烧产物燃烧后的热量回收到炉膛内。为此，需要采用换热器预热空气或煤气，采用带有附加电热元件的新型炉型结构或将炉膛分成无氧化加热区与燃尽区两部分来提高燃料的利用系数。另外，将敞焰无氧化预热（600～800 ℃）与感应加热相结合，也可保持最小的氧化而使生产率提高，这种无氧化加热在大型铸锻件的预备热处理中很有发展前途。

4. 熔融浴炉中无氧化加热

液体熔融浴炉中无氧化加热，主要是正确控制浴槽的成分，并在生产中坚持严格的制度，使浴炉保持中性或还原性。常用的液体加热介质有盐浴、金属浴、玻璃浴等。近年来，在固体粉末流态床中实行无氧化加热也有很大的发展。

5. 少氧化炉加热

少氧化炉加热是通过控制滴注剂（可以是一种滴注剂，如煤油；也可以是两种滴注剂一起滴注，如甲醇加丙酮）滴量的方法来调整炉内的碳势。少氧化炉加热时需要提前根据零件材料的碳含量来设定炉内的碳势控制值。

对于一些尺寸长、不能采用盐炉加热的长轴件还可以考虑采用井式气体渗碳炉悬挂垂直加热，直径大的长轴件可以不采用悬挂垂直加热，只需要放在坩埚底板上稍加固定垂直加热即可。零件进炉后，炉温达到 800 ℃左右就要往炉内滴煤油对零件进行防氧化和脱碳保护。

6. 其他简易防氧化脱碳的方法

1）防氧化涂层

防氧化涂层就是在金属表面涂覆防氧化涂料，这种方法具有简便易行、不受工件尺寸限制等优点。我国已有防氧化涂料的商品供应，可用于各种金属合金工件的局部表面防护。如目前有用于钢铁加热防氧化剂的水基工艺材料，无毒、无味，对环境不造成污染。该防氧化剂形成的防护膜极薄，在工件淬火冷却，退火、正火出炉过程中会自行脱落，不会影响工件的冷却，也不会对淬火介质产生损害，非常适合于箱式电阻炉的钢件防氧化、脱碳。这种防氧化剂适用于普通碳素钢、合金结构钢、合金工具钢、渗碳钢、模具钢等的防氧化、脱碳。

使用这种防氧化剂可以减少工件表面的氧化皮，并能提高工件硬度的均匀性。值得注意的是，防氧化剂主要是尽量减少零件的氧化、脱碳，不能完全消除零件的氧化、脱碳。如果是零件或模具表面质量要求高，且零件或模具保留的加工余量非常小就不能采用防氧化剂保护的方法，如硬度要求达到 60HRC 以上的 Cr12MoV 材料的模具和 CrWMn、GCr15 材料的零件。

2）不锈钢钢箔包裹

采用厚度为 0.03~0.10 mm 超薄不锈钢钢箔对工件进行包裹加热。因为不锈钢钢箔很薄，能像纸一样折叠包裹模具，密封性能好、耐高温，因此能防工件加热时的氧化、脱碳。这种方法的缺点是包裹工件的操作比较麻烦，且包裹的质量直接影响着加热后工件表面的氧化、脱碳程度。

不锈钢钢箔包裹的保护方法一般采取热炉进炉的方式，其目的是缩短在电炉内的加热时间，尽量减少零件表面的氧化、脱碳。另外，长时间加热之后，不锈钢包膜纸的保护作用会变差，甚至会破裂。为了方便零件进出炉，可以制作专用的铁盒，将模具放在铁盒里。

另外，还可以采用高温玻璃通过热塑包裹工件的方式防氧化，热处理后敲碎玻璃包套即可。

1.4　钢的过热和过烧

钢在加热过程中除可能出现氧化、脱碳问题外，还有可能出现晶粒的过分粗化或局部出现熔化现象，导致性能恶化，因此在加热过程中要严格控制加热参数。

1.4.1　过热

1. 过热的概念及其危害

加热转变刚刚结束时所得的奥氏体晶粒一般均较细小，当奥氏体转变终了继续升高温度时，奥氏体晶粒将继续长大。如果加热温度过高，而且在高温下停留时间过长，晶粒过分粗大化，晶粒之间的结合能力减弱，这种现象称为钢的过热。

过热将使随后缓冷所得的铁素体晶粒、珠光体团以及随后快冷所得的马氏体组织变粗，这将使钢的强度与韧性变坏。过热的钢在淬火热处理时极易产生裂纹，特别是在零件的棱角、端头尤为显著。

2. 产生过热的原因及消除方法

产生过热的直接原因一般为加热温度偏高或保温时间过长。可以用再次热处理来校正过热。校正过热的办法是重新加热到临界点以上，通过一次相变重结晶的形核长大过程使钢的组织再次转变为细小的奥氏体晶粒。归纳起来有以下方法。

（1）由于控温不当导致加热温度过高，在已经引起过热的情况下，应采用较缓慢的冷却以获得平衡态组织，再次加热到正常温度即可获得细晶粒奥氏体。

（2）如果过热后仍然进行淬火，得到粗大的不平衡组织，则应采取以下方法进行校正以消除组织遗传。

① 采用中速加热可以获得细晶粒奥氏体。

② 采用快速或慢速加热到高于上临界点 150~200 ℃使粗晶粒通过再结晶而细化。

③ 先进行一次退火以获得平衡组织，然后再进行最终热处理。

为了避免产生过热的缺陷，必须按钢种的成分及热处理的目的，控制加热温度和保温时间，尤其是高温下的加热时间不宜过长。

1.4.2 过烧

1. 过烧及其危害

如果加热温度过高、时间又长，钢的奥氏体晶粒不仅已经长大，而且在奥氏体晶界上发生了某些使晶界弱化的变化。例如，晶粒之间的边界上出现熔化、有氧渗入，并在晶粒间氧化，这样就失去了晶粒间的结合力，失去其本身的强度和可塑性。在热处理后会在表面形成粗大的裂纹，这种现象称为钢的过烧。

过烧可以导致断口遗传，即在过烧的情况下，虽经再次适当加热淬火消除了粗大晶粒而得到了细晶粒的奥氏体组织，但在冲断时仍得到了与原粗大奥氏体晶粒相对应的粗晶断口。在奥氏体晶粒已经细化的条件下，断裂仍沿原奥氏体晶界发生，这表明第一次过热时在原奥氏体晶界发生了某些使晶界弱化的变化，且这种弱化在再次加热时不能得到消除。在晶界上可能发生的变化不外乎是沿晶界析出了某种相或是形成了某些夹杂元素的偏聚。目前，已经得到公认的原因是，沿原奥氏体晶界析出了 MnS 等第二相使晶界弱化，即在第一次过热时由于温度足够高，钢中的 MnS 等夹杂物已经熔入奥氏体中，并由于内吸附而偏聚在原奥氏体晶界。在加热后如以不太快的速度冷却，则随温度的下降，MnS 在原奥氏体中的熔解度下降，沿原奥氏体晶界析出，使晶界弱化，形成萘状断口。已经析出的 MnS 等夹杂物再次加热到正常温度淬火以及回火时均不能重新熔解，所以断裂仍沿原奥氏体晶界发生，出现断口遗传。

由于过烧导致钢中晶粒间彼此的结合力大为降低，塑性变坏，故在进行压力加工过程中易发生开裂。过烧一般发生在钢的轧、锻等热加工过程中，但在某些莱氏体高合金钢，如 W18Cr4V、Cr12 等的淬火热处理中也常有发生，因为它们的淬火加热温度接近其莱氏体共晶点。在焊接件热影响区中也有可能出现过烧。

2. 过烧的原因及消除办法

当钢加热到比过热更高的温度时，不仅钢的晶粒长大，晶粒周围的薄膜也开始熔化，氧进入了晶粒之间的空隙，使金属氧化，甚至熔化。过烧不仅取决于加热温度，也和炉内气氛有关。炉气的氧化能力越强，越容易发生过烧现象，因为氧化性气体扩散到金属中去，更易使晶粒间晶界氧化或局部熔化。在还原性气氛中，也可能发生过烧，但开始过烧的温度比在氧化性气氛中要高 60~70 ℃。钢中碳含量越高，产生过烧危害的温度越低。

过烧不仅使奥氏体晶粒剧烈粗化，而且使晶界也被严重氧化甚至局部熔化，此时不能用热处理的办法消除，只好报废、回炉重炼。生产中若有局部过烧，则可切掉过烧部分，其余部分可重新加热轧制、锻造。如果过烧仅仅是引起晶界弱化，消除的办法有：

（1）重新加热到引起过烧的温度，以极慢的速度（3 ℃/min）冷却。

（2）重新加热到引起过烧的温度，冷却到室温，再加热到较前一次低 100~150 ℃的温度，再冷却至室温。如此重复加热、冷却直到在正常加热温度以下为止。

（3）重新锻造。

（4）进行多次正火。

习题请扫二维码获取

习题答案

第 2 章

钢的退火与正火

一般机械零件的加工工艺路线为：坯料（铸造、锻造、焊接）→ 预备热处理 → 机加工（粗）→ 最终热处理 → 机加工（精）→ 成品。其中退火或正火经常作为预备热处理，对一些要求不高的零件也可以作为最终热处理。

退火和正火作为最基本的热处理工序，其目的不仅是消除铸件、锻件及焊接件的工艺缺陷，而且可改善金属材料的加工成型性能、切削加工性能、热处理工艺性能，以及稳定零件几何尺寸，获得一定的力学性能等。因此，退火或正火工艺是否正确，是关系到低消耗、高质量地生产机器零件或其他机械产品的重要问题。

本章主要讲述退火和正火的基本含义、工艺方法、组织性能比较与工艺选择以及常见缺陷与避免措施等问题。

2.1 退火与正火概念

将组织偏离平衡状态的金属加热到适当的温度，保持一定时间，然后缓慢冷却，以得到接近于平衡状态组织的各种工艺方法，统称退火。退火的主要目的在于均匀化学成分、改善力学性能及工艺性能、消除或减少内应力，并为零件的最终热处理准备合适的组织。

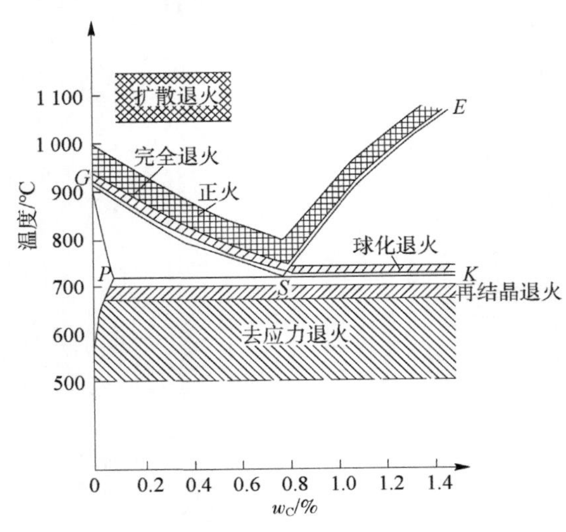

图 2-1 各类退火及正火工艺加热温度示意

钢件退火是热处理工艺中应用最广、花样最多的一种工艺。按加热温度可以将其分成两大类：一类是在临界温度（Ac_1、Ac_3或Ac_{cm}）以上的退火，又称相变重结晶退火，包括完全退火、不完全退火、球化退火、预防白点退火和扩散退火等；另一类是在临界温度以下的退火，包括软化退火、再结晶退火及去应力退火等。这两类退火与 Fe-C 相图的关系如图 2-1 所示。

按退火目的也可以将其分成两大类，一类是将工件加热到一定温度，保温停留较长时间，使不平衡状态依靠浓度梯度、应力梯度和界面能等，自发由不平衡状态过渡到平衡状态。在整个工艺过程中，加热与冷却速度变化对改变这种状态不起主导作用。这类退火包含扩散退火、预防白点退火、再结晶退火、去应力退火等。另一类是通过组织转变（珠光体、铁素体、碳化物的形态及分布）来改变性能的退火工艺。这类退火包含完全退火、不完全退火和球化退火等。

按冷却方式可将其分为连续冷却退火和等温退火等。

铸铁件的退火工艺包括脱碳退火、各种石墨化退火和去应力退火等。

有色金属工件的退火工艺主要有铸态下的扩散退火、变形合金的再结晶退火和去应力退火等。

正火是将钢材或钢件加热到 Ac_3（或 Ac_{cm}）以上适当温度，保温适当时间后在空气中冷却，得到珠光体类型组织的热处理工艺。正火与退火相似，区别在于前者加热温度较高、冷却速度较快以及所得组织存在较大的偏离平衡状态等。

2.2　常用退火工艺方法

2.2.1　完全退火

将亚共析钢工件加热到 Ac_3点以上的温度，并保温一定时间，使钢完全转变成奥氏体并使奥氏体成分均匀化，然后缓慢冷却（控速冷却、炉冷、埋沙冷等）至小于 500 ℃出炉空冷，获得接近平衡组织（铁素体及珠光体）的热处理工艺称为完全退火。所谓“完全”，是指退火时钢的内部组织达到完全奥氏体化。其工艺曲线如图 2-2 所示。

完全退火的目的是细化晶粒、均匀组织、消除内应力、降低硬度、提高塑性，以便于随后的变形加工或切削加工，并为成品工件的淬火准备适宜的显微组织。这一工艺可应用于钢锭、锻轧、铸造及冷拉伸钢材的热处理。因此，完全退火是结构件最常见的预备热处理工艺之一。

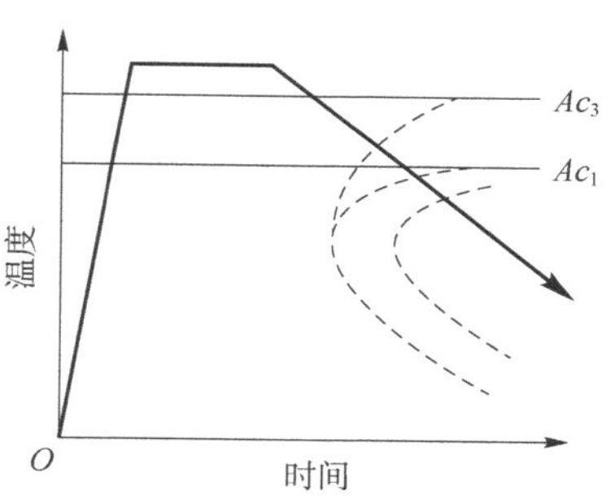

图 2-2　钢的完全退火工艺曲线

完全退火一般适用于含碳 0.30%～0.60%的中碳钢，不宜用于过共析钢。过共析钢缓冷后会析出网状二次渗碳体，使钢的强度、塑性和韧性大大降低。完全退火也适用于中碳合金钢的焊接件、轧制件等，有时还可用于高速钢、高合金钢淬火返修的处理。

1. 亚共析钢钢锭的完全退火

w_C<0.3%或尺寸较小的钢锭通常不需要进行退火。w_C>0.3%、淬透性较好或尺寸较大的碳钢及合金钢钢锭，均需进行完全退火，以消除铸造应力、改善铸态组织、降低表面硬度，以便于存放和表面清理。浇铸后如不及时退火，钢锭会因内应力过大而自行开裂，甚至炸裂（高铬钢、高速钢等钢锭浇铸后应在 48 h 内进行退火，以保证安全）。钢锭表面的各种缺陷应在锻轧前清除，否则会在加工中扩大，甚至形成发裂而使钢锭报废，这对于 Cr、Al、Ti 等元素含量高的钢锭尤为重要。

对常用的结构钢、弹簧钢和热作模具钢钢锭，完全退火温度一般在 Ac_3点以上 30～50 ℃，如 40Cr 钢锭完全退火可取 840～870 ℃，加热速度常取 100～200 ℃/h。退火保温时间不仅取决于工件透烧（即芯部也达到所要求的温度）所需要的时间，而且取决于完成组织转变所需要的时间。因为退火高出 Ac_3 不多，所以相变进行得很慢，特别是粗大的铁素体或碳化物的溶解和奥氏体成分的均匀化均需要较长时间。保温时间按下式计算

$$\tau = 8.5 + Q/4 \tag{2-1}$$

式中　Q——装炉量，t；

τ——保温时间，h。

冷却速度常取 50 ℃/h，出炉温度一般在 600 ℃以下。

2. 亚共析钢锻轧钢材的完全退火

中碳钢及中碳合金结构钢热锻轧后，易得到较粗的珠光体及不同程度的网状铁素体，晶粒大小不均，硬度也常偏高，不易切削和冷变形加工。对此，需进行完全退火来加以改善，同时也为工件的调质处理做好组织准备。

亚共析钢锻轧钢材完全退火温度常取 Ac_3+(20～30)℃。当钢中含有强碳化物形成元素（Mo、W、V、Ti 等）时，可适当提高退火温度，以使碳化物较快溶入奥氏体中；而当含有易使晶粒粗化的元素，如 Mn 时，应适当降低退火温度。

与钢锭相比，锻轧钢材截面积较小，组织较均匀，内应力也较小。因此，对小批量工件，其退火加热速度一般可不加限制。但如果装炉量大，由于加热炉体积及供热能力与装炉量的制约关系，通常加热速度应控制在以下范围：

装炉量为 5～10 t 时，加热速度为 150～200 ℃/h；

装炉量为 15～30 t 时，加热速度为 100～120 ℃/h；

装炉量为≥50 t 时，加热速度为 50～75 ℃/h。

钢材退火加热时的保温时间一般按下式计算：

$$\tau = (3 \sim 4) + (0.4 \sim 0.5)Q \tag{2-2}$$

式中　Q——装料量，t；

τ——保温时间，h。

保温后的冷却速度是控制退火质量的重要因素。同一钢种，冷速较小时将得到块状铁素体，珠光体片层较粗，且所占比例较小；冷速较大时，将得到网状铁素体，珠光体片层较细，所占比例较大。为了保证完全退火的质量，碳钢的冷却速度最好控制在 200 ℃/h 上下，低合金钢应不大于 100 ℃/h，而高合金钢应不大于 50 ℃/h。但在实际生产中，按上述冷速均匀降温不易达到。对装炉量大于 5 t 的加热炉，即使钢材随炉断电冷却，也难以得到大于 50 ℃/h 的冷速，因而常采用开启炉门冷却，甚至空冷（正火）的方法获得低碳及低碳合金钢所需的加工性能。退火时冷却到 600 ℃以下时，相变已完成，可出炉空冷。

3. 冷拉钢材料坯的完全退火

一般热轧钢材由于终轧温度较高，轧后冷却速度不一，导致组织性能不均，内应力较大，硬度偏高，冷拉时表面易产生拉伤，模具磨损也较大。此外，由于坯料端部需加热锻尖，导致局部组织发生变化，硬度及内应力也偏高，冷拉时易折断。为了解决这些问题，冷拉伸变形前大部分热轧坯料需进行退火（或正火），使其硬度保持在 207～255HBW 内。

中碳钢、合金结构钢、弹簧钢及易切削钢（如 40、40Cr、35SiMn、30CrMnSi、60Si2Mn、50CrVA、Y20 等）冷拉坯料常需进行完全退火，退火加热温度为 Ac_3+（20～30)℃，加热速度为 100～120 ℃/h，保温时间为每吨装炉量不超过 1 h，随炉冷却至 600 ℃出炉空冷。高合金钢及尺寸较大的锻坯可取 20～50 ℃/h 的冷却速度。马氏体不锈钢（1Cr13Ni2，20Cr13 等）常取 15～20 ℃/h 的冷却速度。

2.2.2　不完全退火

不完全退火是将工件部分奥氏体化后缓慢冷却的退火，包括相变区退火、亚温退火和临界区退火等。钢的不完全退火工艺曲线如图 2-3 所示，即加热温度在 Ac_1 与 Ac_3（或 Ac_{cm}）之间，加热到温度后短时保温，之后缓慢或控速冷却，以得到铁素体（或渗碳体）和珠光体组织。加热时珠光体转变为奥氏体，而过剩相（铁素体或碳化物）大部分保持不变。不完全退火的目的与完全退火相似，都是通过相变重结晶来细化晶粒、改善组织、去除应力、降低硬度以及改善切削性能。不完全退火由于重结晶不完全而导致细化晶粒的程度较差，但能够缩短工艺周期，降低费用，可用于晶粒未粗化的锻轧件等。

亚共析钢冷拉坯料常采用完全退火，而一部分低、中碳钢及合金结构钢，如 15、45、30Mn2、40CrMn、40MnB 等，因晶粒长大倾向较大且不均匀，用完全退火不易控制晶粒度，以及为了降低钢材脆性，所以宜采用不完全退火。其加热温度为 $Ac_1 \sim Ac_3$，加热速度为 100~120 ℃/h，保温时间可按下式计算：

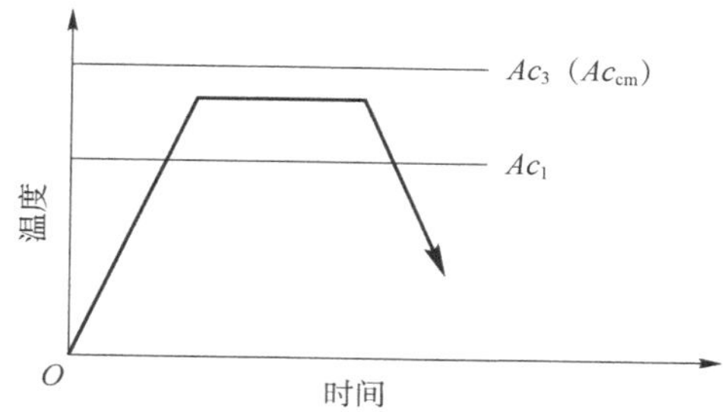

图 2-3　钢的不完全退火工艺曲线

$$\tau = (2 \sim 6) + 0.5Q \qquad (2-3)$$

式中　Q——装炉量，t；

τ——保温时间，h。

保温后随炉冷却至 600~650 ℃即可出炉空冷。

工具钢、轴承钢及冷作模具钢等过共析钢应用此工艺，可得到球状珠光体及球状碳化物组织，此时通常称为球化退火工艺。

2.2.3　球化退火

1. 球化退火的目的

球化退火是为了使工件中的碳化物球状化而进行的退火，球状珠光体组织如图 2-4 所示。其工艺特点是将工件加热至稍高于 Ac_1 温度［Ac_1+（10~20）℃］，充分保温以使渗碳体球状化，然后再随炉缓冷或在稍低于 Ar_1 的温度等温处理，形成球状体组织，即在铁素体基体上均匀分布着粒状渗碳体。

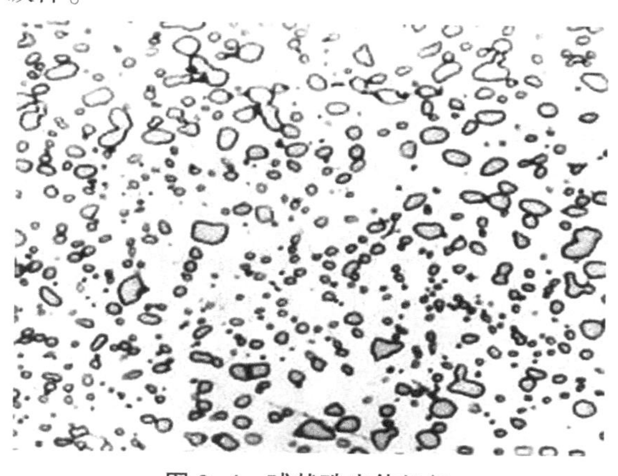

图 2-4　球状珠光体组织

球化退火主要适用于共析或过共析成分的碳钢及合金钢，常应用于 $w_C>0.6\%$ 的各种高碳工具钢、模具钢、轴承钢等的预备热处理。球化退火的目的在于：

(1) 降低硬度，改善切削性能。实验证明，碳含量大于0.6%的钢，球状珠光体的切削性能优于片状珠光体，碳含量越高，差别越大，故对一般碳含量较高的钢均采用球化退火。

(2) 获得均匀组织，改善热处理工艺性能。在工具钢中，为了减少淬火加热时的过热敏感性、变形和开裂倾向，要求淬火前的原始组织为球状珠光体。

(3) 对于轴承钢，预备热处理采用球化退火，再经淬火和低温回火，可以提高轴承的接触疲劳寿命。

需要说明的是，球化退火工艺应用于亚共析钢已获成效，可以获得最佳塑性和较低硬度，从而大大有利于冷挤、冷拉、冷冲等冷成型塑性加工。

2. 影响碳化物球化的因素

在工具钢及轴承钢碳化物球化中，应包括一次碳化物（从液相中析出）、二次碳化物（由奥氏体中析出）及共析碳化物三种析出方式碳化物的球化。一次碳化物是铸锭中枝晶偏析所引起的亚稳定莱氏体结晶的产物，易引起淬火裂纹，使钢的耐磨性变差，以致工件在使用中造成表面脱落或中心破裂。一次碳化物的球化主要靠合理的锻造工艺，如反复镦拔（总锻造比>10）和适当的扩散退火来得到。二次碳化物与共析钢碳化物的球化与锻造过程有关。为了使退火后能获得均匀分布的颗粒碳化物，锻造后的组织应为细片状珠光体及细小、断续网状碳化物（或含有少量马氏体）。对此，球化退火时可采用较低的温度和较短的时间。退火温度越低、未溶解的碳化物数量越多，越容易获得均匀分布的细粒状珠光体组织。为了得到良好的球化组织，必须严格控制锻造工艺过程。

影响碳化物球化的因素有如下几方面。

1) 化学成分的影响

(1) 碳含量：碳含量越高，碳化物数量越多，加热可在较宽的奥氏体化范围内进行并易于球化，如图2-5所示。

(2) 合金元素：加入碳化物形成元素使球化变慢，形成碳化物的程度越强烈，则阻碍越大。

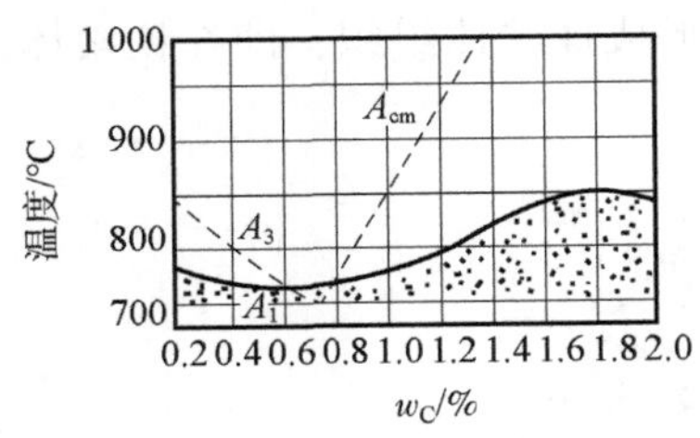

图2-5 碳钢一次球化退火加热温度范围

2) 原始组织的影响

(1) 铁素体的大小、形貌：大块铁素体+珠光体的混合组织（亚共析钢），经缓冷退火后，在组织中碳化物分布极不均匀。增加循环球化退火次数可使晶粒细化，碳化物分布得以改善。

(2) 珠光体的粗细：细片珠光体比粗片珠光体易获均匀、细小的球状珠光体。

(3) 是否存在网状碳化物：网状碳化物很难球化，可在球化退火前进行一次正火处理或高温固溶处理。否则，可能会有断续网状碳化物，球化不完全，如图2-6所示T12钢的球化组织，由于球化退火前未进行正火处理，故原网状碳化物呈现断续网状分布，如箭头所指。

(4) 退火前经过变形：经过冷变形加工的原始组织，可以促进球状碳化物形成。

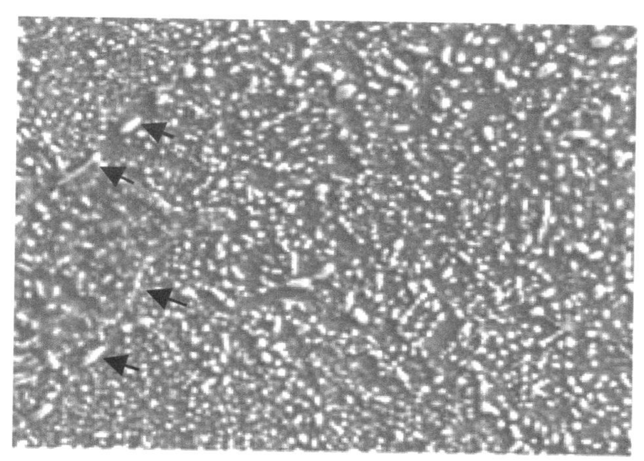

图 2-6　未经正火后球化的 T12 钢的球化组织

3）加热温度与保温时间的影响

（1）提高奥氏体化温度和延长保温时间有助于形成片状珠光体。

例如，GCr15 轴承钢，先经 930 ℃正火，随后在不同温度下（760 ℃、780 ℃和840 ℃）加热奥氏体化，再过冷到 Ar_1 以下进行珠光体转变。试验结果表明，奥氏体温度为 760 ℃的试样经等温球化处理后获得球状珠光体组织。经 780 ℃奥氏体后等温球化处理的试样，当等温球化温度较高时得到片状加球状珠光体，只有当等温球化温度较低时才能得到球状珠光体组织。经 840 ℃奥氏体化后再等温球化处理的试样，在珠光体转变区域等温得到的都是片状珠光体。

（2）奥氏体化温度若较低，仅略高于 Ac_1，且保温时间较短，球化处理后的渗碳体则可能呈不完整片状，其原因是原始的片状渗碳体转变不足。

（3）当球化温度一定时，若球化等温时间过长，球化组织中的碳化物粒子变粗，导致工件硬度偏低。

4）冷速的影响

不完全奥氏体化后若采取连续冷却方式，此时冷速应适当，工业上一般采用 10~20 ℃/h 冷速缓冷球化。若冷速较快，则会导致部分过冷奥氏体转变温度较低，使碳化物球化时临界扩散距离小，有形成片状珠光体的趋势，导致球化不完全，工件硬度偏高；若冷速过慢，则过冷奥氏体转变温度较高，碳原子扩散能力较强，因而球化物尺寸较大。

3. 球化退火常见工艺方法

球化退火常见工艺方法有一次球化退火、等温球化退火、循环球化退火和低温球化等。

1）一次球化退火

一次球化退火是将钢加热到 Ac_1 与 Ac_{cm}（或 Ac_3）之间，充分保温（2~6 h），然后缓慢冷却至 500~650 ℃ 出炉冷却的工艺，一次球化退火工艺曲线如图 2-7 所示。通常，对于亚共析钢，随着碳含量的增多，一次球化退火的加热温度略有降低；而

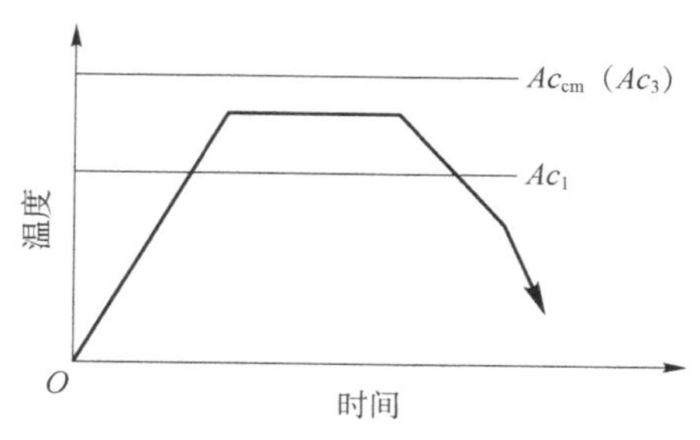

图 2-7　一次球化退火工艺曲线

对于过共析钢，则随其碳含量的增多，加热温度升高。各类碳素工具钢及合金工具钢（包括轴承钢、高速钢）一次球化退火工艺规范见表 2-1。此法适用于周期作业炉生产，在工具和轴承的生产中得到了广泛应用。

表 2-1　常用工具钢的一次球化退火工艺规范

牌号	加热温度/℃	保温时间/h	冷却速度/（℃·h^{-1}）	出炉温度/℃	退火后的硬度HBW
T7、T8、T9	750~770	约为 4	20~30	500	187~192
T10、T11、T12	760~780				197~217
9SiCr	790~810	4~6	≤20~30	500~650	197~241
CrWMn	770~790				207~255
Cr2					187~229
Cr12MoV	850~870				207~255
GCr9 GCr15	780~800				170~207
9Mn2V	750~770				≤229
W18Cr4V	850~870	3~4	15~20	<500	207~255
W6Mo5Cr4V2	840~860				

2）等温球化退火

等温球化退火是将共析钢或过共析钢加热到 Ac_1+（20~30）℃，保温适当时间，然后冷却到略低于 Ar_1 的温度，等温保持一定时间（使等温转变进行完毕），然后炉冷或空冷的球化退火工艺。等温球化退火工艺曲线如图 2-8 所示。如果原始组织中网状碳化物较严重，则需加热到略高于 Ac_{cm} 的温度，使碳化物网溶入奥氏体，然后再较快地冷却到 Ar_1 以下的温度进行等温球化退火。

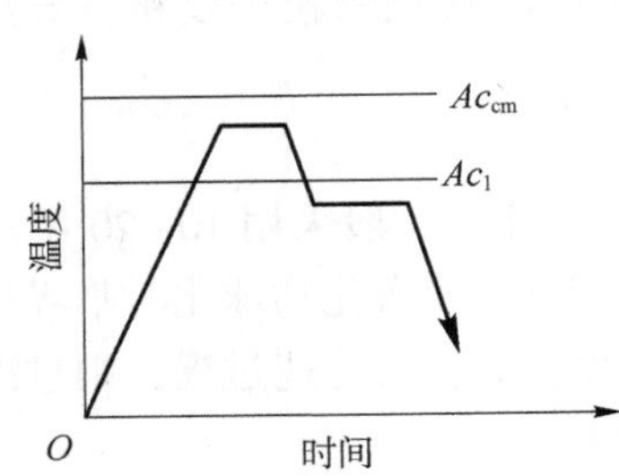

图 2-8　等温球化退火工艺曲线

等温球化退火适用于过共析钢、合金工具钢，球化充分，易控制，周期较短，适宜尺寸较大的工件。由于等温球化退火可获得较好的球化质量并可以节约工艺时间，故在实际生产中多应用于非合金钢及合金钢刀具、冷冲模具以及轴承零件的球化退火。

3）周期（循环）球化退火

将钢加热到 Ac_1+（20~30）℃，短时保温后冷却到 Ar_1-（20~30）℃，再进行短时保温，如此反复进行多次，称为周期（循环）球化退火，也称往复球化退火，工艺曲线如图 2-9所示。在 Ac_1 以上的短时加热，除奥氏体化外，还可使网状碳化物开始溶解，呈被切断的形状；而在 Ar_1 以下保温时变为球状，同时使珠光体中的渗碳体附着在这些球上生长。几次反复后，便可得到较好的球化组织。此工艺易控制、周期短、所得球化组织良好，而且可以使工件的淬火开裂倾向大为减少。其循环周期视球化要求等级而定，经多次循环之后，最后以 10~20 ℃/h 冷速缓冷到 550 ℃空冷，适用于过共析钢及合金工具钢，周期较短；球化较充分，但控制较烦琐，一般适用于小批量生产的小型工具等的退火，不适宜大型工件退火。在实际操作中，可将小型工件加热到 Ac_1 以上，然后自炉中取出空冷到 Ar_1 以下，随后又放入炉中加热，如此反复几次，也能获得满意的球化效果（但这种操作下的工件心部球化较差）。

在批量较大或球化质量要求较高时，可采用专用自动控制设备。例如，某厂采用周期（循环）球化退火代替等温球化退火，对 T7A、GCr15 钢进行球化处理，其工艺曲线分别如图 2-10 和图 2-11 所示。

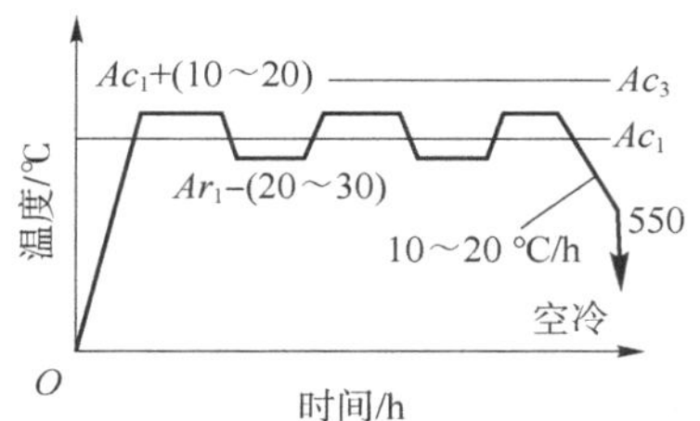

图 2-9　周期（循环）球化退火工艺曲线

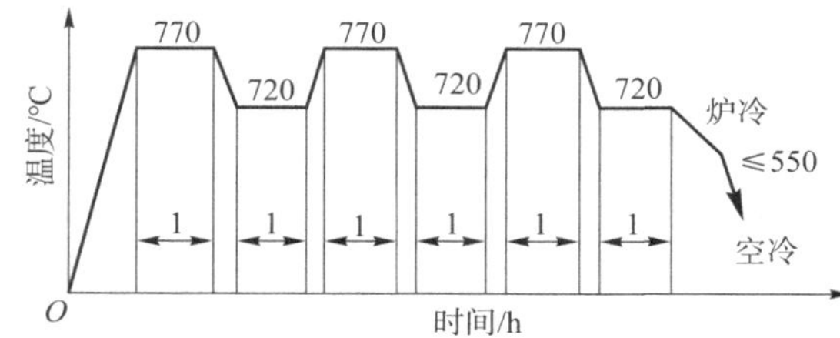

图 2-10　T7A 钢周期（循环）球化退火工艺曲线

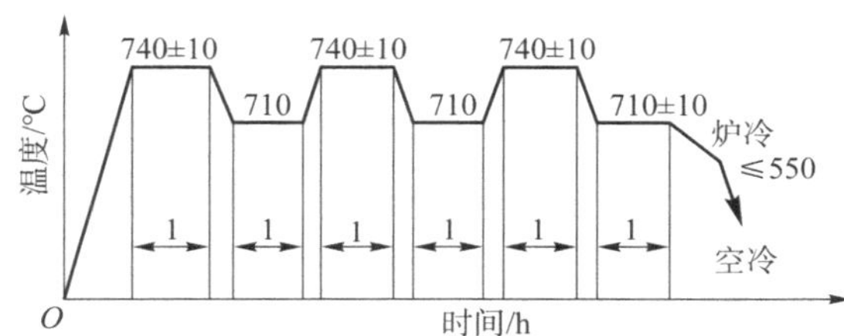

图 2-11　GCr15 钢周期（循环）球化退火工艺曲线

4）正火+球化退火

对于锻造组织中珠光体片层较厚、网状碳化物较为严重的钢种（如 T12A）和轴承钢，球化退火后常出现球化不充分，组织中可能存在断续的网状碳化物或断续片状碳化物等现象。对这类钢，球化退火前应进行一次正火处理。通过正火处理过程中的一次完全奥氏体化及较快冷却的重结晶，有效地细化了组织，并使碳化物获得较均匀的分布，促进了后续球化过程中碳化物的充分球化。

将过共析钢加热到 Ac_{cm} 温度以上并适当保温后空冷，以得到细片状珠光体组织，然后再进行一次球化退火或等温球化退火或往复球化退火，此过程称为正火球化退火，其工艺曲线如图 2-12 所示。此工艺还经常应用于耐回火性高的轴承钢和退火过热返修的工件。

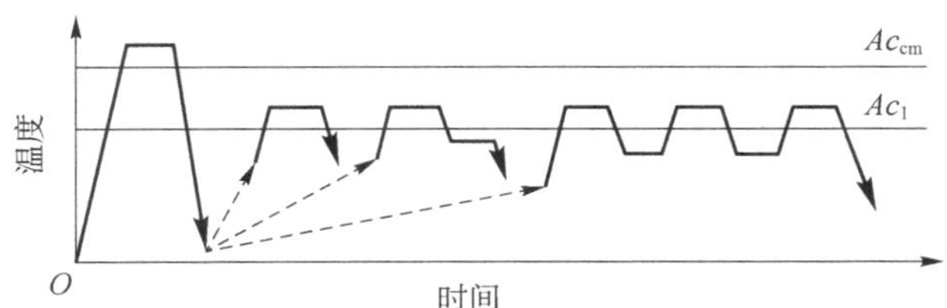

图 2-12　正火球化退火工艺曲线

例如，常规球化退火工艺加热温度较低，很难改善组织不均匀和碳化物的形态、分布，尤其是大尺寸的模块。在常规热处理前增加一次正火处理，可降低钢中未溶碳化物的数量，细化奥氏体晶粒，降低碳化物分布的不均匀性，提高强度和韧性。图 2-13 为 4Cr5MoSiV1（H13 钢）热作模具钢模块（直径 900 mm，高为 1 000 mm）锻后高温正火+球化退火工艺曲线。在1 020 ℃正火时，球化率可达 95%以上，偏析基本消除。

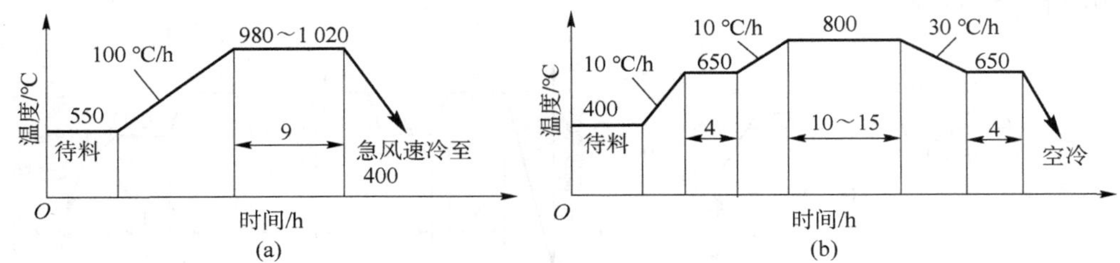

图 2-13　H13 钢高温正火+球化退火工艺曲线

（a）高温正火；（b）球化退火

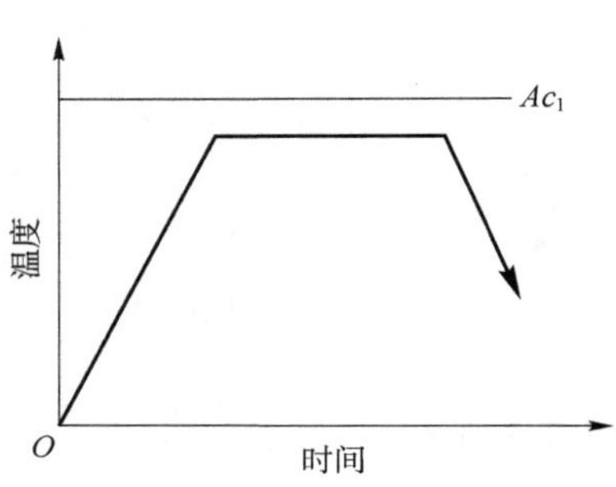

图 2-14　低温球化退火工艺曲线

5）低温球化退火

低温球化退火是将钢材或钢件加热到 Ac_1 以下 20 ℃左右，长时间保温（决定于钢种及要求的球化程度）后缓冷或空冷至室温，以获得球状珠光体的热处理工艺，如图 2-14 所示。此法适用于经冷变形加工或淬火后，以及原珠光体片层较薄，且无网状碳化物的情况。轴承钢常采用低温球化退火工艺。为了便于冷冲压加工，有时也对低碳钢进行低温球化退火。几种低碳钢、低碳合金钢及轴承钢的低温球化退火工艺规范见表 2-2。

表 2-2　几种低碳钢、低碳合金钢及轴承钢的低温球化退火工艺规范

牌号	退火前的硬度 HBW	加热温度 /℃	保温时间 /h	冷却速度 /(℃·h^{-1})	出炉温度 /℃	退火后的硬度 HBW
15Cr、20Cr	170	720	5~6	<50	450	≤125
35、45、40MnB	>180	720	6~7	<50	550	≤145
08、15、20	150~180	720	2~3	空冷	—	≤120
GCr9、GCr15	—	660~730	4~6	缓冷	600	—

2.2.4　扩散退火

扩散退火又称均匀化退火，是以减少工件化学成分偏析和组织的不均匀程度（枝晶）为主要目的，将工件加热到高温（一般为 1 000~1 300 ℃）并长时间保温（10~15 h），然后缓慢冷却的退火工艺，其工艺曲线如图 2-15 所示。此法适用于合金钢铸锭或铸件，以及具有成分偏析的锻轧件等。

扩散退火在铸锭开坯或锻造后进行比较有效，因为此时铸态组织已被破坏，元素扩散的障碍大为减少。

应该指出，用扩散退火解决钢材成分和组织结构的不均匀性是有限度的。例如，对结晶过程中形成的化合物及夹杂物来说，扩散退火就无能为力，此时只能用反复锻打的方法才能改善。

钢件扩散退火温度，一般选择在 Ac_3 或 Ac_{cm} 以上150~300 ℃。碳钢常取 1 100~1 200 ℃，合金钢常取 1 200~1 300 ℃，加热速度大多控制在 100~120 ℃/h。

扩散退火的保温时间一般按截面厚度每 25 mm 保温 0.5~1 h 或每 1 mm 保温 1.5~2.5 min 来计算。装炉量较大时，可按式（2-1）[$\tau=8.5+Q/4$]计算。

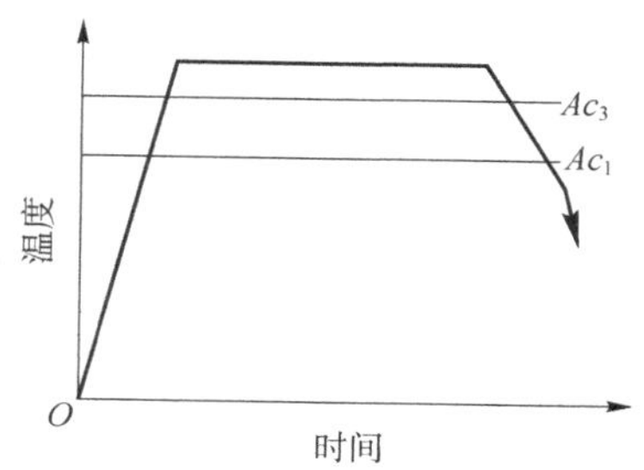

图 2-15　扩散退火工艺曲线

通常保温时间不超过 15 h，否则钢件氧化损失严重。

冷却速度一般为 50 ℃/h，高合金钢冷速为 20~30 ℃/h。通常降温到 600 ℃ 以下即可出炉空冷。高合金钢及高淬透性钢种宜在 350 ℃左右出炉，以免因冷速过快而产生应力，使硬度偏高。

大型锻件为使毛坯获得锻造所需塑性，常在 1 150~1 270 ℃下加热保温。一般铸钢件极少采用扩散退火，但对于铸造高速钢刀具等莱氏体钢制工件，需进行高温扩散退火，以破碎莱氏体网，使碳化物分布趋于均匀。

由于扩散退火在高温下进行，且时间长，因而退火后将使奥氏体晶粒十分粗大。为了细化晶粒，应在扩散退火后补充一次完全退火或正火。对铸锭来说，尚需压力加工，而压力加工可以细碎晶粒，故此时可不必在扩散退火后再补充一次完全退火。

扩散退火耗能大，工件烧损严重，故主要用于要求高的优质合金钢。

2.2.5　预防白点退火

氢在钢中存在形式有以下几种。

（1）溶解于固溶体，以固溶氢的形式存在。固溶氢与应力联合作用易导致钢材形成白点（即纵向断面上表现为圆形或椭圆形银白色斑点，也称发裂），白点是一种最危险的断裂源。大锻件发现白点，应报废或改锻成小锻件。其消除方法是用退火方法脱溶或加入钛、钒、铌、镧、铈等元素与氢形成化合物使固溶氢含量降低。

（2）分子态氢，主要存在于亚晶界、位错、晶粒边界及宏观区域中。不易自钢中扩散逸出，也不会造成白点。可在热轧、锻造等压力加工过程中消除。

预防白点退火是为防止工件在热变形加工后的冷却过程中形成发裂（白点），在形变加工结束后直接进行的退火，其目的是使钢中的固溶氢扩散析出于工件之外，又称去氢退火，工艺曲线如图 2-16 所示。

氢在 α-Fe 中的扩散系数比在 γ-Fe 中大得多，而氢在 α-Fe 中比在 γ-Fe 中的溶解度又低得多。为此，对于大锻件，一般是先从奥氏体状态冷却到奥氏体等温转变图的鼻温范围，以尽快获得铁素体+碳化物组织，然后在该温度区域升高到稍低于 Ac_1 的温度长时间保温进行脱氢，从而消除钢中的白点。此法适用于大尺寸碳钢、低合金钢、高合金钢的锻件。

退火工艺参数的选择必须能造成氢在钢中的溶解度小而扩散大的条件，使其排出锻件或由固溶状态变为分子状态存在。不同钢种预防白点退火工艺规程常根据其过冷奥氏体等温转变图来制定。根据合金元素含量不同，具体工艺如下。

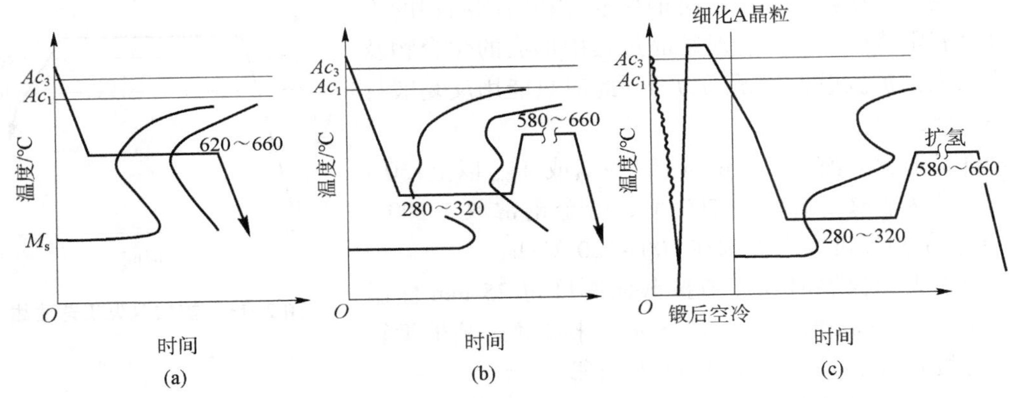

图 2-16 预防白点退火工艺曲线

(a) 低碳低合金钢；(b) 中合金钢；(c) 高合金钢

(1) 低碳低合金钢的预防白点退火：低碳低合金钢大锻件在锻造后或重新加热奥氏体化后以较快速度冷却至过冷奥氏体最不稳定区域（鼻温区），使其充分等温转变，形成铁素体+碳化物混合组织（伪共析组织），工艺曲线如图 2-16（a）所示。此时，氢的溶解度较低而扩散较易，在转变过程中即可从锻件排出或结合为氢分子。氢分子所引起的压力也可因转变温度（620~660 ℃ ）较高而得到释放。

(2) 中合金钢的预防白点退火：中合金钢大型锻件加热奥氏体化并在过冷奥氏体最不稳定区域（280~320 ℃）等温转变后，还需再加热至稍低于 Ac_1 的温度（580~660 ℃），并经长时间保温，方可使一部分氢自锻件表面排出，锻件内部的氢也可获得较均匀地分布，以减少其有害作用，工艺曲线如图 2-16（b）所示。

(3) 高合金钢的预防白点退火：高合金钢的预防白点退火工艺曲线如图 2-16（c）所示。首先应进行一次重结晶，以改善组织和提高锻件中氢分布的均匀性，同时细化晶粒，降低过冷奥氏体的稳定性，有利于减小形成白点的敏感性，然后冷却至 280~320 ℃，保温适当时间后，再加热至 580~660 ℃，保温后冷却。

许多镍铬合金钢大型锻轧材易产生白点，锻轧后需进行预防白点退火处理。但预防白点退火旧工艺保温时间太长，如 5CrNiMo 钢的直径 550 mm 以上大型锻件在 680 ℃保温需 120 h。为了缩短工艺周期、改进预防白点退火工艺，人们研究了氢在钢中的分布运动规律，并用计算机计算出氢在钢中的浓度场及其变化规律，为制定退火新工艺提供了科学依据。根据钢液中的原始氢含量不同，用计算机辅助设计工艺参数，如若钢液经真空除气处理后，氢含量较低，大多质量分数为 2.8×10^{-6} 以下，这时则可大幅度缩短保温时间；如 700 mm×700 mm 型模块在 690 ℃热透后，保温 40~50 h 即可。图 2-17 所示为 5CrNiMo 钢锻件预防白点退火新工艺。新工艺可节能约 32%，提高生产率约 39%。

2.2.6 再结晶退火

金属在冷变形加工中，随着形变量的加大，硬度迅速升高，塑性剧烈下降，即产生加工硬化现象，如果继续形变，钢材便有开裂或脆断的危险。此时，必须进行工序间的退火（即中间退火）。在随后的加热过程中，随着温度的升高，组织和性能有恢复到冷形变前状

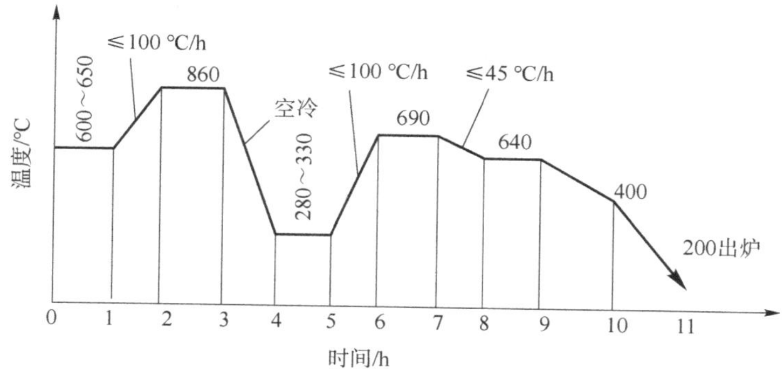

图 2-17　5CrNiMo 钢锻件预防白点退火新工艺

况的趋势，如图 2-18 所示。因此，为了消除冷变形后材料内部的应力、降低硬度、恢复塑性，为后续的冷变形加工顺利进行，应进行再结晶退火处理。

再结晶退火是指经冷塑性变形加工的工件加热到再结晶温度以上，保持适当时间，通过再结晶使冷变形过程中产生的晶体学缺陷基本消除，重新形成均匀的等轴晶粒，以消除形变强化效应（加工硬化）和残余应力的退火。图 2-19 为再结晶退火工艺曲线。

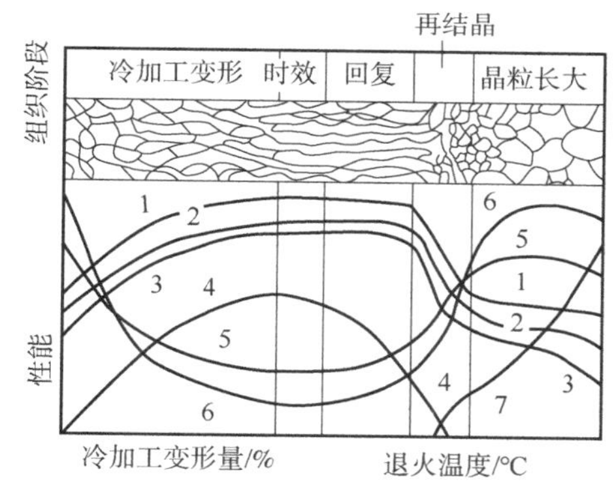

图 2-18　冷加工变形量和退火温度对金属组织和性能影响示意

1—硬度；2—抗拉强度；3—屈服强度；4—内应力；5—延伸率；6—断面收缩率；7—再结晶晶粒大小

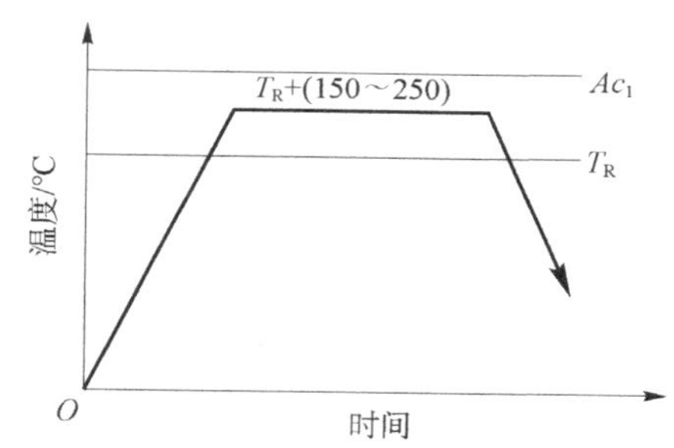

图 2-19　再结晶退火工艺曲线

再结晶退火主要用于低碳钢、硅钢薄板、有色金属和各种冷加工的板、管、型、丝和带等金属制品，可作为冷变形材料半成品的中间退火，也可作为成品的最终热处理。

再结晶加热温度：$T>T_R+(150\sim250)$℃（$T_R\approx0.4\sim0.5T_M$，T_M 为熔点），一般钢材再结晶退火温度在 600～700 ℃，保温 1～3 h，空冷。

对于冷拉、冷冲及冷镦等加工方式，常用的再结晶退火温度为 Ac_1 以下 10～20 ℃。当冷锯、冷剪后需恢复加工面塑性时，可在低于 Ac_1 较多的温度（常用 600～650 ℃）下进行中间退火。在钢丝及其他以冷拉状态交货的钢材生产中，最后一道冷拉前的再结晶退火还具有为控制成品性能准备条件的作用，所用温度应与最后冷拉时的变形量一起考虑，以达到产品的性能要求。

低碳钢（w_C<0.1%~0.2%）的再结晶温度为450~650 ℃。随着碳含量及合金元素数量的增加，再结晶温度不断升高，当超过Ac_1温度时，将发生相变重结晶。对此，可采用低于Ac_1温度的软化退火来降低冷变形材料的硬度。低碳钢在冷轧、冷拉、冷冲等加工后的再结晶退火温度常取650~700 ℃。Q215、Q235钢的再结晶退火工艺为：加热到660~700 ℃，保温2~3 h，炉冷至550 ℃出炉。对于w_C<0.2%的普通碳，在冷变形时临界变形量若达到6%~15%，则再结晶退火后易出现粗晶，故应避免在此范围内进行冷变形加工。

经冷塑性变形加工的高速钢毛坯，如冷拉线材、冷挤压的高速钢螺纹刀具等，为消除冷作硬化，再结晶退火工艺为：加热到750~780 ℃，保温4~6 h，炉冷到500 ℃，出炉空冷。

2.2.7 去应力退火

去应力退火是为去除工件塑性变形加工、切削加工或焊接造成的内应力及铸件内存在的残余应力而进行的退火，其工艺曲线如图2-20所示。

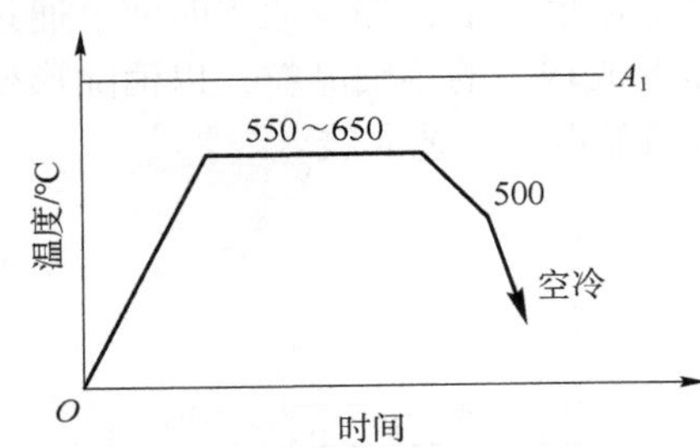

图2-20 钢材去应力退火工艺曲线

去应力退火工艺应用广泛，如热锻轧、铸造、各种冷变形加工、切削或切割、焊接、热处理，甚至机器零部件装配后。在不改变组织状态、保留冷作与热作或表面硬化的条件下，对钢材或机器零部件进行较低温度的加热，以去除内应力，减小畸变、开裂倾向的工艺，都可称为去应力退火。

去应力退火工艺：加热温度<A_1，钢铁材料一般在550~650 ℃，热作模具钢及高合金钢在650~750 ℃。

加热速度为100~150 ℃/h。

保温时间按3~5 min/mm计算。

冷却速度为50~100 ℃/h。为了不使去应力退火后冷却时再发生附加残余应力，应缓冷到500 ℃以下出炉空冷。大截面工件需缓冷到300 ℃以下出炉空冷。

去应力退火的温度，一般应比最后一次回火温度低20~30 ℃，以免降低硬度及力学性能。对薄壁工件、易畸变的焊接件，退火温度应低于下限。

常见的去应力退火的应用及工艺如下。

1）热锻轧材及热处理工件的去应力退火

（1）低碳结构钢热锻轧后，如果硬度不高，适于切削加工，则可不进行正火，但应在500 ℃左右进行去应力退火。

（2）中碳结构钢为避免调质时的淬火畸变，需在切削加工或最终热处理之前进行500~650 ℃的去应力退火，加热时间以透烧为准，之后的冷却不宜过快，以免产生新的应力。

（3）合金钢及尺寸较大的工件应选用较高的温度，且对于切削加工量大、形状复杂而要求严格的刀具、模具等，在粗加工与半精加工之间，淬火之前常进行600~700 ℃、2~4 h的去应力退火。

（4）刀具在最终精磨过程中，可进行一次低于（或等于）回火温度的去应力退火，以避免开裂。在使用中每次修磨之后进行去应力退火，可提高刀具的使用寿命。

（5）需要渗氮的精密耐磨零件，应在调质处理及最终磨削加工后，进行一次低于调质温度的去应力退火，以防止零件在渗氮时的畸变。

（6）热处理后性能不足（如淬火硬度不足）的重要工件或工具，在重新淬火之前也需要进行去应力退火，以减小淬火畸变与开裂倾向。

2）冷变形钢材的去应力退火

轧薄钢板、钢带、拉拔钢材及索氏体化处理的钢丝等，在制作某些较小工件（如弹簧等）时，应进行去应力退火，以防止制成成品后因应力状态改变而产生畸变。常用退火温度一般为 250~350 ℃，此时还可以产生时效作用，使强度有所提高。

3）非铁金属和耐热合金的去应力退火

铝合金去应力退火温度常选 150~200 ℃，铜合金为 200~350 ℃，保温时间均为 1 h 左右。铁基及镍基耐热合金的去应力退火温度常选 680~900 ℃。与奥氏体不锈钢的情况相似，耐热合金去应力退火时需注意抗氧化性及高温强度降低的问题。不少耐热合金因在上述温度范围内产生时效，而常采用高温短时加热的退火工艺。

2.3　正火

将钢材或钢件加热到 Ac_3（或 Ac_{cm}）以上 30~50 ℃，经保温使之完全奥氏体化后在空气中冷却，得到珠光体类型的组织，这种热处理工艺称为正火。

正火是工业上常用的热处理工艺之一。正火的目的，对于一般结构件来说，主要是细化晶粒，消除组织不均匀，提高力学性能；对于过共析钢可以消除网状二次渗碳体，有利于球化退火的进行。正火主要可以应用于以下几个方面。

（1）对于低碳钢，正火可以适当提高钢的硬度，改善其切削性能。因退火组织中铁素体过多，硬度偏低，在切削加工时易出现“黏刀”现象。而采用正火处理（冷却速度较快)，则可得到量多且细小的珠光体组织，硬度较高，有利于切削加工。

（2）对中低碳钢和合金结构钢，通过正火可消除应力与魏氏组织，使组织均匀化和细化，硬度为 160~230HBW，具有良好的切削加工性能，可代替完全退火而作为淬火前的预备热处理，缩短工艺周期，节省能耗。

（3）对于过共析钢，正火是用来消除网状二次碳化物，为球化退火做好组织准备。因为正火冷却较快，二次渗碳体来不及沿奥氏体晶界呈网状析出。

（4）对于要求不高的结构件，正火可以作为最终热处理。由于正火后所得的组织较细，故比退火状态具有更好的综合力学性能，而且工艺过程简单。因此，正火可作为最终热处理而直接使用。例如，低碳钢正火后，由于所得铁素体晶粒较细，钢的韧性较好，因此板、管、带及型材等常用正火处理，以保证较好的力学性能组合。

（5）对于大型锻件，常采用正火作为最终热处理工艺，可避免淬火时较大的开裂倾向（但不能充分发挥材料的潜力）。此时正火后需进行高达 700 ℃ 的高温回火，以消除应力，得到良好的力学性能。

（6）对于铸钢，通过正火，可细化铸态组织，改善切削加工性能。由于铸件一般形状复杂、偏析严重、韧性较差，因此在正火中应采用较为缓慢的加热速度，以避免热应力造成的畸变开裂，加热温度也较锻件更高。

（7）某些碳钢、低合金钢的淬火返修件，通过正火，可以消除内应力和细化组织，防止重新淬火时产生畸变与开裂。

除上述常规正火工艺外，还发展了其他正火工艺方法，具体工艺及应用如下。

（1）等温正火：将工件加热到 Ac_3（或 Ac_{cm}）以上 30～50 ℃，经保温使之完全奥氏体化后在等温转变曲线鼻尖温度等温至完全转变成细片状珠光体组织的工艺，如图 2-21 所示。等温正火比常规空冷正火所得组织更均匀，晶粒更细小，带状组织更小。

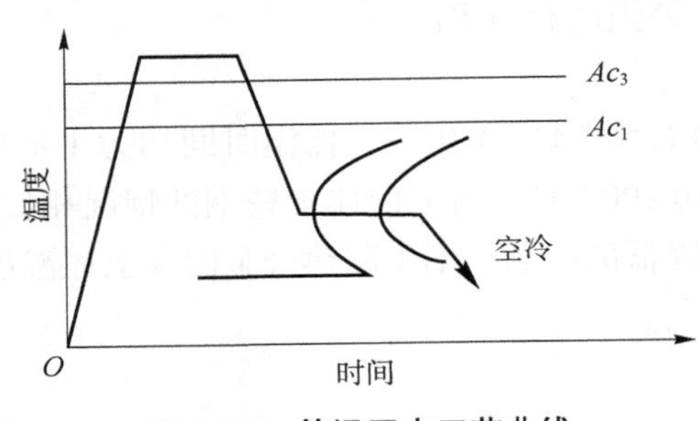

图 2-21　等温正火工艺曲线

现代化大批量工件（如渗碳钢齿轮锻坯）的等温正火采用等温正火自动化生产线，其正火质量稳定、均匀，可满足高质量的显微组织与性能要求。该生产线主要用于 20CrMnTi、20CrMnMoH、20CrMoH、22CrMoH 等低合金结构钢的汽车、拖拉机、通用机械齿轮锻坯的等温正火处理。正火加热炉带前后室，可通入保护气氛，以减少工件氧化。快速降温室（速冷室）可采用冷风、热风及不同温度的冷热混合风对工件进行快速、均匀冷却。

目前，已经研制成功用匀速冷却液进行等温正火的方法，并将其应用于生产。与快速风冷的等温正火方法相比，采用匀速冷却液的等温正火方法具有以下优点和用途：可以使工件更快而且匀速地冷却到等温温度；只要有淬火槽和加热炉，即能进行等温正火；适于不同形状大小的工件；适于渗碳再次加热淬火工件渗碳后的冷却。

（2）亚温正火：若正火加热温度在两相区，则称为亚温正火。亚温正火是将亚共析钢在 Ac_1～Ac_3 加热，保温后空冷的热处理工艺。亚共析钢经热加工后，由于珠光体片层间距较大、硬度较低，为了改善其切削加工性能，可进行亚温正火。

（3）高温正火：若将铸、锻件加热到 Ac_3 以上 100～150 ℃的正火称为高温正火。其目的是通过相变重结晶消除热加工过程中形成的过热组织，并使第二相充分溶入奥氏体中。通常在高温正火后还应进行一次常规正火，使奥氏体晶粒细化，以获得细的珠光体组织。

例如，H13 钢锻后缓冷导致碳化物呈网状析出，虽然经常规正火能有所改善，但一些异常组织仍保留在基体中，很难消除，且锻后缓冷造成晶粒异常粗大。H13 钢锻后在 M_s 点以上空冷，再经高温正火（970 ℃×5 h）后，出炉风冷，然后再进行等温球化退火（860 ℃×6 h，炉冷至 750 ℃，保温 12 h），球化率可达 95%以上，晶粒度在 7 级左右。高温正火能改善 H13 钢锻后组织粗大的问题，并减少组织偏析和网状碳化物。在一定时间范围内，随正火保温时间的延长，组织改善越来越显著。

（4）多次正火：又称两次正火或多重正火，是细化及均匀大型锻件晶粒、消除严重混晶、提高冲击韧性的有效方法。第一次正火采用 Ac_3+(150～200)℃高温正火，可消除热加工中形成的过热组织，并使难溶第二相充分溶入奥氏体中；第二次采用 Ac_3+(25～50)℃较低温度正火，使奥氏体晶粒细化。对含有稳定碳化物的钢种（如 CrMoV 类钢），第二次奥氏体化时还应使碳化物大部分溶解，在其后的冷却过程中依靠未溶细小碳化物作为核心而得到较细的贝氏体组织。多次正火后的回火工艺与一次正火相同。低碳合金铸钢件（20Mn、

15CrMo、20CrMoV）通过多次正火不仅细化了晶粒、均匀化了组织，还使冲击韧性，特别是在低温下的冲击韧性有明显提高。例如，20CrMnMo 钢齿轮轴采用二次正火工艺，第一次正火温度为 980~1 000 ℃，第二次正火温度为 860~880 ℃，获得的晶粒度平均在 6.5~8.0 级，冲击吸收能量平均为 40 J。

2.4　退火、正火后的组织性能比较与工艺选择

以获得接近平衡态组织为主要目的的退火（主要指完全退火）与正火，热处理之后的组织都是铁素体和渗碳体的机械混合物，即珠光体类型的组织。但由于正火与退火的冷却速度不同，正火的冷却速度比退火快，过冷度较大。对于亚共析钢而言，组织中先共析铁素体较少，珠光体量较多（伪共析），且珠光体片间距较小。此外，由于正火时过冷奥氏体转变温度较低、珠光体成核率较大，因而珠光体团的尺寸较小。对于过共析钢而言，正火不仅获得的珠光体片间距及团直径较小，还可以抑制先共析网状渗碳体析出，而完全退火后则有网状渗碳体存在。

由于退火与正火在组织上有上述差异，因而在性能上有差别。对于亚共析钢，以 45 钢为例，正火后的强度、硬度和韧性均较高，塑性与退火后相当。45 钢的退火和正火后的性能比较见表 2-3。

表 2-3　45 钢退火与正火状态的力学性能

状态	R_m/MPa	A/%	a_k/(J·cm^{-2})	HBW
退火	650~700	10~20	40~60	约为 180
正火	700~800	15~20	50~80	约为 220

不同碳含量的碳钢经退火或正火后其硬度大小如图 2-22 所示。图中阴影部分为适合切削加工的硬度（150~250HV）。为保证切削加工工艺性能，针对不同碳含量的碳钢工件，切削前可由此图选择合理的预备热处理工艺方法。由该图可以看出，碳钢切削前根据碳含量适合的预备热处理工艺为：w_C = 0.20% ~ 0.50% 的钢，正火；w_C = 0.30% ~ 0.80% 的钢，完全退火；w_C > 0.60%的钢，球化退火。

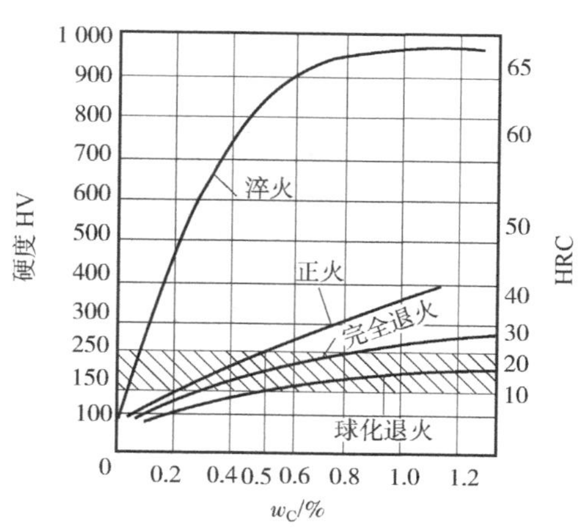

图 2-22　碳钢热处理后的硬度与含碳量的关系

在生产上对退火（主要指完全退火和球化退火）、正火的选用，应根据钢种前、后的冷、热加工工艺以及最终零件使用条件来确定。根据钢中含碳量的不同，一般按如下原则选择：

（1）含碳 0.25%以下的钢，在没有其他热处理工序时，可用正火来提高强度。对渗碳钢，用正火消除锻造缺陷以及提高切削加工性能。但对含碳低于 0.20%的钢，如前所述，

应采用高温正火，因为按正常温度正火后，自由铁素体仍过多，硬度过低，切削性能仍较差。为了适当提高硬度，应提高加热温度（比 Ac_3 高 100 ℃），以增大过冷奥氏体的稳定性，而且应该增大冷却速度，以获得较细的珠光体和分散度较大的铁素体。对这类钢，只有形状复杂的大型铸件才用退火消除铸造应力。

（2）对含碳 0.25%～0.50%的钢，一般采用正火。其中含碳 0.25%～0.35%的钢，正火后其硬度接近最佳切削加工的硬度。对含碳较高的钢，硬度虽然较高（200HBW），但由于正火生产率高，成本低，故仍采用正火。只有合金元素含量较高的钢才采用完全退火。

（3）对含碳 0.50%～0.75%的钢，一般采用完全退火。因为碳含量较高，正火后硬度太高，不利于切削加工，而完全退火后的硬度正好适宜切削加工。此外，该类钢多在淬火、回火状态下使用，因此一般工序安排是通过完全退火降低硬度，然后进行机加工，最终进行淬火和回火。

（4）对含碳 0.75%～1.0%的钢，有的用来制造弹簧，有的用来制造工具。前者采用完全退火作为预备热处理，后者则采用球化退火。

（5）含碳大于 1.0%的钢用于制造工具或轴承，均采用球化退火作为预备热处理。

当钢中含有较多的合金元素时，由于合金元素强烈地改变了过冷奥氏体连续转变曲线，因此上述原则就不适用。例如，低碳高合金钢 18Cr2Ni4WA 没有珠光体转变，即使在极缓慢的冷却速度下退火，也不可能得到珠光体组织，一般需要高温回火来降低硬度，以便切削加工。

2.5 退火、正火常见缺陷与避免措施

退火和正火由于加热或冷却不当，会出现一些与预期目的相反的组织，造成缺陷。一般常见的缺陷有以下几种。

1. 过热与过烧

由于加热温度过高，引起晶粒过度长大或出现晶界弱化，甚至晶界局部熔化，造成工件报废。具体避免与预防措施参见第 1 章 1.4 小节。

对于加热温度过高、保温时间过长或炉内温度不均造成的局部过热，当冷速适中时，中碳钢中常出现粗大魏氏铁素体组织，如图 2-23 所示，使钢冲击韧性下降。

图 2-23 魏氏铁素体组织

为了消除魏氏体组织，可采用稍高于 Ac_3 的加热温度，既使先共析相完全溶解，又不使奥氏体晶粒粗大，再根据钢的化学成分采用较快或者较慢的冷却速度冷却。对于魏氏体组织严重的，可以采用前述的双重正火来消除。

2. 退火石墨碳（黑斑）

黑斑多于碳含量高的碳素工具钢或低合金工具钢退火后出现。这类钢有时在退火后硬度

虽然很低，但脆性却很大，一折即断，断口呈灰黑色，所以又叫“黑脆”。当高碳钢加热温度过高（>1 000 ℃）、保温时间过长或多次返修退火时，珠光体转变按 Fe-C 平衡相图进行，渗碳体转变为石墨。石墨在金相组织中呈现为黑斑，并在其周围形成大块铁素体，如图 2-24所示。由于石墨本身强度和塑性极低，且石墨对基体有割裂作用，因此使零件强度、塑性及表面粗糙度等级明显降低。对出现黑斑缺陷的刀具进行淬火，容易出现软点，使用中易出现崩刃及早期磨损现象。

钢中碳含量过高、含锰量过低或含有促进石墨化的元素（如 Si）等，均可促进黑斑组织形成。出现黑斑的工件不能返修，只能报废。预防措施就是控制退火加热温度和保温时间。

3. 反常组织

在亚共析钢中，在先共析铁素体晶界上出现粗大渗碳体，珠光体片间距也很大；在过共析钢中，在先共析渗碳体周围出现很宽的铁素体条，而先共析渗碳体网也很宽，如图 2-25 所示。

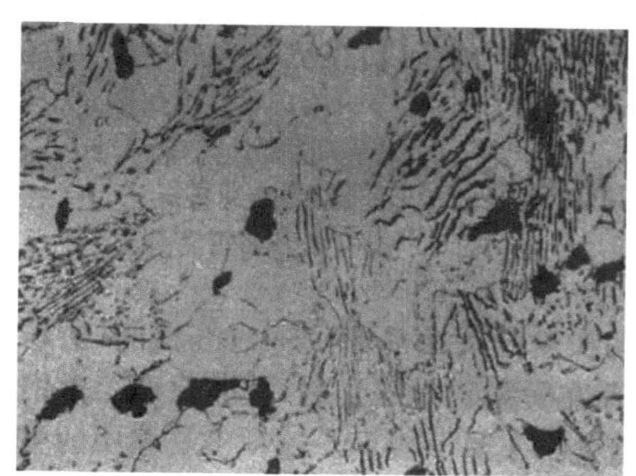

图 2-24　T12 钢退火黑斑

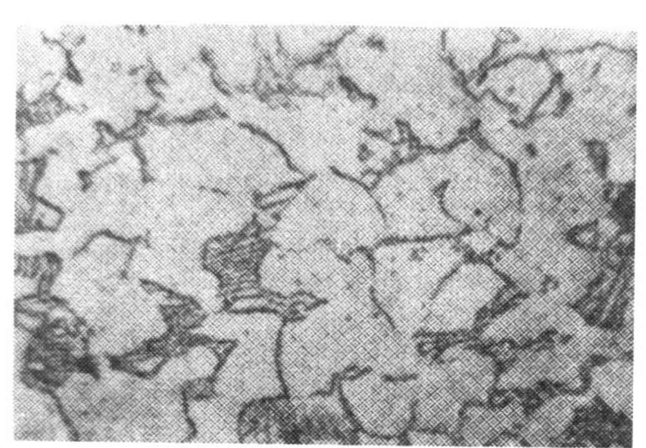

图 2-25　过共析钢退火反常组织

形成原因：在 Ar_1点附近冷速过慢或在略低于 Ar_1点（如低 10 ℃）的温度下长时间停留。这种组织的形成过程是在先共析相析出后，在后续的珠光体转变过程中，铁素体或渗碳体自由长大，而形成游离的铁素体或渗碳体，结果在亚共析钢中出现非共析渗碳体，而在过共析钢中出现游离的铁素体。这和正常组织相反，故称为反常组织。

反常组织将造成淬火软点，出现这种组织时应重新进行退火消除。

4. 网状组织

加热速度过高或冷速过慢形成网状铁素体（亚共析钢）或渗碳体（过共析钢）。由于网状组织会降低钢的力学性能，且在后续淬火加热时难以消除，因此必须严格控制。

网状组织一般采取重新正火的办法来消除。

5. 球化不均匀

工具钢球化退火后组织中常有细小片状碳化物存在，会导致硬度偏高，淬火加热时此碳化物不易溶解，导致淬火开裂倾向增加，残留奥氏体量较多。球化不完全主要是由奥氏体温度高或保温时间长、冷速快引起，改善措施是补充低温球化退火，并严格控制球化退火时的奥氏体化温度、保温时间及冷却规范。

球化不均匀也有可能是球化退火前存在的网状碳化物，在球化退火时聚集而成。消除办法是进行正火和一次球化退火。

6. 硬度过高

中、高碳钢退火的重要目的之一是降低硬度，便于机械加工，因而对退火后的硬度有一定要求。中碳钢退火后硬度过高多由于退火冷速过快所致，因冷速偏快，故组织中珠光体偏多、偏细，甚至会出现索氏体等组织。特别是对合金元素含量较高、过冷奥氏体稳定的钢，退火后就会形成索氏体、托氏体，甚至贝氏体或马氏体组织，因而硬度高于规定的硬度范围。高碳钢硬度偏高主要是因球化不当造成的，如加热或等温温度偏低、冷速偏快，均会造成球化不完全或碳化物弥散度过大，从而使硬度偏高。有时硬度偏高也与装炉量过大、炉温不均匀有关。为了获得所需的硬度，退火应严格按照工艺规范执行。对硬度偏高的工件，可通过重新退火来修正。

习题请扫二维码获取

习题答案

第3章

钢的淬火及回火

淬火是热处理工艺中最重要的工序，它可以显著地提高钢的强度和硬度，如果与不同温度的回火相结合，则可以得到不同的强度、塑性和韧性的配合，获得不同的应用。与作为预备热处理的退火、正火相比，淬火和回火作为最终热处理，决定着工件的最终使用性能，其重要性不言而喻。

本章主要介绍淬火概念、淬火介质及钢的淬透性、淬火工艺方法与参数的确定以及淬火常见缺陷及预防、回火参数的确定与应用等方面的内容。

3.1 淬火概念

将钢加热到临界点 Ac_1 或 Ac_3 以上，保温后以大于临界冷却速度（v_c）冷却，以得到马氏体或下贝氏体组织的热处理工艺方法称为淬火。

实现淬火过程的必要条件是加热温度必须高于临界点以上（亚共析钢 Ac_3、过共析钢 Ac_1），以获得奥氏体组织，其后的冷却速度必须大于临界冷却速度，以获得马氏体或下贝氏体组织，不能只根据冷却速度的快慢来判别是否是淬火。例如，低碳钢水冷后往往只得到珠光体组织，此时就不能称作淬火，只能说是水冷正火；又如，高速钢空冷后可得到马氏体组织，则此时就应称为淬火，而不是正火。

关于临界冷却速度的概念在研究连续冷却转变图（CCT 图）时已经介绍：从淬火工艺角度考虑，若允许得到贝氏体组织，则临界淬火冷却速度应指在连续冷却转变图中能抑制珠光体（包括先共析组织）转变的最低冷却速度。如以得到全部马氏体作为淬火定义，则临界冷却速度应为能抑制所有非马氏体转变的最小冷却速度。一般若没有特殊说明，则临界淬火冷却速度均指得到完全马氏体组织的最低冷却速度。

图 3-1 为共析钢淬火工艺曲线示意图。v_c 与 v_c' 分别为上临界冷却速度（即淬火临界冷却速度）和下临界冷却速度。以 $v>v_c$ 的速度快速冷却（曲线 1），可得到马氏体组织；以 $v_c>v>v_c'$ 的速度冷却（曲线 2），可得到马氏体+珠光体混合组织；以曲线 3 冷却则得到下贝氏体组织。

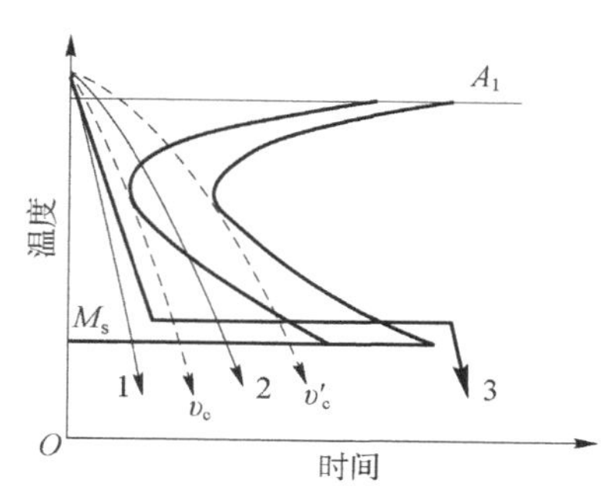

图 3-1 共析钢淬火工艺曲线示意

显然，工件实际淬火效果取决于工件在淬火冷却时的各部分冷却速度。只有那些冷却速度大于临界淬火冷却速度的部位才能获得淬火组织。

根据工件使用条件对性能的不同要求，淬火目的不同。

(1) 对于工具钢、轴承钢、渗碳零件和其他高强度耐磨机器零件等来说，淬火的目的是提高其硬度、强度和耐磨性；

(2) 对于弹簧、轴类、齿轮类等使用的结构钢来说，淬火的目的是通过淬火和回火工艺合理配合，以获得良好的综合力学性能。如调质钢通过淬火和高温回火可以得到强韧性、配合优良的综合力学性能，而弹簧钢通过淬火和中温回火配合可以显著提高弹性极限并保持一定的韧性。

钢的淬火工艺分类见表 3-1。

表 3-1 钢的淬火工艺分类

分类原则	淬火工艺方法
按加热温度	完全淬火、不完全淬火
按加热速度	普通淬火、快速加热淬火、超快速加热淬火
按加热介质及热源条件	光亮淬火、真空淬火、火焰加热淬火、（高频、中频、工频）感应加热淬火、高频脉冲冲击加热淬火、接触电加热淬火、电解液加热淬火、电子束加热淬火、激光加热淬火、锻热淬火
按淬火部位	整体淬火、局部淬火、表面淬火
按冷却方式	直接淬火、预冷淬火（延迟淬火）、双重淬火、双液淬火、断续淬火、喷雾淬火、喷液淬火、分级淬火、冷处理、等温淬火（贝氏体等温淬火、马氏体等温淬火）、形变等温淬火（高温形变等温淬火、中温形变等温淬火）

3.2 淬火工艺参数的确定

淬火工艺规范包括加热速度、加热温度、保温时间、冷却速度等。

确定工件淬火规范的依据是工件图纸及技术要求、所用材料牌号、相变点、过冷奥氏体等温或连续冷却转变曲线、端淬曲线、加工工艺路线及淬火前的原始组织等。只有充分掌握这些原始材料，才能正确地确定淬火工艺规范。

3.2.1 淬火加热方式及加热温度的确定原则

淬火一般是最终热处理工序。因此，为了防止氧化脱碳，应采用真空炉、保护气氛炉或盐浴炉加热。只有一些毛坯或棒料的调质处理（淬火、高温回火）可以在普通空气介质中加热。因为调质处理后尚需机械切削加工，可以除去表面氧化、脱碳等加热缺陷。但是随着少、无切削加工的发展，调质处理后仅是一些切削加工量很小的精加工，因而也要求无氧化和脱碳加热。

淬火加热一般是热炉装料，但对工件尺寸较大、几何形状复杂的高合金钢制工件，应该根据生产批量的大小，采用预热炉（周期作业）预热或分区（连续炉）加热等方式进行加热。

淬火加热温度的确定原则是：获得尽可能高的强韧性；使得晶粒尽可能细小；尽可能少

的氧化脱碳倾向。基于以上原则，淬火加热温度主要根据钢的相变点来确定。对亚共析钢，一般选用淬火加热温度为Ac_3+(30～50)℃，过共析钢则为Ac_1+(30～50)℃。之所以这样确定，是因为对亚共析钢来说，若加热温度低于Ac_3，在Ac_1～Ac_3之间，则加热过程中组织为奥氏体与铁素体，淬火冷却后铁素体保存下来，使零件淬火后硬度不均匀，强度和硬度降低。比Ac_3高30～50 ℃的目的是使工件心部在规定加热时间内保证达到Ac_3以上的温度，铁素体能完全溶解于奥氏体中，奥氏体成分比较均匀，而奥氏体晶粒又不至于粗大。对过共析钢来说，淬火加热温度在Ac_1～Ac_{cm}时，加热过程中组织为细小奥氏体晶粒和未溶解碳化物，淬火后得到隐晶马氏体和均匀分布的球状碳化物。这种组织不仅有高的强度、硬度和耐磨性，而且有较好的韧性。如果淬火加热温度过高，则碳化物溶解，奥氏体晶粒长大，淬火后得到片状马氏体（孪晶马氏体），其显微裂纹增加，脆性增大，淬火开裂倾向也增大。由于碳化物的溶解，奥氏体中碳含量增加，淬火后残留奥氏体量增多，钢的硬度和耐磨性降低。高于$Ac_1$30～50 ℃的目的和亚共析钢类似，即保证工件内各部分温度均高于Ac_1。

确定淬火加热温度时，还需要考虑工件的形状、尺寸、原始组织、加热速度、冷却介质和冷却方式等因素。

(1) 在工件尺寸大、加热速度快的情况下，淬火温度可选得高一些。因为工件大，传热慢，容易加热不足，使淬火后得不到全部马氏体或淬硬层减薄。加热速度快，工件温差大，也容易加热不足。另外，加热速度快，起始晶粒细，故也允许采用较高加热温度。在这种情况下，淬火温度可取Ac_3+（50～80)℃，对细晶粒钢有时取Ac_3+100 ℃。

(2) 对于形状较复杂，容易变形开裂的工件，加热速度较慢，淬火温度取下限。

(3) 考虑原始组织时，如先共析铁素体比较大，或珠光体片间距较大，为了加速奥氏体均匀化过程，淬火温度取得高一些。对于过共析合金钢，为了加速合金碳化物的溶解，以及合金元素的均匀化，也应采取较高的淬火温度。例如，高速钢的Ac_1点为820～840 ℃，淬火加热温度高达1 280 ℃。

(4) 当选用淬火介质和冷却方式时，在选用冷却速度较低的淬火介质和淬火方法的情况下，为了增加过冷奥氏体的稳定性，防止由于冷却速度较低而使工件在淬火时发生珠光体型转变，常取稍高的淬火加热温度。

3.2.2 淬火加热时间的确定原则

淬火加热时间应包括工件整个截面加热到预定淬火温度，并使之在该温度下完成组织转变、碳化物溶解和奥氏体成分均匀化所需的时间。因此，淬火加热时间包括升温和保温两段时间，在实际生产中，只有大型工件或装炉量很多的情况下，才把升温时间和保温时间分别进行考虑。一般情况下把升温和保温两段时间通称为淬火加热时间。

当对升温时间和保温时间分别考虑时，由于淬火温度高于相变温度，所以升温时间包括相变重结晶时间。保温时间实际上只需考虑碳化物溶解和奥氏体成分均匀化所需时间。

在具体生产条件下，淬火加热时间常用经验公式（1-15）计算，并通过试验最终确定。

3.2.3 淬火介质及冷却方式的选择与确定原则

淬火工件的冷却应从材料的淬透层深度要求、淬透性、淬火介质以及淬火工艺方法等综合考虑。

淬火介质的选择，首先，应按工件所采用的材料及其淬透层深度的要求，通过一定的图表来进行选择；其次，要考虑减小淬火过程中的变形和开裂倾向。结合过冷奥氏体连续冷却转变曲线及淬火本质选择淬火介质时，还应考虑其冷却特性，即淬火介质应作如下选择：在相当于被淬火钢的过冷奥氏体最不稳定区有足够的冷却能力，而在马氏体转变区其冷却速度可以较缓慢。此外，淬火介质的冷却特性在使用过程中应该稳定，长期使用和存放不易变质，价格低廉，来源丰富，且无毒、无环境污染。

实际上很难得到同时能满足上述这些要求的淬火介质。在实践中，往往把淬火介质的选择与冷却方式的确定结合起来考虑。例如，根据钢材不同温度区域对冷却速度的不同要求，在不同温度区域采用不同淬火介质的冷却方式，具体内容在淬火工艺方法一节中介绍。又如，为了破坏蒸汽膜，以提高高温区的冷却速度，采用强烈搅拌或喷射冷却的方式等。

此外，淬火时，为了保证产品质量，工件要根据形状选用合适的淬入介质方式。选择合适方式的基本原则是：保证工件得到最均匀的冷却；以最小阻力方向淬入；保证工件的重心稳定。

常见形状的工件淬入介质的具体方式如下。

（1）厚薄不均的工件，厚的部分先淬入；

（2）细长工件一般应垂直淬入；

（3）薄而平的工件应侧放着淬入；

（4）薄壁环状零件沿其轴线方向淬入；

（5）闭腔或盲孔工件使腔口或孔向上淬入；

（6）截面不对称的工件应以一定角度斜着淬入。

3.3 淬火介质

为实现淬火目的而用的而使冷却介质为淬火介质。根据前述淬火含义，结合一般钢的连续冷却转变图，要求淬火介质的冷却能力很强，以保证工件的冷却速度不小于临界冷却速度，即奥氏体在冷却过程中要在过冷奥氏体最不稳定的区域，即珠光体转变区，具有较快的冷却速度，而在 M_s 点附近的温度区域冷却速度比较缓慢，以减小淬火应力，防止工件过大的畸变和开裂的发生，这种冷却特性属于理想的冷却特性。理想的淬火介质冷却曲线如图 3-2 所示。理想的冷却特性是选择淬火介质、开发新型淬火介质的导引。

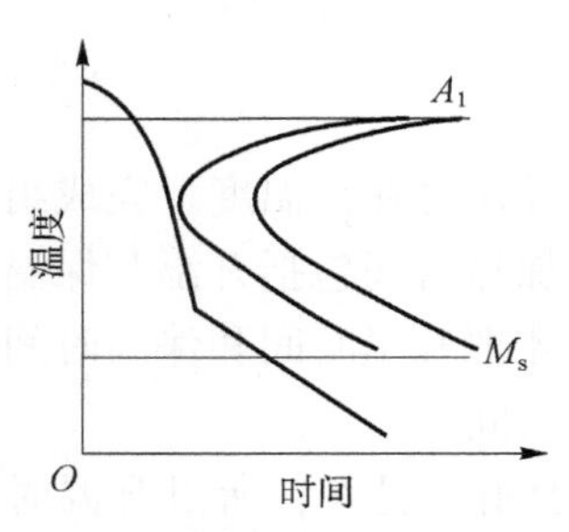

图 3-2　理想的淬火介质冷却曲线

由于各种钢的等温转变曲线位置、形状（即过冷奥氏体稳定性）不同，工件尺寸、形状及技术要求也有差异，其对淬火介质冷却特性的要求相应也会有差别，要找到一种能适合不同钢种、工件及不同技术要求的淬火介质是不现实的。因此，必须了解各种淬火介质的冷却特性，以便根据工件材料、尺寸形状及技术要求选用合适的淬火介质。

3.3.1　淬火介质的分类

按聚集状态不同，淬火介质可分为固态、液态和气态三种。对于固态介质，若为静止接触，则是两固态物质的热传导问题；若为沸腾床冷却，则取决于沸腾床的工作特性。气体介质中的淬火冷却，是气体介质加热的逆过程。最常用的淬火介质是液态介质，因为工件淬火时温度很高，高温工件放入低温液态介质中不仅发生传热作用，还可能引起淬火介质的物态变化。因此，工件淬火的冷却过程不仅是简单的传热问题，还应考虑淬火介质的物态变化问题。

根据工件淬火冷却过程中淬火介质是否发生物态变化，可把液态淬火介质分成两类，即有物态变化的淬火介质和无物态变化的淬火介质。

如果淬火工件的温度超过液态淬火介质的沸腾或分解（裂化）温度，则淬火介质在淬火过程中就要发生物态变化，如普通淬火所采用的水基淬火介质及各类淬火油等，这类淬火介质都属于有物态变化的淬火介质。

3.3.2　工件在淬火介质中的冷却过程

1. 在有物态变化的冷却介质中的冷却过程

这类介质的沸点远低于工件温度，灼热工件投入介质后，介质会发生沸腾汽化。工件的热量主要是靠介质的汽化和介质的吸热升温带走的。属于这类淬火介质的有水、水溶液和油等。在这类淬火介质冷却时将经历三个阶段，即蒸汽膜阶段、沸腾阶段和对流阶段，如图 3-3 所示。

1）蒸汽膜阶段

灼热工件投入淬火介质后，工件表面附近的液体立刻被汽化，紧贴工件形成连续的蒸汽膜，使工件与液体分开。由于蒸汽膜导热性差，这一阶段的冷却主要靠辐射传热，因此，工件的冷却速度比较缓慢，如图 3-4 中曲线 2 所示的 Ⅰ 阶段（曲线上的温度是指工件温度）。此后由于工件温度越来越低，放出的热量越来越少，蒸汽膜逐渐变薄，并最终破裂。蒸汽膜破裂温度（*B* 点）称为该冷却介质的“特性温度”。特性温度是评价淬火介质的重要指标，特性温度越高，意味着蒸汽膜破裂越早。蒸汽膜由液体汽化（如水）的未分解成分所组成，或由有机物体（如油中的丙烯醛）的蒸汽和裂解成分所组成。

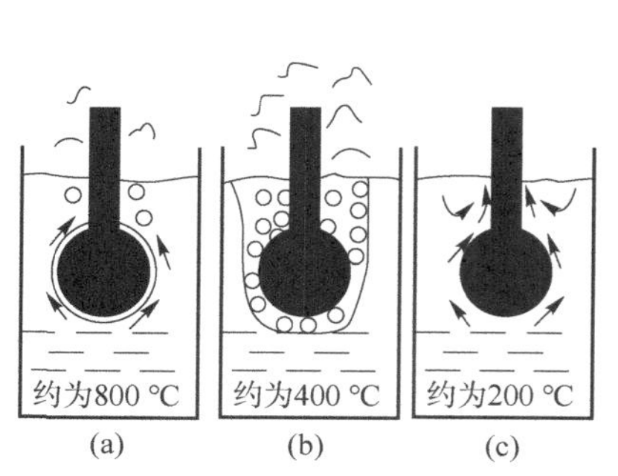

图 3-3　工件在有物态变化淬火介质中冷却示意

（a）蒸汽膜阶段；（b）沸腾阶段；（c）对流阶段

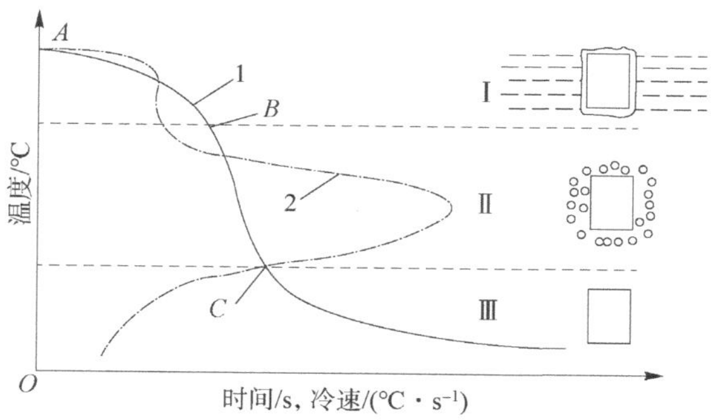

图 3-4　有物态变化的淬火介质冷却曲线和冷却速度曲线

1—冷却曲线；2—冷却速度曲线

2）沸腾阶段

蒸汽膜破裂后，液体与工件直接接触，周围液体汽化后形成大量汽泡逸出液面，发生沸腾。由于汽化热很大，故介质在不断汽化和逸出过程中带走大量热量，使冷速骤然增大。冷却速度取决于淬火介质的汽化热，汽化热越大，则从工件带走的热量越多，冷却速度也越快。这一阶段后期由于温度降低，沸腾减弱，冷速又开始逐渐降低，当工件的温度降至介质的沸点或分解温度时，沸腾停止，如图 3-4 中Ⅱ阶段所示。

3）对流阶段

当工件表面的温度降至介质的沸点或分解温度（*C* 点）以下时，由于工件的温度明显降低，热辐射和传导传热作用小，工件的冷却主要靠介质的对流进行，所以，此阶段冷却速度很慢，并随着工件和介质温差的减小，冷却速度进一步降低，如图 3-4 中Ⅲ阶段所示。此时影响对流传热的因素起主导作用，如介质的比热、热传导系数和黏度等。

2. 在无物态变化的冷却介质中的冷却过程

常用的无物态变化的淬火介质有盐浴、碱浴、金属浴及气体等。这类淬火介质的沸点远高于淬火工件的温度，故介质不会发生汽化沸腾。在高温阶段，热量主要以辐射、对流方式进行传递；在温度较低时，主要以对流方式进行传递。工件将热量传递给介质后，自身温度下降，介质温度上升。在高温阶段，工件温度高，介质的温差也大，故辐射、对流能力较强，冷速快；当温度降低，介质的温差变得较小时，介质的对流作用减弱，故冷却速度下降。整个冷却曲线较平滑，没有骤然变化。这类介质的流动性对冷却能力有很大影响，流动性强，则冷却速度快。

3.3.3 淬火介质冷却特性的测定

淬火介质的冷却能力可以用淬火烈度 *H* 表示。规定静止水的淬火烈度 $H=1$，其他淬火介质的淬火烈度通过与静止水的冷却能力进行比较获得。冷却能力较大的，*H* 值较大。搅动介质可以增加流速，使热交换过程加快，*H* 值增大。几种常用淬火介质的淬火烈度 *H* 值见表 3-2。

表 3-2　常用淬火介质的淬火烈度 *H* 值

搅动情况	不同淬火介质的 *H* 值			
	空气	油	水	盐水
静止	0.02	0.25~0.30	0.9~1.0	2.0
中等	—	0.35~0.40	1.2~1.3	—
强烈	—	0.50~0.80	1.6~2.0	—
剧烈	0.08	0.80~1.10	4.0	5.0

关于 *H* 值的推导，这里不再赘述。应该指出，*H* 值是在假定淬火时工件与淬火介质间的传热系数为一常数，以及假定把冷却过程中发生相变及传热系数的变化所产生的热效应也看作常数这样的条件下推导出来的。实际上，工件与淬火介质间的传热系数是在一个很宽的范围内变化的，且工件的热传导系数也会发生变化。因此表 3-2 中的 *H* 值只是淬火烈度的大致数值。尽管这些数值在理论上有不足之处，但实际上被证明是适用的。

如前所述，不同淬火介质在工件淬火过程中其冷却能力是变化的。为了合理选择淬火介质，应测定其冷却特性。淬火介质的冷却特性一般以试样的冷却曲线或试样冷至不同温度时的冷却速度来表征。

我国常用银球探头法测定冷却曲线或试样温度—冷却速度曲线。试样形状如图 3-5 所示，采用直径 20 mm 的银球，中心焊上热电偶，以测定银球在淬火介质中冷却过程中的温度变化。之所以采用银球，是因为银的热传导系数极大，可以近似地把冷却过程中球表面的温度与球心温度看作是相同的，故而可把球心温度看作冷却过程中与介质进行热交换的球表面温度。银球具有一定的直径，使之在淬火前含有一定热量，一般测试条件为：银球加热温度 800 ℃，介质液量 2 L，流动速度 25 cm/s。可根据测试数据得出如前所述的具有物态变化的淬火介质冷却速度曲线 1（见图 3-4），利用曲线 1 对温度/时间求导，即可得不同温度下的冷速，即冷却特性曲线 2。

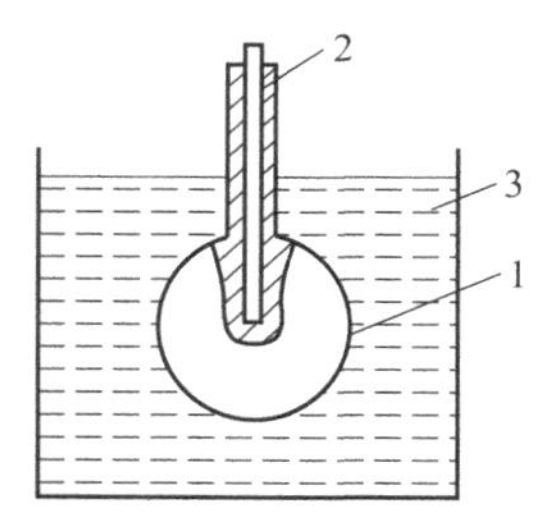

图 3-5　银球探头法示意

1—银球；2—热电偶；3—淬火介质

3.3.4　常用淬火介质及其冷却特性

常用淬火介质有水及其溶液、油、水油混合液（乳化液）以及低熔点熔盐。

1. 水

水是最常用的淬火冷却介质。它不仅来源丰富，价格低廉，而且安全、清洁，对环境无污染。水具有良好的物理化学性能。水的汽化热在 0 ℃时为 2 500 kJ/kg、100 ℃时为 2 257 kJ/kg，热传导系数在 20 ℃时为 2.2 kJ/(m·h·℃)。

图 3-6 所示为不同温度和不同运动状态的纯水冷却特性，由图可见：

（1）水的冷却能力比较强，但其蒸汽膜阶段长，静止水的最大表面传热系数出现在 400 ℃以下，特别是在 400~100 ℃时的冷却速度特别快，因此在马氏体转变区域的冷却速度较大；

（2）水温对冷却特性影响很大，随着水温的提高，水的冷却速度降低，特别是蒸汽膜阶段延长，特性温度降低，因此淬火水槽的温度应保持在 40 ℃以下；

（3）循环水的冷却能力大于静止水，特别是在蒸汽膜阶段，其冷却能力提高得更多。

静止水的冷却特性不是很理想，在一般钢的等温转变曲线“鼻尖”处（中温区，650~550 ℃）冷速小于 200 ℃/s，而在马氏体转变区域（低温区，300~200 ℃）冷速高约 770 ℃/s。循环、搅动和增加沿工件表面的水流动速度，能促使蒸汽膜提早破裂，提高了水的冷却能力，如图 3-6（b）所示，特别是提高在一般钢的奥氏体不稳定区的冷却速度，因此应重视淬火槽的循环与搅拌系统的合理设计。用水进行喷射淬火，使蒸汽膜提早破裂，显著地提高了在较高温度区间内的传热系数和冷却速度，喷水的压力越高，流量越大，效果越显著。

水中掺入油、肥皂等不溶或微溶杂质，中温区冷速减慢，而低温区冷速仍很快，降低了水的冷却能力，却不减小淬火变形的开裂倾向。

依据冷却特性，水主要适用于形状简单、尺寸不大的碳钢工件的淬火。

2. 碱或盐的水溶液

水中溶入盐、碱等物质减小了蒸汽膜的稳定性，使蒸汽膜阶段缩短，特性温度提高，从而加速了冷却速度，图 3-7 和图 3-8 所示分别为盐和碱的水溶液的冷却特性曲线，图中浓度为 0 的曲线为 20 ℃纯水的冷却特性曲线。

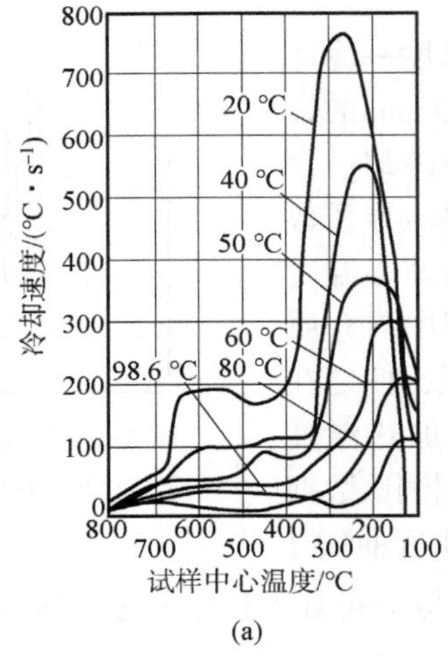

(a)

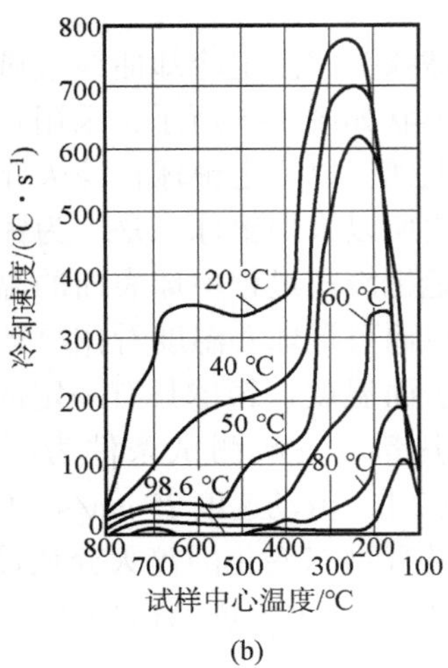

(b)

图 3-6　水的冷却特性曲线（直径为 20 mm 银球试样）

（a）静止的水；（b）循环的水

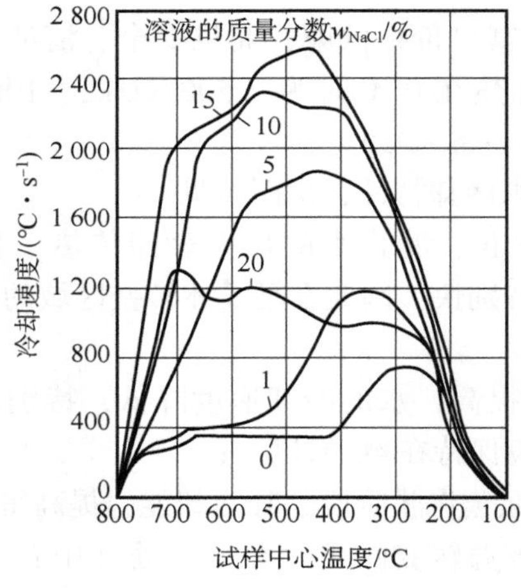

图 3-7　NaCl 水溶液的冷却特性

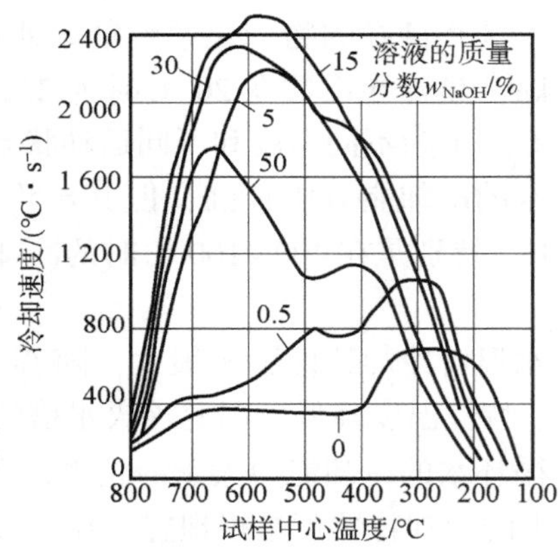

图 3-8　NaOH 水溶液的冷却特性

由图 3-7 可见，食盐水（NaCl）溶液的冷却能力在食盐浓度较低时随着食盐浓度的增加而提高，10%的食盐水溶液几乎没有蒸汽膜阶段，在 650～400 ℃时有最大冷却速度，无论是 1%还是 10%浓度的食盐水溶液的冷却速度均大于纯水的，而 10%的又远大于 1%的。20 ℃的碱水溶液也具有很高的冷却能力，几乎看不到蒸汽膜阶段，温度的影响和普通水有类似规律，随着温度提高，冷却能力降低。

碱水（NaOH）溶液作淬火介质时能和已氧化的工件表面发生反应，淬火后工件表面呈银白色，具有较好的外观。但这种溶液对工件及设备腐蚀较大，淬火时有刺激性气味，溅在皮肤上有刺激作用，因此碱水溶液未能在生产中广泛应用。使用碱水溶液时应注意排风及其他防护条件。

3. 油

工业上采用的淬火油一般为矿物油。矿物油是从天然石油中提炼的油，用作淬火介质的一般为润滑油，如锭子油、机油等。这种油的沸点一般为250~400 ℃，是具有物态变化的淬火介质。但由于它的沸点较高，与水比较其特性温度较高，因此低温区（300~200 ℃）冷速很低。图3-9为油与水的冷却特性比较，虚线为水中冷却速度与油中冷却速度之比。由图可见，油特性温度高于450 ℃（清水约300 ℃），显然油的特性温度较水高。油在350~500 ℃处于沸腾阶段，其下就处于对流阶段，也就是说，油的冷却速度在350~500 ℃最快，在该温度以下由于油的传热系数和冷却速度比水小得多，故冷却速度比较缓慢，这种冷却特性是比较理想的。对一般钢来说，正好在其过冷奥氏体最不稳定区有最快的冷却速度，如此可以获得最大的淬硬层深度，而在马氏体转变区有最慢的冷却速度，可以使组织应力减至最小，防止淬火裂纹的发生。油的冷却特性对各种合金钢的淬火和薄壁碳钢零件淬火是很合适的，是目前应用最广的淬火冷却介质之一。

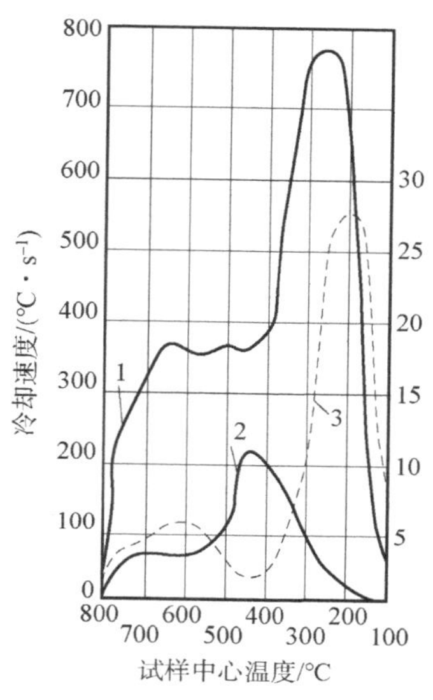

图3-9 20 ℃水和50 ℃ 3号锭子油的冷却速度与银球中心（直径20 mm）温度的关系

1—水；2—油；3—水中冷却速度与油中冷却速度之比

油的冷却能力及其使用温度范围主要取决于油的黏度及闪点。

黏度及闪点较低的油，如10号和20号机油，一般使用温度在80 ℃以下，这种油在20~80 ℃变化时，工件表面的冷却速度实际不变，即油温对冷却速度没有影响。因为工件在油中冷却时，影响其冷却速度的因素有两个：油的黏度及工件表面与油的温差。油的温度提高，黏度减少，流动性提高，冷却能力提高；而油温提高，工件与油的温差减小，冷却能力降低。对于黏度低的油，在上述温度范围内，黏度变化不大，工件与油的温差变化也不大，而且二者的影响是相互抵消的，因而油温对冷却能力实际没有影响。但这种油由于闪点较低，故不能在更高的温度使用，以防失火。

黏度较高的油，闪点也较高，可以在较高温度下使用，如160~250 ℃。这种油的黏度对冷却速度起主导作用，因此随着油温的升高冷却能力提高。

淬火油经长期使用后，其黏度和闪点升高，产生油渣，油的冷却能力下降，这种现象被称为油的老化。这是由矿物油在灼热的工件作用下，与空气中的氧或工件带入的氧化物发生作用，以及通过聚合、凝聚和异构化作用产生油不能溶解的产物所致。此外，在操作中油内水分增加也会促进油的老化。为了防止油的老化，应控制油温，并防止油温局部过热；避免将水分带入油中；经常清除油渣等。

但是，油的冷却能力还是比较低，特别是在高温区域，即一般碳钢或低合金钢过冷奥氏体最不稳定区。高速淬火油就是在油中加入添加剂，以提高特性温度，或增加油对金属表面的湿润作用，以提高其蒸汽膜阶段的热传导作用。如添加高分子碳氢化合物（气缸油、聚合物），使在高温下高聚合作用物质黏附在工件表面，降低蒸汽膜的稳定性，缩短蒸汽膜阶段。在油中添加磺酸盐、磷酸盐、酚盐或环烷酸盐等金属有机化合物，能增加金属表面与油的湿润作用，同时还可阻止可能形成的不能溶解于油的老化产物结块，从而推迟形成油渣。

为了满足热处理工艺要求，淬火油应具备以下性质。

（1）较高的闪点和燃点，以减少火灾危险。

（2）较低的黏度，减少随工件带出的损失。

（3）不易氧化，老化缓慢。

（4）在珠光体（或贝氏体）转变温度区间有足够的冷却速度。

但是用油作为淬火冷却介质，也有不可忽视的缺点。

（1）造成环境污染。例如，我国每年约有 50 000 t 淬火油被工件带出污染水域；约有 9 000 t 油的蒸汽或油烟会被排到大气中，从而污染空气。

（2）安全性差，存在火灾隐患。

（3）随着使用时间延长，油的冷却性能逐渐变差，即出现“老化”现象。

（4）对油槽的保养要求比较严格，如微量水对油的冷却特性有显著影响，并常常因此而产生淬火废品。因此，人们力求寻找淬火油的代用品。

淬火用油的种类有以下几种。

（1）全损耗系统用油：采用加氢高黏度矿物基础油，精选防锈、防老化、抗泡、抗氧化、抗磨等进口复合添加剂，科学配方调和而成，常用机油的牌号有 L-AN15（旧牌号 10 号机油）、L-AN22（20 号机油）、L-AN32（30 号机油）、L-AN100（100 号机油）等，牌号数字越大，40 ℃下的黏度越大，闪点越高。在常温下使用的油，应选用黏度较低的L-AN15（闪点≥130 ℃）或 L-AN22（闪点≥150 ℃）全损耗系统用油，使用温度应低于80 ℃；用于分级淬火时则应选用闪点较高的 L-AN100 全损耗系统用油（闪点≥180 ℃）。

（2）普通淬火油：为了解决全损耗系统用油冷却能力较低、易氧化和老化等问题，可在全损耗系统用油中加入催冷剂、抗氧化剂、表面活性剂等添加物，调制成普通淬火油。

（3）快速淬火油：加入效果更高的催冷剂，可制成快速淬火油。全损耗系统用油、普通淬火油（中速淬火油）、快速淬火油以及加入添加剂的全损耗系统用油的冷却曲线和冷却速度曲线如图 3-10 所示。

普通淬火油和快速淬火油中的添加剂，随着使用时间的增加而逐渐被消耗，其冷却能力也随之降低。因此需要经常测定和记录其冷却速度的变化情况，并加入新的添加剂进行校正。因而在选购时除了新油的冷却特性外，还应考虑其老化的快慢的情况。此外，由于添加剂很容易溶解于水，因而微量水（0.5%）被带入油槽中会使快速淬火油在高温范围内的冷却速度明显降低。因此，应重视淬火油槽的保养。

（4）光亮淬火油：油受热“裂解”的树脂状物质和形成的灰分黏附在工件表面，将影响加热后淬火工件的表面光亮度。应尽可能用一定馏分切割的石油产品作为基础油，而不用全损耗系统用油。以石蜡质原油炼制的矿油作为基础油比用苯酚质原油炼制的基础油性能稳定，工件淬火光亮效果好。一般认为低黏度油的光亮度比高黏度的油好，用溶剂精炼法比硫酸精炼法精制的油光亮性好。生成聚合物和树脂越少，残碳越少，硫分越少，油的光亮性越好。除基础油的合理选择外，再往基础油中加入催化剂即可制成光亮快速淬火油。常用的光亮添加剂有聚异丁烯二酰亚胺（0.5 wt%①～1 wt%），二硫磷酸乙酯（1 wt%）等。

① wt%-质量百分比。

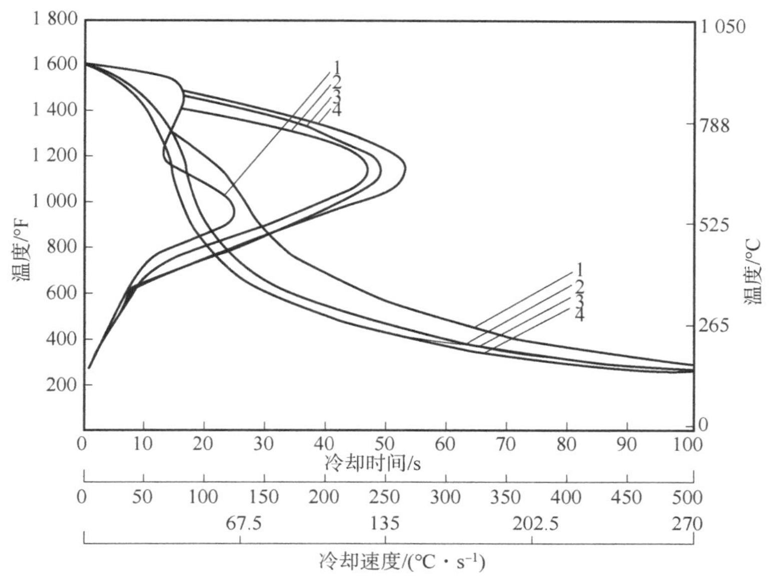

图 3-10　几种不同油品的冷却曲线和冷却速度曲线

1—全损耗系统用油；2—普通淬火油；3—全损耗系统用油+10%添加剂；4—快速淬火油

（5）真空淬火油：真空淬火油是在低于大气压的条件下使用的。真空淬火油应具备饱和蒸汽压低、光亮性好和冷却能力强等特点，是以石蜡基润滑油分馏，经溶剂脱蜡、溶剂精制、白土处理和真空蒸馏、真空脱气后，加入催冷剂、光亮剂、抗氧化剂等添加剂配制而成。

（6）分级淬火油和等温淬火油：分级淬火油和等温淬火油的使用温度在 100～250 ℃，应具有闪点高、挥发性小、氧化安定性好等特点。

4. 高分子聚合物水溶液

如前所述，水的冷却能力很大，但冷却特性很不理想，而油的冷却特性虽比较理想，但其冷却能力较低。为了得到冷却能力介于水、油之间，且冷却特性又比较理想的淬火介质，常在高分子聚合物水溶液中配以适量的防腐剂和防锈剂，配制成聚合物淬火介质。使用时根据需要加水稀释成不同浓度的溶液，可以得到水、油之间或比油更慢的冷却能力。它不燃烧，没有烟雾，被认为是有发展前途的淬火油代用品。

采用高分子聚合物水溶液淬火时往往在工件表面形成一层聚合物薄膜，以改变其冷却特性。浓度越高，膜层越厚，冷速越慢。液温升高冷速减慢，而搅动则使冷速加快。常用的高分子聚合物淬火冷却介质有聚乙烯醇（PVA）、聚二醇（PAG）、聚乙烯吡咯烷酮（PVP）、聚乙二醇（PEG）、聚酰胺（PAM）、聚乙二醇（PEG）、聚乙基噁唑啉（PEO）等。

PVA 是应用最早的高分子聚合物淬火冷却介质，我国在感应热处理喷射淬火中广泛应用。PVA 的主要缺点是使用浓度低（约为 0.3 wt%），冷速波动大，易老化变质，糊状物和皮膜易堵塞喷水孔，排放对环境有污染等。PVA 的组成：10 wt%PVA+1 wt%防锈剂（三乙醇胺）+0.2 wt%防腐剂（苯甲酸钠）+0.02 wt%消泡剂（太古油）+余量水。

PAG 也是一种在金属热处理行业中广泛应用的淬火介质，20 世纪 60 年代由美国一家公司开发生产，具有独特的逆溶性，即在水中的溶解度随温度升高而降低。一定浓度的 PAG

溶液被加热至一定温度后即出现 PAG 与水分离现象，该温度称为“浊点”。在淬火过程中利用 PAG 的逆溶性可在工件表面形成热阻层。通过改变浓度、温度、搅拌速度就可以对 PAG 水溶液的冷却能力进行调整。PAG 水溶液的 pH 值对其浊点有影响，因而对冷却特性也有影响。PAG 淬火介质系列的冷却能力覆盖了水—油之间的全部领域，并可以通过控制浓度和搅拌对其冷却速度进行调整，有良好的浸湿特性，工件冷却均匀性好，在长期使用中性能比较稳定。

PVP 是一种白色粉物，主要应用于高频感应淬火、火焰淬火等；中碳钢淬火时浓度小于 4 wt%，高碳钢、合金钢淬火时浓度为 4 wt%~10 wt%；使用液温为 25~35 ℃，使用中相对分子质量易变化，受淬火热冲击易分解；分解后的低分子聚合物要采用渗透膜分离，设备费用高，且检查、精制程度有困难。但它的使用浓度低，防裂能力强，具有消泡性、防锈性，容易管理；具有防腐能力；化学耗氧量低，不污染环境；浓度可用折光仪测定，操作简便。

PAM 是一种黄色液态高分子物，其用于锻件淬火的使用浓度为 15 wt%~20 wt%，喷射淬火的使用浓度为 5 wt%~8 wt%，工作温度为 25~40 ℃。采用折光仪或黏度计测定浓度。化学耗氧量达 40 万$\times 10^{-6}$，排放要严格控制。

PEG 是一种比较新的淬火介质，主要应用于喷射淬火或浸入淬火。当工件冷却到350 ℃左右时，表面形成一层浓缩薄膜，可降低钢材在马氏体转变阶段的冷却速度，有效地防止淬火开裂。喷射冷却淬火时使用浓度为 5 wt%~10 wt%，浸入淬火时浓度为 15 wt%~25 wt%。PEG 的冷却能力随浓度与液温变化有比较明显的改变。PEG 的优点和特性：对皮肤没有刺激性；防锈性能优良，泡沫少；耐蚀性好；浓度用折光仪检查，操作简便；工件表面皮膜在水中容易去除；在搅拌烈度低时，冷却能力不发生大的变化。

PEO 是具有逆溶性的高分子聚合物，其逆溶点在 63 ℃以上，使用浓度可在 1 wt%~25 wt%范围内调整，冷却性能覆盖水、油之间很大范围。因其黏度低，故工件带出量少。由于易于被生物分解，环保条件好，所以很有发展前途。

5. 水油混合液（乳化液）

最常用的乳化液是矿物油与水经强烈搅拌及振动而成，即一种液体以细小的液滴形式分布在另一种液体中呈牛奶状溶液，故称乳化液，如果水形成外相，油滴在水中，则称油水乳化液。要使这种分布状态稳定，除了上述机械振动外，还应加入乳化剂。这种乳化剂作为表面活性物质富集在界面上，通过降低界面张力使乳化液稳定。

乳化液一般用于火焰淬火和感应淬火时的喷水冷却，一般要求有高的稳定性，在使用和放置时间内不分解；喷射到工件表面上的乳化液急剧升温以及水部分汽化应不导致乳化液的破坏及产生多层离析；在工序间储存时能防止工件锈蚀等。

乳化液的冷却能力介于水、油之间，可通过调配浓度来进行调节。在喷射淬火时，由于抑制了蒸汽膜的形成，可使冷却能力提高。

6. 分级淬火和等温淬火盐浴

这类介质的特点是在冷却过程中不发生物态变化，工件淬火主要靠对流冷却，通常在高温区冷速快，在低温区冷速慢。其常用于形状复杂、截面尺寸变化大的工模具和零件的分级淬火，以减少畸变和开裂。介质的成分、工件与热浴的温差以及热浴的流动程度是影响其冷却能力的主要因素。由于盐浴会对环境造成污染，故应尽量限制使用，并采取切实的防止废盐、清洗水和盐浴蒸汽污染环境的措施。

硝酸盐（硝酸钠、硝酸钾）和亚硝酸盐（亚硝酸钠、亚硝酸钾）以不同的比例配合即可得到具有不同熔点的硝盐浴。表 3-3 为常见碱浴和硝盐浴成分与使用温度范围。

表 3-3　常见碱浴和硝盐浴成分与使用温度范围

介质	成分（重量%）	熔点/℃	使用温度/℃
碱浴	80%KOH+20%NaOH，另加 3%KNO_3+3%$NaNO_2$+6%H_2O	120	140~180
	85%KOH+15%$NaNO_2$，另加 3%~6%H_2O	130	150~180
硝盐浴	53%KNO_3+40%$NaNO_2$+7%$NaNO_3$，另加 3%H_2O	100	120~200
	55%KNO_3+45%$NaNO_2$，另加 3%~5%H_2O	130	150~200
	55%KNO_3+45%$NaNO_2$	137	155~550
	50%KNO_3+50%$NaNO_2$	145	160~500

在盐浴或碱浴中加入少量水分可以显著提高冷却能力，如图 3-11 所示。含水量在 3%（质量分数）以上时出现沸腾现象，含水量少时无沸腾现象。

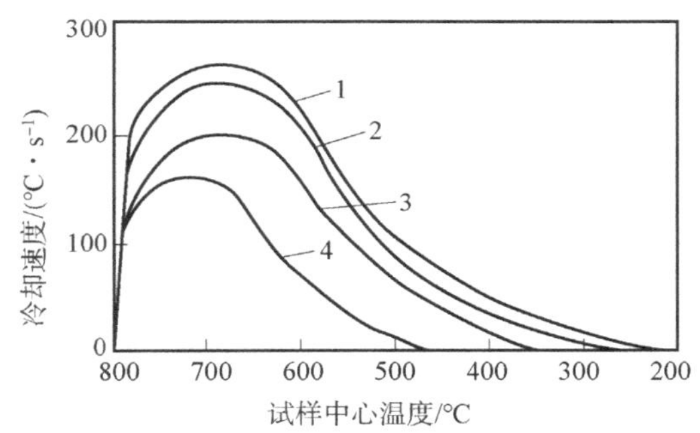

图 3-11　硝盐的冷却特性

1%~55%KNO_3+45%$NaNO_2$，另加（3%~5%）H_2O，170 ℃

2%~55%KNO_3+45%$NaNO_2$，另加（3%~5%）H_2O，200 ℃

3%~55%KNO_3+45%$NaNO_2$，300 ℃

4%~55%KNO_3+45%$NaNO_2$，400 ℃

硝盐浴的缺点是易老化，对工件有氧化及腐蚀作用。淬火时带入氯化盐将使黏度增加，应定期捞渣和补充新盐。往硝盐中添加的水应在低于 150 ℃时通过插入盐浴的铁管送入，以防飞溅。加热应缓慢，禁止用石墨或铸铁坩埚作为容器，以免发生爆炸。另外，凡淬有硝盐的工件，夹具必须注意清洁，如处理不净，放入盐浴也会发生爆炸。

3.4　钢的淬透性

用不同成分的钢制成的尺寸、形状相同的试样，经奥氏体化后在相同的介质中淬火，结果发现有的钢表层和心部可全部淬为马氏体（即已淬透），而有的钢则只能在表层获得马氏体；有的钢淬火后硬度很高（如 T8 钢，硬度大于 62HRC），有的则很低（20 钢为45HRC）。

之所以会有这么大的差别，是因为不同钢获得马氏体的能力不同，且不同碳含量的钢马氏体硬度不同。通常用淬透性这一指标来衡量钢淬火获得马氏体的能力，用淬硬性来衡量钢被淬硬的能力。

3.4.1 淬透性的基本概念及其影响因素

工程上考查和评定淬火质量效果，常以一定淬火介质中钢的淬透性来衡量。

1. 淬透性的概念与淬透性表示方法

由于淬火冷却速度很快，所以工件表面与心部的冷却速度不同，表层最快，中心最慢，如图 3-12（a）所示。如果钢的淬火临界冷却速度较小，工件截面上各点的冷速都大于淬火临界冷却速度，工件从表面到心部都能获得马氏体，称为“淬透”。如果钢的淬火临界冷却速度 v_c 较快，工件表面冷速大于淬火临界冷却速度，而从表面下某处开始冷速低于淬火临界冷却速度，则表面获得马氏体，心部不能得到全马氏体或根本得不到马氏体，此时工件的硬度便较低，称为“未淬透”。通常，我们将未淬透的工件上具有高硬度马氏体组织的这层称为“淬硬层”，如图 3-12（b）所示。可见，在工件尺寸和淬火规范一定时，因钢种不同，淬火临界冷却速度不同，就会得到不同的结果，有的淬硬层深，有的淬硬层浅，有的能淬透，有的不能淬透。

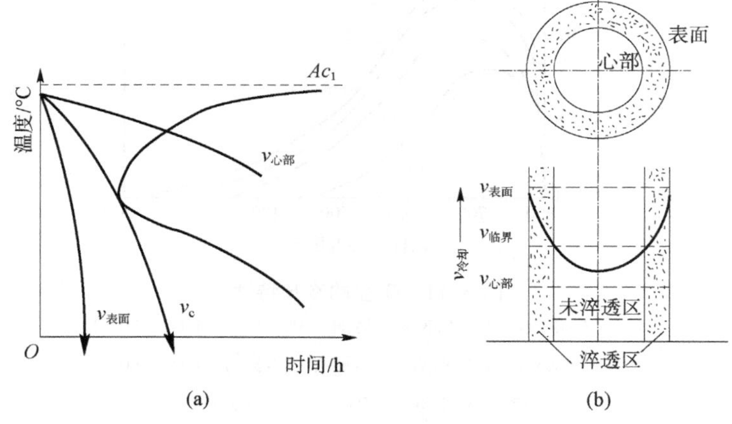

图 3-12 零件截面上各处的冷却速度与未淬透区示意

（a）冷却速度；（b）未淬透区

所谓钢的淬透性，就是指钢在淬火时获得马氏体的难易程度，是钢本身的固有属性，它取决于钢的淬火临界冷却速度的大小，也就是钢的过冷奥氏体的稳定性，而与冷却速度、工件尺寸大小等外部因素无关。通常可以用标准试样在一定条件下淬火能够淬硬的深度或能够全部淬透的最大直径来表示。

淬硬层深度确定，应是全部淬成马氏体的区域，但实际工件淬火后从表面至心部马氏体是逐渐减少的，从金相组织上看，淬透层与未淬透层并无明显界限，淬火组织中混入少量非马氏体组织，其硬度也无明显变化，如图 3-13 所示，但金相检验和硬度测定都比较困难。淬火组织中马氏体和非马氏体组织各占一半，即处于所谓半马氏体区时，显微组织差别明显，硬度变化剧烈，如图 3-13 所示；同时，该硬度范围又恰好是材料从明显的脆性断裂转化为韧性断裂的分界线，在宏观腐蚀时又是白亮淬硬层与未硬化层的分界处。为评定方便，通常将从淬火工件表面至半马氏体区（50%M）的距离作为淬硬层的深度。半马氏体组织的硬度主要取决于钢的碳含量，钢的淬火硬度与碳含量的关系如图 3-14 所示。

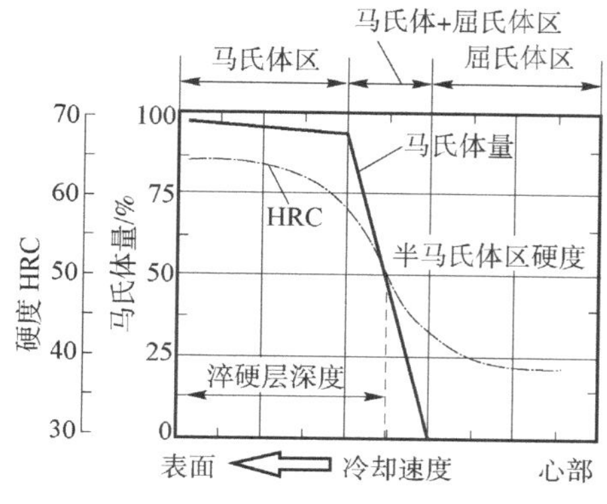

图 3-13　冷却速度对硬度和组织的影响

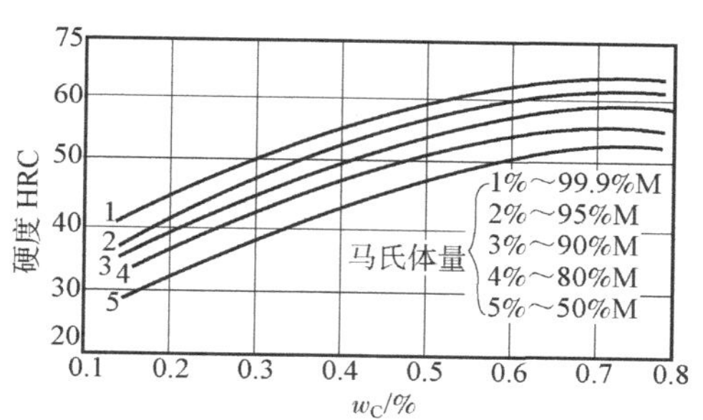

图 3-14　钢的淬火硬度与碳含量的关系

应当指出，钢的淬透性与工件的淬透深度之间虽有密切关系，但不能混为同一个概念。例如，有两个尺寸不同的工件，分别选用不同的钢种来制造，在淬火后可能出现这样的情况：尺寸小的工件，虽然选用的是淬透性低的钢，但淬硬层较深或完全淬透；而尺寸大的工件，即使选用的是淬透性高的钢，但淬硬层较浅。可见工件的淬透深度除取决于钢的淬透性外，还与工件尺寸、所采用的冷却介质等外部因素有关。

淬透性的实际意义：将淬透性不同的两种钢材制成相同直径的轴，经淬火与高温回火（即调质处理）后比较它们的力学性能。淬透性高的钢，整个截面被淬透，高温回火后都是回火索氏体组织，故沿截面的力学性能分布均匀；而淬透性低的钢，心部未淬透，高温回火后仍保留片状索氏体，因此力学性能低，特别是冲击韧性更低。可见，工件的淬透层越薄，调质处理的效果越差。

从工件的工作条件考虑，并非所有工件都要求淬透。如承受拉、压的重要工件，由于内外层均匀受力，要求工件淬透；而承受弯曲和扭转的轴类零件，轴的外缘承受最大应力，轴心部分应力很小，淬透层深度为半径的 1/3～1/2 就可以了。

2. 淬硬性与淬透性

淬硬性表示钢淬火时的硬化能力，是指钢在淬成马氏体时所能够达到的最高硬度，它主要取决于钢的碳含量，确切地说，取决于淬火加热时奥氏体中的碳含量，与合金元素关系不大。奥氏体中固溶的碳含量越高，淬火后马氏体的硬度也越高，如图 3-14 所示。可见，淬硬性与淬透性是不同的，淬硬性高的钢，淬透性不一定高，而淬硬性低的钢，淬透性不一定低。如图 3-15 所示，设有两种钢制的两根棒料，直径相同，在相同淬火介质中淬

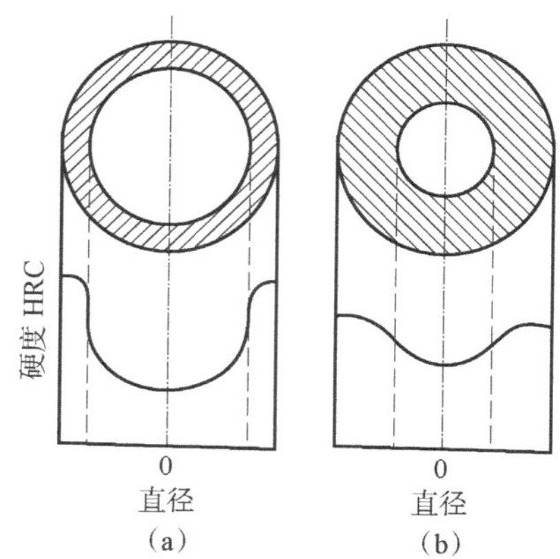

图 3-15　两种钢的淬透性比较

火冷却，淬火后在其横截面上观察金相组织及硬度分布曲线，图中画剖面线区为马氏体，其余部分为非马氏体区。图 3-15（b）所示钢棒的马氏体区较深，因而其淬透性较好；图 3-15（a）所示钢棒马氏体硬度较高，即其淬硬性较好。

3. 影响钢的淬透性的因素

钢的淬透性实际上是受珠光体或贝氏体转变的孕育期所控制，凡抑制珠光体或贝氏体等过冷奥氏体分解产物的诸因素均可提高钢的淬透性，其影响规律如下。

1）钢的化学成分

图 3-16 为钢中碳含量对碳钢临界淬火冷却速度的影响。由图可见，对过共析钢，当加热温度低于 Ac_{cm} 且碳含量低于 1%以下时，随着碳含量的增加，临界冷却速度下降，淬透性提高；碳含量超过 1%时则相反，这是由于碳含量高于 1%之后，出现未溶碳化物，促进了珠光体形核，如图 3-16（a）所示。当加热温度高于 Ac_3 或 Ac_{cm} 时，则随着碳含量的增加，临界冷却速度单调下降，如图 3-16（b）所示。

合金元素对临界冷却速度的影响如图 3-17 所示。由图可见，除 Ti、Zr 和 Co 外，所有合金元素都提高了钢的淬透性。应该指出，多种合金元素同时加入钢中，其影响不是单个合金元素作用的简单叠加。例如，单独加入 V，常导致钢淬透性降低，但与 Mn 同时加入时，Mn 的存在将促使碳化矾 VC 的溶解，而使淬透性显著提高。因此，42Mn2V 钢的淬透性比 45Mn2 及 42SiMn 钢的淬透性高得多。

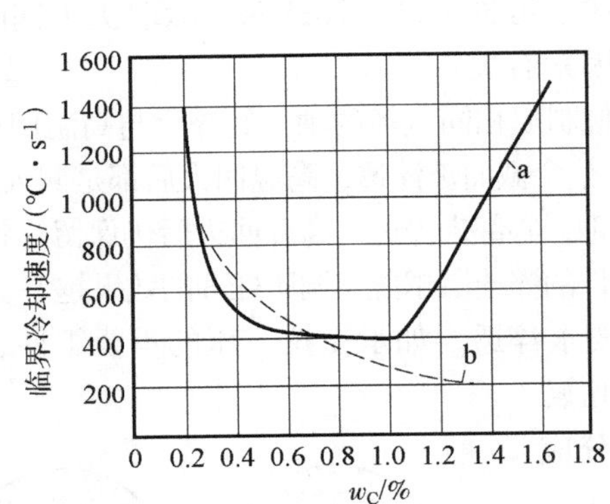

图 3-16 含碳量对临界淬火冷却速度的影响

a—在正常淬火温度区间加热；b—高于 Ac_3 温度加热

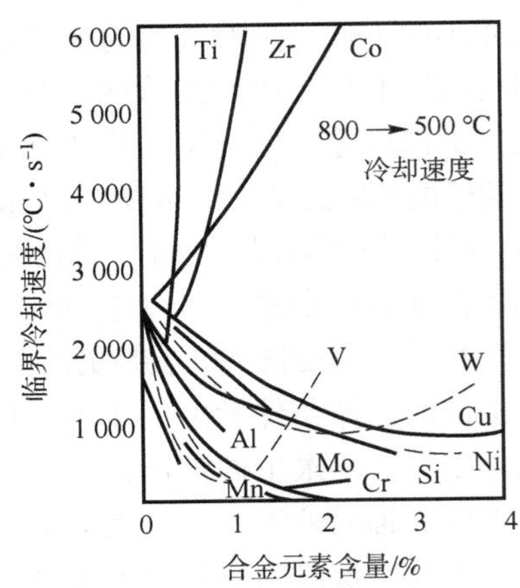

图 3-17 合金元素对临界冷却速度的影响（w_C=0.3%）

钢中加入微量硼（B，0.001%~0.003%）能显著提高钢的淬透性，但如含量过高（超过 0.003 5%），钢中将出现硼相，使其脆性增加。B 对钢淬透性的良好作用在于 B 元素在奥氏体晶界富集，降低了奥氏体晶界的表面自由能，减少了铁素体在奥氏体晶界上的形核率，因此推迟了奥氏体向珠光体的转变。

2）奥氏体晶粒度

奥氏体晶粒尺寸增大，淬透性提高，奥氏体晶粒尺寸对珠光体转变的延迟作用比对贝氏体的大。

3）奥氏体化温度

提高奥氏体化温度，不仅能促使奥氏体晶粒增大，而且能促使碳化物及其他非金属夹杂物溶入并使奥氏体成分均匀化，这将提高过冷奥氏体的稳定性，从而提高淬透性。

4）未溶第二相

奥氏体中未溶的碳化物、氮化物和其他非金属夹杂物会促进珠光体和贝氏体等相变的形核，从而减小过冷奥氏体的稳定性，降低淬透性。

此外，形变和应力场等对钢的淬透性也有影响。

3.4.2　淬透性的实验测定方法

钢的淬透性是钢热处理时的一种工艺属性。淬透性的实验测定方法应排除与钢的属性无关的因素，如冷却介质的特性等。

1. 临界直径法

临界直径是指圆柱钢试样在某种介质中淬冷后，中心得到全部马氏体或 50%（体积分数）马氏体组织的最大直径。钢件在相同的淬火介质中冷却，临界直径越大，表示这种钢的淬透性越高。表 3-4 给出了常用钢材在水或油中淬火时的临界直径。

表 3-4　常用钢材的临界直径

钢号	半马氏体硬度 HRC	20～40 ℃水中 D_0/mm	40～80 ℃矿物油中 D_0/mm	钢号	半马氏体硬度 HRC	20～40 ℃水中 D_0/mm	40～80 ℃矿物油中 D_0/mm
35	38	8～13	4～8	20Cr	38	12～19	6～12
45	42	13～16.5	5～9.5	40Cr	44	30～38	19～28
60	47	11～17	6～12	35CrMo	43	36～42	20～28
T10	55	10～16	<8	60Si2Mn	52	55～62	32～46
40Mn	44	12～18	7～12	50CrV	48	55～62	32～40
65Mn	53	25～30	17～25	38CrMoAl	44	100	80
40MnVB	44	60～76	40～58	18CrMnTi	37	22～35	15～24
40CrMnMo	44	≥150	≥110	30CrMnSi	41	40～50	32～40

临界直径的测定方法如下：将一组由被测钢制成的不同直径的圆棒，按规定淬火条件（加热温度、冷却介质）进行淬火，然后在中间部位垂直于轴线截断，经磨光制成试样后，沿着直径方向测定自表面至心部的硬度分布曲线。图 3-18 为 45 钢不同直径试样在强烈搅动的水中淬火的断面硬度曲线。若其磨面用硝酸酒精溶液腐蚀，发现随着试样直径增加，心部出现暗色易腐蚀区，表面为亮圈，且随着直径的继续增大，暗区越来越大，亮圈越来越小。若与硬度分布曲线对应地观察，则两区的分界线正好是硬度变化最大部位；若观察金相组织，则正好是 50%马氏体和非马氏体的混合组织区，越向外靠近表面马氏体越多，越向里则马氏体急剧减少。分界线上的硬度代表马氏体区的硬度，格罗斯曼将此硬度称为临界硬度或半马氏体硬度。

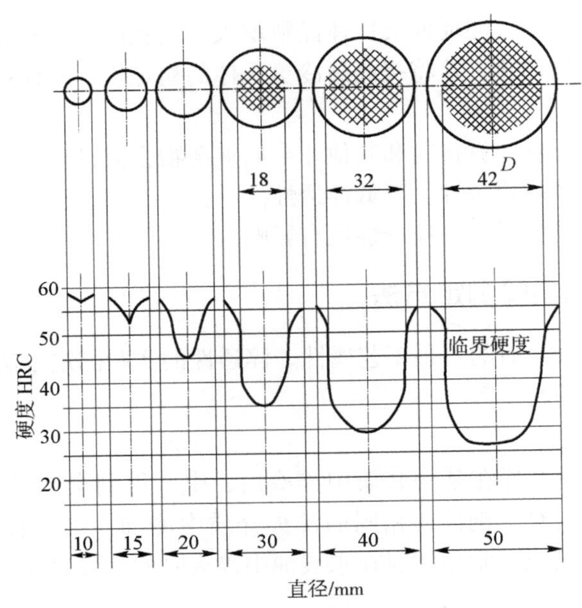

图 3-18　45 钢不同直径试样在强烈搅动的水中淬火的断面硬度曲线

如果把上述分界线看作淬硬层的分界线，亮区就是淬硬层，暗区就是未淬硬层，把未出现暗区的最大试样直径称为淬火临界直径，其含义为该种钢在该种淬火介质中能够完全淬透的最大直径。

上述临界直径是在一定淬火条件（其中包括淬火介质的冷却能力）下测得的。因此，要用临界直径法来表示钢的淬透性，必须标明淬火介质的冷却能力或淬火烈度。

为了除去临界直径值中所包含的淬火烈度的因素，用单一的数值来表征钢的淬透性，引入了理想临界直径（D_i）的概念。这一概念由格罗斯曼提出。假设淬火介质的冷却能力无限大，即只要将试样投入介质中，试样表面立即冷却到介质温度。钢件在这种淬火烈度为无限大（$H=\infty$）的理想淬火介质中淬火时的临界直径即为理想临界直径。如此，理想临界直径的大小可直接表征钢的淬透性的高低。

利用理想临界直径可以很方便地将某种淬火条件下的临界直径换算成任何淬火条件下的临界直径。图 3-19 为理想临界直径 D_i、实际临界直径 D 与淬火烈度 H 关系图，利用该图即可完成上述任务。例如，若已知某种钢在循环水中冷却（$H=1.2$）时，其临界直径 $D=$ 27 mm，试求在循环油（$H=0.4$）中淬火时该种钢的临界直径。

具体做法如下：在图纵坐标 $D=27$ 处，作水平线与 $H=1.2$ 的曲线相交，从交点到横坐标的垂线得到该种钢的理想临界直径 $D_i=45$ mm，再从此处向上引垂线，与 $H=0.4$ 曲线相交，再从交点引水平线与纵坐标交于 16 mm 处，于是得到该种钢在循环油中淬火时的临界直径为 16 mm。

掌握临界直径的数据，有助于判断工件热处理后的淬透程度，并制定出相应合理的工艺。因此，对生产实践有一定的意义。但是临界直径的实验测定，需要制造一批不同直径的试样，测定方法也比较繁杂，所以实际生产中很少采用，但很多常用钢种的临界直径在一些常用的热处理手册里可以查询到。

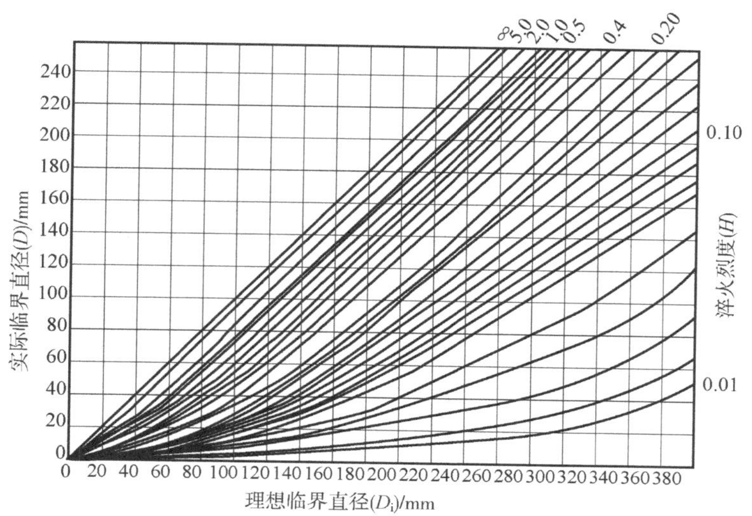

图 3-19　理想临界直径 D_i、实际临界直径 D 与淬火烈度 H 的关系

2. 端淬法

这种方法为乔迈奈（W. E. Jominy）等人于 1938 年建议采用的，因而国外常称为“Jominy”端淬法，是目前国内外应用最广泛的淬透性试验方法。

我国 GB/T 225—2006 规定，端淬试验所用试样为直径 25 mm×100 mm 的圆柱形试样，试验时，将试样按规定的奥氏体化条件（应无氧化、脱碳及增碳）加热后迅速取出，放入试验装置中对其下端喷水冷却。喷水柱自由高度为 65 mm，喷水管口距试样末端为 12.5 mm，水温为 10~30 ℃，端淬试验装置如图 3-20（a）所示。待试样冷却完毕后，沿试样轴线方向在两侧各磨去 0.2~0.5 mm 的深度，获得两个相互平行的平面，然后自离水冷端（直接喷水冷却的一端）1.5 mm 处开始，每隔 1.5 mm 处测定各点洛氏硬度值，当硬度下降缓慢时可以每隔 3 mm 测一次硬度。将测定的结果绘制成硬度与水冷端距离的关系曲线，这一曲线即为端淬曲线或淬透性曲线，如图 3-20（b）所示。

由于一种钢号的化学成分允许在一定范围内波动，因而在一般手册中经常给出的不是一条曲线，而是一条带，如图 3-21 所示。它表示端淬曲线在此范围内波动，并称为端淬曲线带。

因试样和冷却条件是固定的，所以试样上各点的冷却速度也是固定的。这样端淬试验法就排除了试样的具体形状和冷却条件的影响，归结为冷却速度和淬火后硬度之间的关系。

有人测定了端淬试样离水冷端不同距离处冷至不同温度时的冷却速度。因此，也可以把离水冷端不同的距离标成冷却速度。对一般钢来说，直接影响钢淬火效果的是 800~500 ℃ 的冷却速度，所以有的标成该温度区所需冷却时间或平均速度，或 700 ℃ 的冷却速度。如图 3-21 所示，至水冷端 6 mm 处的冷速与油冷时直径为 15 mm 的圆钢中心、直径为 25 mm 圆钢距中心 3/4 半径处及直径 46 mm 圆钢表面处的冷速相同，也与水冷时直径 31 mm 圆钢的中心、直径 51 mm 圆钢距中心 3/4 半径处的冷速相同。当然这些位置的硬度也是相同的，均为 44~53HRC。

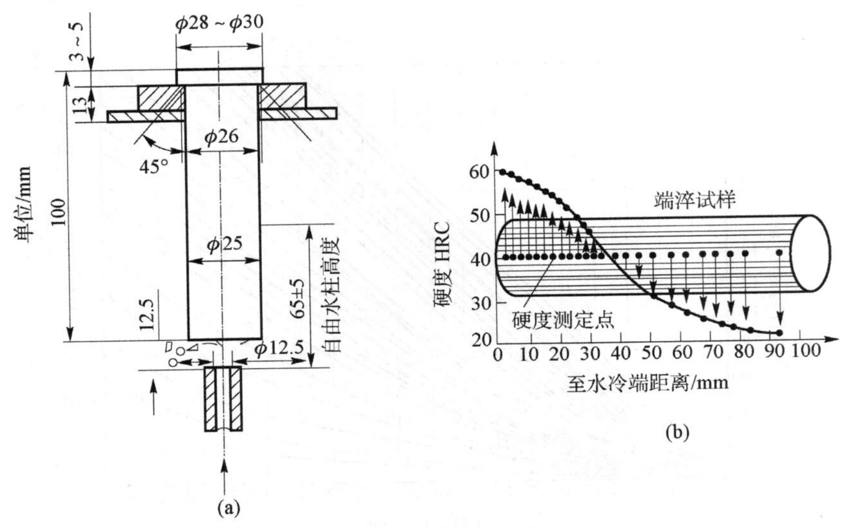

图 3-20 端淬法示意

（a）试样与试验装置；（b）试验原理

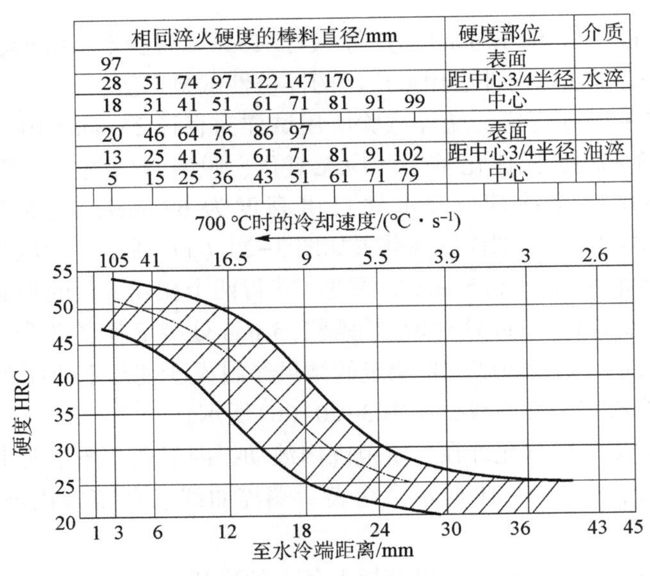

图 3-21 40MnB 钢的淬透性曲线

在不同距离处测得的硬度值可用“淬透性指数”J××-d 来表示，其中 J 是 Jominy 的首字母，××表示洛氏硬度（HRC）值，d 表示距淬火试样末端的距离。例如 J35-15 表示距水冷端 15 mm 处的硬度值为 35HRC。该硬度值也可以用维氏硬度（HV）表达。

端淬法的优点是操作简单，适用范围广，适用于优质碳素结构钢、合金结构钢、弹簧钢、部分工模具钢、轴承钢等。一般来说，端淬法适用于较低淬透性或中等淬透性钢。对于超低淬透性钢，在端淬试验后，试样距水冷端 5 mm 处以发生硬度突降，淬透性的相互差别不甚明显，此时需用腐蚀的办法来进行比较。只要在测量硬度部位磨光、腐蚀，就可清楚地显示出被淬硬的区域。对高淬透性钢，端淬曲线硬度降低很小，有的呈一水平线，因此不能用端淬法比较其淬透性，对这种钢来说，常采用连续冷却转变图来确定加热温度和冷却时间。

3.4.3　淬透性曲线的应用

钢的淬透性曲线在合理选材、预测材料组织性能以及制定热处理工艺等方面都具有重要的实用价值。

如果测定出不同直径钢棒在不同淬火烈度的淬火介质中冷却时的速度，就可以根据钢的端淬曲线来选择和设计钢材及制定热处理工艺。图 3-22 为不同直径钢材经淬火后，从表面至中心各点冷却速度与端淬试样离水冷端各距离处冷却速度的关系曲线。图中仅引入了中等搅拌的水淬（H=1.2）或油淬（H=0.4）的两组冷却曲线，若再列出其他 H 值的关系曲线，也可求出在其他 H 值的淬火介质中淬火时一定直径的钢棒不同部位的淬火冷却速度。

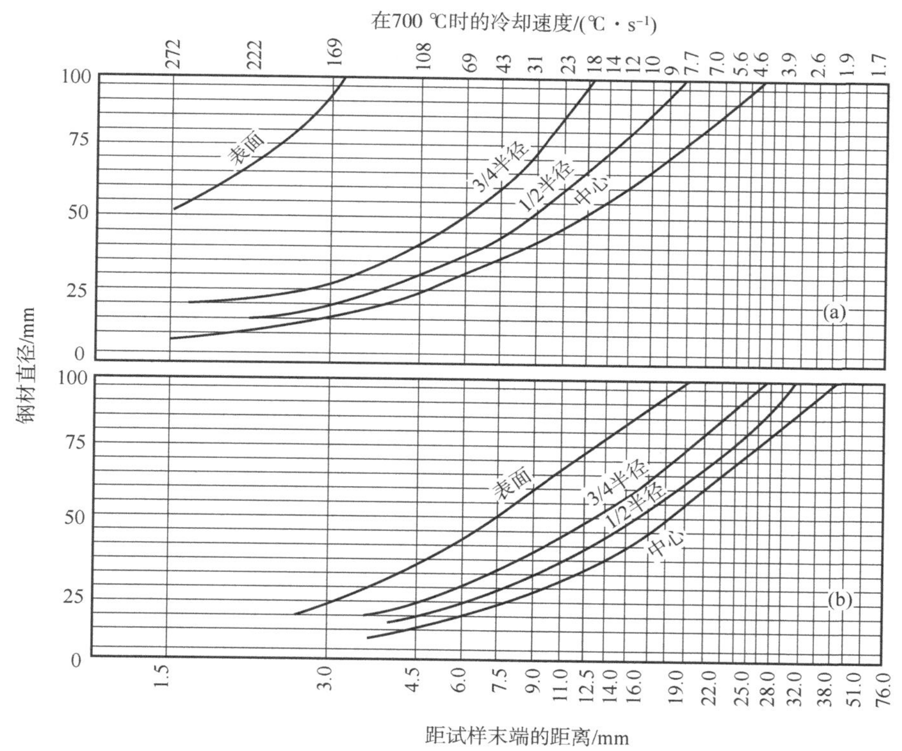

图 3-22　不同直径钢材淬火后，从表面至中心各点冷却速度与端淬试样离水冷端各距离处冷却速度的关系曲线

（a）水淬（中等搅拌，H=1.2）；（b）油淬（中等搅拌，H=0.4）

下面举例说明端淬曲线在选择钢材和制定热处理工艺时的应用。

（1）根据端淬曲线合理选用钢材，以满足心部硬度的要求。

例：有一圆柱形工件，直径 35 mm，要求油淬（H=0.4）后心部硬度>45HRC，试问能否采用 40Cr 钢（40Cr 钢的端淬曲线带如图 3-23 所示）？

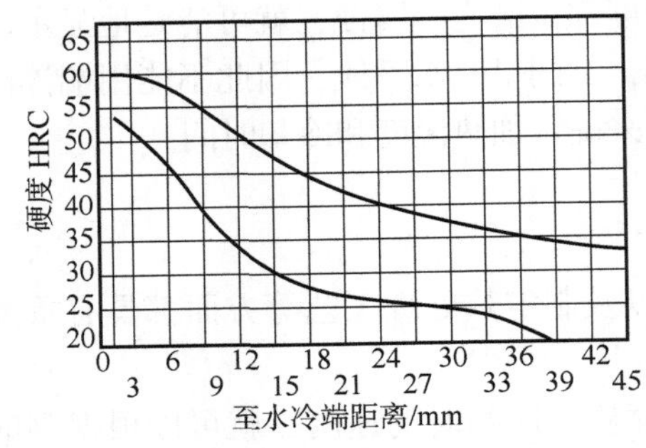

图 3-23　40Cr 钢端淬曲线带

解： 由图 3-22（b），在纵坐标上找到直径 35 mm，通过此点作水平线，与标有“中心”的曲线相交，通过交点作横坐标的垂线，并与横坐标交于离水冷端距离 12.8 mm 处，说明直径35 mm 圆棒油淬时，中心部位的冷却速度相当于端淬试样离水冷端 12.8 mm 处的冷却速度。再在图 3-23 横坐标上找到离水冷端距离 12.8 mm 处，过该点作横坐标的垂线，与端淬曲线带下限线相交，通过交点作水平线，与纵坐标交于 33HRC 处，此即为得到的硬度值，不合题意要求。

（2）根据端淬试验曲线，确定热处理工艺。

例如，在给定工件所用材料及不同部位淬火后硬度和组织的要求情况下，选用淬火介质等。

例： 用 40MnB 钢制造直径 45 mm 的轴，要求淬火后在 3/4 半径处有 80%的马氏体组织，而在 1/2 半径处的硬度不低于 40HRC，问油淬是否合适？

解： 首先由图 3-14 钢的淬火硬度与碳含量的关系查得 $w_C = 0.4\%$ 的钢淬火后具有 80% 马氏体组织时，硬度值为 45HRC。然后，根据图 3-22（b）从纵坐标上直径为 45 mm 处作一水平线，分别找出它在 3/4 半径、1/2 半径处交点的横坐标即对应的端淬试样上的距离，再从 40MnB 钢的端淬曲线（图 3-21）上找出对应的硬度值。可见，油淬不能满足要求。如水淬，则满足要求。如果水淬仍不能满足要求，则必须改用淬透性更好的材料。

（3）预测材料的组织与硬度。

例： 有 40Cr 钢直径 50 mm 圆柱，求油淬后沿截面硬度。

解： 这一问题的解法与上题完全相同，只是在这里应该利用图 3-22（b）求出表面、3/4半径、1/2 半径及中心处的冷却速度对应的端淬试样离水冷端距离，因此即可利用端淬曲线，求出该圆棒截面上表面、3/4 半径、1/2 半径及中心处的硬度。

（4）根据淬透性曲线确定钢的临界淬透直径。

要确定钢的临界淬透直径，必须借助于三个图：碳含量与半马氏体区硬度的关系图；钢的淬透性曲线图；确定淬透性的线解图（表示工件形状、工件尺寸、工件冷却速度、冷却介质、淬火加热温度、至半马氏体区和马氏体区的距离之间关系的线解图，可从相关手册查到）。首先，根据钢的碳含量从图 3-14 中查出半马氏体区的硬度值，再利用钢的淬透性曲线求得与该硬度值对应的端淬试样上至水冷端的距离，最后利用确定淬透性的线解图便可求出在某种淬火介质中应有的临界淬透直径。

3.5　淬火方法及其应用

实际生产中，常根据工件的材质、形状和尺寸选择不同的淬火方法，以满足既要保证一定的淬硬层深度，又能保证淬火时工件变形和开裂的倾向小的要求。常用淬火方法如图 3-24所示。

1. 单液淬火法

单液淬火法是把已加热到淬火温度的工件淬入一种淬火介质，使其完全冷却的淬火方法。这种方法是最简单的淬火方法，常用于形状简单的碳钢和合金钢工件。对碳钢而言，直径大于3~5 mm的工件应于水中淬火，更小的可在油中淬火。对各种牌号的合金钢，则以油为常用淬火介质。由于单液淬火工艺过程简单、操作方便、经济，故适合大批量生产，易于实现机械化和自动化。缺点是形状复杂的工件在水、盐水等快速介质中冷却时易产生变形、开裂，而尺寸大的工件在油等缓和介质中可能淬不透。

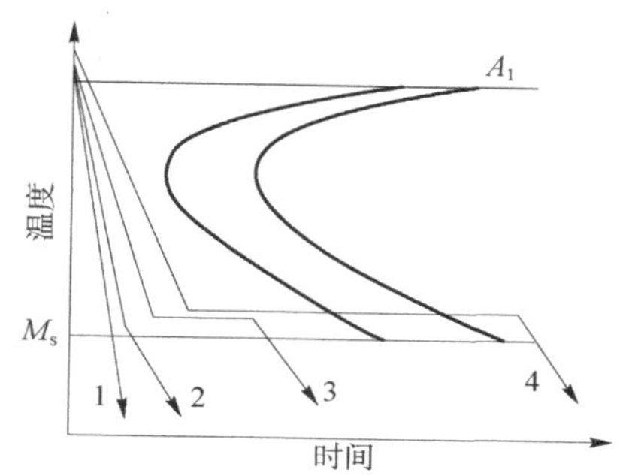

图3-24　各种淬火冷却方法冷却曲线示意

1—单液淬火；2—双液淬火；3—分级淬火；4—等温淬火

由过冷奥氏体转变（等温或连续冷却）动力学曲线可看出，过冷奥氏体在A_1点附近的温度区是比较稳定的。为了减少工件与淬火介质之间的温差，减小内应力，可以把欲淬火工件在淬入淬火介质之前先空冷一段时间，这种方法叫“预冷淬火法”。采用这种方法可使尖角、薄壁处及工件得到预冷，减少热应力，适用于形状复杂、各部位壁厚差较大及要求变形小的工件。空气预冷时间主要靠操作者的技术和经验来掌握。

2. 双液淬火法

双液淬火法是把加热到淬火温度的工件，先在冷却能力强的淬火介质中冷却至接近M_s点，然后转入慢冷的淬火介质中冷却至室温，以达到在不同淬火冷却温度区间有比较理想的淬火冷却速度。这样既可获得较高的淬硬层深度，又可减少内应力及防止发生淬火开裂，解决了单液淬火不能同时满足某些工件对组织及控制变形的要求。

一般用水或盐水作为快冷淬火介质，用油或空气作为慢冷淬火介质，如水—油、盐水—油等。这种方法要求控制好在第一种冷却介质中的时间。对于各种工件一般很难确定其应在快冷介质中停留的时间，若冷却时间过长，将使工件某些部分冷到马氏体相变点以下，发生马氏体转变，结果可能导致变形和开裂；反之，如果停留的时间不够，工件尚未冷却到低于奥氏体最不稳定的温度，将发生珠光体型转变，导致淬火硬度不足。

此外，当工件自快冷介质中取出后，由于心部温度总是高于表面温度，若取出过早，心部储存的热量过多，将会阻止表面冷却，使表面温度回升，致使已淬成的马氏体回火、未转变的奥氏体发生珠光体或贝氏体转变。

由于迄今仍未找到兼有水、油优点的淬火介质，所以尽管这种方法在水中保持的时间较难确定和控制，但对只能在水中淬硬的碳素工具钢仍多采用此法。当然，这就要求淬火操作者有足够熟练的技术。

根据实际经验，碳素钢工件厚度5~30 mm时，水冷时间按3~4 mm有效厚度冷却1 s计算，合金钢或形状复杂的工件水冷时间按4~5 mm有效厚度冷却1 s计算，大截面低合金钢按每毫米有效厚度冷却1.5~3 s计算。

双液淬火法常用于淬透性较小、尺寸较大的碳素工具钢，低合金结构钢等工件。

3. 马氏体分级淬火法

马氏体分级淬火是把工件由奥氏体化温度淬入稍高于或稍低于该种钢马氏体开始转变温

度 M_s 点的淬火介质（盐浴或者碱浴）中，保温一段时间，待工件各部分温度达到淬火介质的温度后，再从浴炉中取出缓冷至室温，发生马氏体转变。这种方法不仅由于介质与工件的温差小减少了热应力，而且由于马氏体转变前工件各部分温度已趋于均匀，马氏体转变的不同时现象减少，组织应力也减小，因而有效减小或防止了工件的淬火变形和开裂。

分级淬火时由于在 M_s 点附近停留，容易引起奥氏体的热稳定性，因此，通常分级淬火加热温度比普通淬火高 10~20 ℃，以适当增大奥氏体稳定性。

分级温度应选在 M_s 以上孕育期较长的区间，以防分级等温中发生非马氏体转变。淬透性较好的钢分级温度应高于 M_s 点［M_s+(10~30)℃］，其中要求硬度较高、淬硬层较深时，应选下限。淬透性较低或截面较大的工件，分级温度应低于 M_s 点［M_s-(80~100)℃］，以增大冷速、提高硬度和淬硬层深度。若温度过低，则与单介质淬火相差不多，将失去分级的意义。某些高合金钢的过冷奥氏体等温转变曲线呈双“C”形，在两个“C”形曲线的中间部位是过冷奥氏体的最稳定区域，分级温度应选在此区间内。对截面较大或形状复杂的高合金钢工具，其淬火加热温度高，为了减小冷却时产生的内应力，可采用多次分级法。

所用淬火介质一定要保证工件冷速大于临界淬火冷却速度，并且使工件获得足够的淬硬层深度。实际中，常采用硝盐浴或分级淬火油，要求冷却能力较强时可选用碱浴。

分级淬火等温时间应短于在该温度下奥氏体分解的孕育期，尽量使工件内外温度均匀。若分级时间过短，则不能保证心部、表面温度均匀，变形倾向增大。经验表明，分级时间 s 可按经验公式 $30s+5d$（d 为有效厚度，单位为 mm）来估计；截面较小零件一般在分级介质中停留 1~5 min。也有经验介绍，分级停留的时间大致与工件在盐炉中的加热时间相同。实际中，等温时间可按以上经验初定，最终由工艺试验确定。

分级淬火操作简单，但适用范围较窄，只适用于尺寸较小的工件。如要求畸变更小（较双介质淬火件）或形状更复杂的小件和淬火易畸变、开裂的小件（一般碳钢工件有效厚度<15 mm，低合金钢工件有效厚度<30 mm，稍大的工件可采用碱浴）。对于尺寸较大的工件，因在较长时间分级等温中易发生贝氏体转变，且硝盐等介质冷速较慢，不易躲过“鼻尖”，故不适于进行分级淬火。某些临界淬火速度较小的合金钢没有必要采用此法，因为在油中淬火也不至于造成很大的内应力。

分级后处于奥氏体状态的工件具有较大的塑性（相变超塑性），因而创造了进行工件矫直和矫正的条件，这对工具具有特别重要的意义。因而高于 M_s 点分级温度的分级淬火，广泛应用于工具制造业，对碳钢来说，这种分级淬火适用于直径 8~10 mm 工具。若分级淬火温度低于 M_s 点，因工件自淬火剂中取出时，已有一部分奥氏体转变成马氏体，上述奥氏体状态下的矫直就不能利用。但这种方法用于尺寸较大的工件（碳钢工具直径可达 10~15 mm）时，不引起应力及淬火裂纹，故仍被广泛利用。

4. 贝氏体等温淬火法

将工件淬火加热奥氏体化后，快冷到下贝氏体转变温度区间等温保持，使奥氏体转变为下贝氏体组织，这种淬火称为贝氏体等温淬火。

等温淬火与分级淬火的区别在于前者等温时间较长，等温过程中发生贝氏体转变，获得下贝氏体组织。

进行等温淬火的目的是获得变形少、硬度较高并兼有良好韧性的工件。因为下贝氏体的硬度较高而韧性又好，在等温淬火时冷却又较慢，贝氏体的比容也比较小，热应力、组织应力均很小，故形状变形和体积变形也较小。

等温淬火用的淬火介质与分级淬火相同。

等温温度主要由钢的“C”曲线及工件要求的组织性能而定。等温温度越低，硬度越高，比容增大，体积变形也相应增加。因此，调整等温温度可以改变淬火钢的力学性能和变形规律，一般认为在 $M_c \sim M_s+30$ ℃温度区间等温可获得良好的强度和韧性（M_c 为形变诱发相变开始点）。

等温时间可根据心部冷却至等温温度所需时间再加“C”曲线在该温度完成等温转变所需时间而定。

等温后，一般采用空冷。对尺寸较大、淬硬层要求较深的工件，可采用油冷或喷雾冷却。

5. 冷处理

冷处理是将钢件淬火冷却到室温后，继续在低温介质中冷却的工艺。如在液氮或液氮蒸气中冷却，则称为深冷处理。

通常淬火冷却都是冷至室温，而许多钢的马氏体转变终了温度（M_f）低于室温较多，由于马氏体转变是降温转变，因此将导致组织中有较多残留奥氏体未能转变。将淬冷至室温的工件继续冷至 M_f 以下，可使这部分残留奥氏体转变为马氏体。

残留奥氏体强度低，塑性好，可吸收形变能，松弛工件中的淬火应力，减小淬火畸变和开裂倾向，适量的残留奥氏体可提高韧性和抗接触疲劳性能。但残留奥氏体过多不仅会影响工件硬度，而且其本身很不稳定，即使在室温条件下也会缓慢地向马氏体转变，使工件尺寸不稳定。冷处理可提高工件硬度（如 T8，冷至－55 ℃，硬度可增加 1HRC；T12，冷至－70 ℃，硬度可增加 3～4HRC；GCr15，冷至－90 ℃，硬度可增加 3～6HRC；CrWMn，冷至－110 ℃，硬度可增加 5～10HRC），使组织和尺寸变得更加稳定，常用于精密工、模、量具或精密零件（如精密轴承、油嘴液压泵偶件、精密丝杠等）及某些残留奥氏体较多的渗碳或碳氮共渗件。

冷处理的主要工艺参数包括允许淬火工件在室温停留的时间、冷处理温度、在冷处理温度停留的时间等。

按淬火后在室温停留时奥氏体稳定化敏感度的不同，将钢种分为三类：第一类是对稳定化不敏感的钢种，其在室温下停留一昼夜对冷处理效果影响不大，如 18Cr2Ni4WA、20Cr2Ni4、Cr12MoV 等；第二类为中等敏感的材料，允许在室温下停留不超过 2～3 h，如 W18C4V、T12、GCr5、CrWMn 等；第三类为敏感度高的钢，应在淬火后尽快进行冷处理，在室温下停留不超过 0.5～1 h，如 T8、T9、9SiCr 等。

冷处理温度主要取决于钢的 M_f 点，如一般常用合金工模具钢的 M_f 点为－60～－80 ℃，故其冷处理温度为－60～－80 ℃。冷处理的设备目前使用较多的是冷冻机（最低温度一般为－80 ℃），对某些高合金钢（M_f 为－120～－180 ℃）可在液氮中进行深冷处理。

在冷处理温度下停留的时间，应以保证工件冷透为原则。理论上冷处理过程中的马氏体转变在瞬间即可完成，工件一经达到制冷温度即可取出，但考虑到工件尺寸大小及众多工件温度的均匀性，需要一定的透冷时间，一般为 0.5～1 h，最长不超过 2 h。

由于冷处理后，钢的马氏体转变量增加、内应力提高、工件变形开裂的倾向增大，故对形状复杂、尺寸较大、容易变形和开裂的工件应先淬火冷至室温，然后再装入冷处理设备中与设备一起逐渐降至冷处理温度，以避免发生畸变和开裂。另外深冷处理后，必须进行回火，以获得稳定的回火马氏体组织，并减小内应力。

6. 其他淬火方法

（1）喷射淬火：向工件喷射水流的淬火方法，也称喷液淬火。水流可大可小，视所要求的淬火深度而定，用这种方法淬火不会在工件表面形成蒸汽膜，这样就能够保证得到比普通水中淬火更深的淬硬层。为了消除因水流之间冷却能力不同所造成的冷却不均匀现象，水流应细密，最好工件同时上下运动或旋转。这种方法主要用于大型工件局部淬火，如内部型腔。用于局部淬火时因未经水冷的部分冷却较慢，故会导致已淬火部分受未淬火部分残留热量的影响（一旦发生自回火，工件全黑，故喷射淬火后应立即将整个工件浸入水中或油中）。

喷液淬火无须大型淬火槽。工件经整体加热后，对其工作表面进行喷液淬火，再将其余部分或整体浸入水槽冷却，所得工件畸变小、硬度均匀，几乎没有软点。喷液淬火也可以用于圆柱形零件、平面件、圆环状零件和复杂模具（型腔）等的淬火。

喷液淬火可加大表层残余应力，促使窄槽小孔充分硬化。如内孔径为 16 mm、外径为 48 mm、厚度为 9 mm 的 T10A 钢凹模，790 ℃ 加热，对内孔进行喷液淬火后，测定内孔壁的切向残余压应力高达 1 303.4 MPa。

（2）喷雾淬火：将压缩空气吹到与其成一定角度的水柱上，使水雾化并与风混和喷向在淬火转台上旋转的零件表面的冷却方式，主要应用于大型轴类零件的淬火冷却。喷雾淬火冷却是包含稳定膜态沸腾、过渡沸腾、核态沸腾和自然对流换热四个换热阶段的复杂过程。通过强化以上四个过程的热量传递，能够加快喷雾冷却速度。喷雾淬火冷却速度主要取决于冷却剂的喷射密度（即冷却剂单位时间、单位面积的质量流量）。

大型轴类零件，如转子、支撑辊等重要零件，可广泛使用喷雾淬火。大型轴类零件喷雾冷却的主要优点是：冷却速度可以调节，可满足不同钢种不同直径大锻件淬火冷却的要求，也可满足同一零件不同淬火部位对冷却速度的要求。

（3）模压淬火：是将工件加热奥氏体化后放在特定的夹具或淬火压床上压紧，然后一并放入淬火槽中进行淬火的方法。其目的在于减少淬火冷却畸变。这种方法主要适用于薄板状、片状、细长杆状等零件。

采用模压淬火与采用保护气氛加热淬火一样，也可以显著减少工件磨削留量而提高工件寿命和可靠性，并降低加工成本。模压淬火常用于弧齿锥齿轮、轴承套圈、离合器摩擦片、离合器膜片弹簧和锯片等。

模压淬火使用专用设备（淬火机床）及模具（夹具），并对淬火冷却介质（常用油）的流量、流向、温度、淬火冷却时间及模压压力等工艺参数进行准确控制，从而获得较小的畸变、较优的硬度及显微组织。

3.6 淬火应力与变形、开裂

淬火的变形和开裂是工件淬火操作中最易产生的缺陷。从淬火目的考虑，一般应尽可能获得最大的淬硬层深度。为此，在钢种一定的情况下，采用的淬火介质的淬火烈度越大越好。但是，淬火介质的淬火烈度越大，淬火过程中所产生的内应力越大，这将导致淬火工件变形，甚至开裂等。一旦淬火开裂，工件就成为废品；即使是变形，如果超差无法矫正，也会成为废品。工件淬火过程中应设法减少变形、避免开裂。

淬火应力是指工件在淬火冷却时，因不同部位存在温差或组织转变不同步而产生的内应力。实践证明，淬火时在工件中产生的内应力是造成变形和开裂的根本原因。当淬火应力超过钢的屈服强度时将产生塑性变形，而当其超过钢的断裂强度时即发生开裂。为此，在研究工件的淬火变形和开裂问题时，必须首先了解淬火应力的形成原因及淬火变形、开裂的一般规律等。

3.6.1 淬火应力

工件在淬火介质中迅速冷却时，由于工件具有一定尺寸，热传导系数也为一定值，因此在冷却过程中工件内沿截面将产生一定温度梯度，表面温度低、心部温度高，表面和心部存在着温度差。在工件冷却过程中还伴随着两种物理现象：一种是热胀冷缩现象，随着温度下降，工件线长度将收缩；另一种是当温度下降到马氏体转变点时发生奥氏体向马氏体转变，这将使比容增大。由于冷却过程中存在着温差，因而沿工件截面不同部位收缩量将不同，工件不同部位将产生内应力；由于工件内温差的存在，还可能出现温度下降快的部位低于 M_s 点，发生马氏体转变，体积胀大，而温度高的部位尚高于 M_s 点，仍处于奥氏体状态，这种不同部位由于比容变化的差别，也将产生内应力。因此，在淬火冷却过程中可能产生两种内应力，即热应力和组织应力。热应力是工件在加热（或冷却）时，由于不同部位的温度差异，导致热胀（或冷缩）的不一致所引起的应力；组织应力是由于工件不同部位组织转变不同时引起的内应力。

根据内应力的存在时间特性还可分为瞬时应力和残余应力。瞬时应力是在冷却过程中某一时刻所产生的内应力，这种应力随着时间的延长及工件温度的变化而变化；残余应力是冷却终了，残存于工件内部的应力，这种应力通常会影响工件的使用性能，一般使用前要通过回火消除。

下面分别研究淬火冷却过程中工件内部热应力和组织应力的变化。

1. 热应力

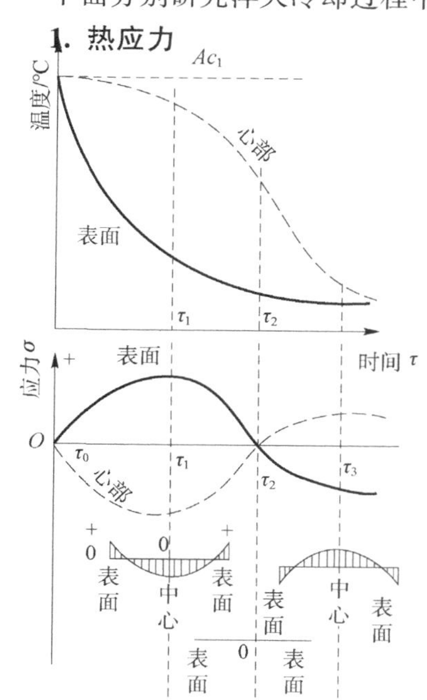

图 3-25 工件冷却时热应力变化示意

为了避免冷却过程中组织应力的干扰，研究钢冷却过程中热应力的变化过程时，选择不发生相变的钢。例如，奥氏体钢，其从加热温度直至室温均保持奥氏体状态。将一圆柱形奥氏体钢在加热到一般钢的 Ac_1 温度以上，均温后迅速投入淬火介质中冷却。图 3-25 为该圆柱心部和表面温度随着时间的延长而下降的趋势以及冷却过程轴向热应力变化示意图。

由图 3-25 可知，在冷却开始阶段，表层冷却较快，温度较低，收缩较大；而心部冷却较慢，温度较高，收缩较小。表层的收缩受到心部阻碍（即心部拉着表层，阻碍其收缩），于是表层受拉应力，而心部受压应力。随着时间的延长，截面上温差增大，热应力也随之增大。当心部所受压应力超过钢的屈服强度时，心部将发生塑性变形，沿轴向缩短，使应力得到一定程度的松弛，故应力不再增大（或增大速度趋缓），如图 3-25 中 τ_1 时刻。当冷却一段时间后，表层温度已经较低（收缩量较小），而心部温度尚较高（继续收缩），截面温差已较小，于是表层的拉应力和心部的压应力减小。再继续冷却，达到 τ_2 时刻，表层和心部的应力均等于零。但此时，心部温度仍高于表层，还要继续收缩，而表层已停止收缩，于是心部收缩受到表层阻碍，即心部受拉应力，表层则受压应力，因此发生了应力反向。在心部温度降至室温的过程中，由于温度较低，钢的屈服强度较高，塑性变形困难，不易发生应力松弛，故这种应力状态一直保持到室温，成为残余应力，如图 3-25 中 τ_3 时刻。综上所述，在冷却前期，热应力分布状态是表层受拉、心部受压；冷却后期，则是表层受压、心部受拉。

综上所述，淬火冷却时产生的热应力是由于冷却过程中截面温度差所造成的，冷却速度越大，截面温差越大，则产生的热应力越大。在相同冷却介质条件下，工件加热温度越高、尺寸越大、钢材热传导系数越小，工件内温差越大，热应力越大。

在高温时若冷却不均匀，将会发生塑性变形。在冷却过程中，当瞬时拉应力大于断裂强度时，将会产生淬火裂纹。

应该指出，上述淬火过程中热应力变化规律的分析是很粗糙的，在工件内部的应力状态很复杂，其动态变化过程的测定和计算都很困难，因此，一般都测定最终残存于工件内部的残余应力。

图 3-26 为含碳 0.3%、直径 44 mm 圆钢自 700 ℃水冷后在室温时测定的轴向、径向和切向的热应力分布，由图可见，试样表面的轴向和切向应力均为压应力，且轴向应力大于切向应力；中心为拉应力；径向应力为拉应力，中心处最大。

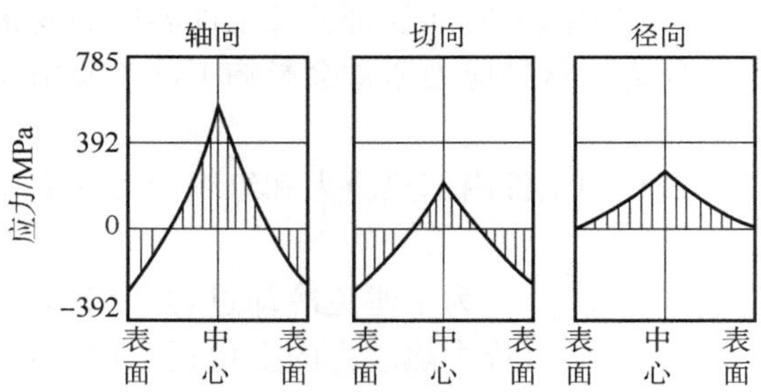

图 3-26　含碳 0.3%、直径 44 mm 圆钢自 700 ℃水冷后的残余内应力（热应力）

2. 组织应力

为了避免热应力的干扰，研究钢冷却过程中组织应力的变化规律时，选用“C”曲线很靠右的钢，以便从淬火加热温度以极缓慢的冷却速度降温至 M_s 点的过程中，不发生其他转变。因为冷却速度极慢，故在冷至 M_s 点时，工件内没有温差，因而也无热应力。到 M_s 点后，突然采用快冷，由于表面直接与淬火介质接触，冷却很快，而心部靠其与表面的温差以热传导方式散热，温度下降极慢，由开始冷却 τ_0 至 τ_1 时刻内，表面温度下降至 M_s 点以下的很大温度范围，则将有大量奥氏体转变成马氏体，因而比容增大；而心部温度下降很少，奥氏体转变成马氏体数量很少，比容变化不大。故发生与热应力变化开始阶段相类似，但应力类型恰好相反的情况，即表面的膨胀受到心部的抑制，从而产生压应力，心部则受拉应力，如图 3-27τ_1 处所示。由于此时心部仍处于奥氏体状态，塑性较好，因此当应力超过其屈服强度时将产生塑性变形，削去部分内应力。再继续冷却，可用与热应力分析相类似的方法，相当于 τ_2 处心部和表面内应力趋向零。再进一步冷却，由于心部和表面都有大量马氏体存在，屈强比提高，故不易发生塑性变形。最后当心部和表面温度一致时，试样内仍残存着内应力，此时由于组织应力所引起的残余内应力，其表面为拉应力、心部为压应力，如图 3-27所示。

图 3-28 为含 16%Ni 的 Fe-Ni 合金圆柱试样（直径 50 mm）自 900 ℃缓冷至 330 ℃（M_s 点附近），再急冷至室温后的残余内应力。这种应力主要是组织应力。由图 3-28可见，由于组织应力引起的残余应力：轴向和切向表面为拉应力，且切向表面拉应力较轴向的大；径向为压应力，最大压应力在中心。

组织应力的大小，除与钢在马氏体转变温度范围内的冷却速度、钢件尺寸、钢的导热性及奥氏体的屈服强度有关外，还与钢的碳含量、马氏体的比容及钢的淬透性等有关。

3. 影响淬火应力的因素

工件淬火时，热应力和组织应力都将在同一工件中发生，绝大多数情况下还会同时发生。例如，普通钢件淬火时，从加热温度冷却至钢材的 M_s 点以前产生热应力，继续冷却时，热应力继续发生变化。但与此同时，由于发生奥氏体向马氏体转变，还产生组织应力，因此，在实际工件上产生的应力应为热应力与组织应力这二者叠加的结果。如前所述得知，热应力与组织应力二者的变化规律恰好相反，因此如何恰当利用其彼此相反的特性，以减少变形、开裂，是很有实际意义的。

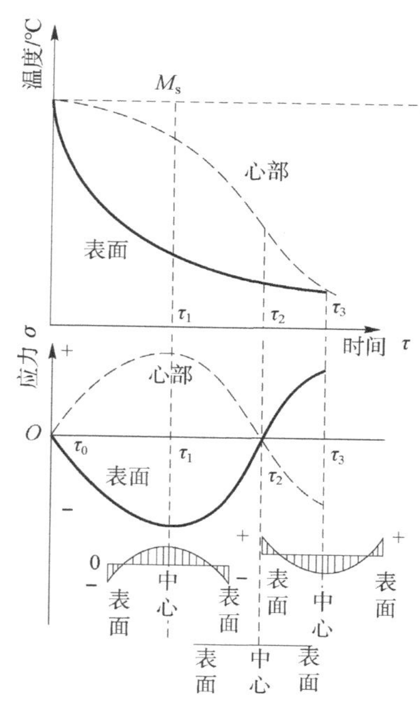

图 3-27　圆柱钢试样截面上在冷却过程中组织应力的变化

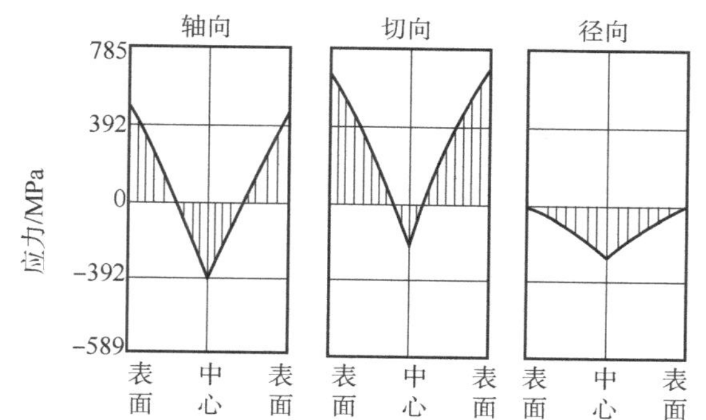

图 3-28　含 16%Ni 的 Fe-Ni 合金圆柱试样（直径 50 mm）自 900 ℃缓冷至 330 ℃，急冷至室温后的残余内应力（组织应力）

影响淬火应力的因素有以下几种。

1）碳含量的影响

钢中碳含量增加，马氏体比容增大，淬火后组织应力应增加。但钢中（溶入奥氏体中）碳含量增加，使 M_s 点下降，淬火后残留奥氏体量增加，因而组织应力下降。综合这两方面的相反作用效果，其趋势是随着碳含量的增加，热应力作用逐渐减弱，组织应力作用逐渐增强。图 3-29 为碳含量对含 Cr 0.9%~1.2%钢圆柱（直径 18 mm）淬火试样残余应力的影响（加热温度 850 ℃，水淬）。由图可见，随着碳含量的增加，轴向和切向表面压应力值逐渐减小，拉应力值逐渐增大，而且拉应力值的位置越来越靠近表面。

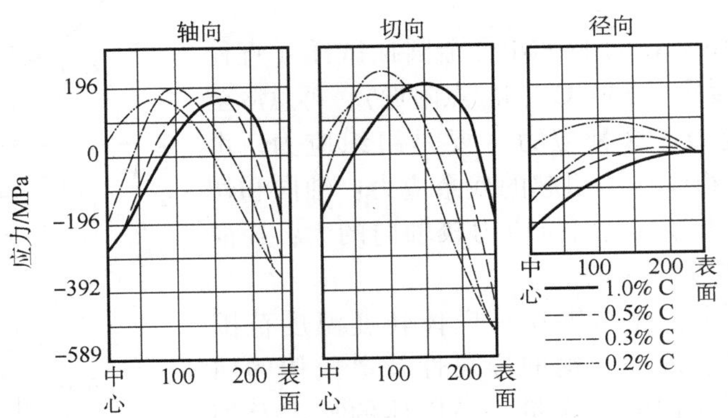

图 3-29　碳含量对含 Cr 0.9%~1.2%钢圆柱（直径 18 mm）淬火试样残余应力的影响（加热温度 850 ℃，水淬）

此外，随着碳含量的增加，孪晶型马氏体数量增多，马氏体生长过程中有裂纹存在。这些均将导致增大高碳钢淬裂倾向性。

2）合金元素的影响

合金元素对淬火应力的影响复杂。钢中加入合金元素后，其热传导系数下降，导致热应力和组织应力均增加。多数合金元素会使 M_s 下降，这将使热应力作用增强。而增加钢的淬透性的合金元素，在工件没有完全淬透的情况下有增强组织应力的作用。

3）工件尺寸的影响

工件尺寸大小对内应力分布的影响，有两种情况。

（1）完全淬透的情况：工件尺寸大小主要影响淬火冷却过程中截面的温差，特别是在高温区工件表面与淬火介质温差大，冷却快，而工件尺寸越大，中心部位热量向表面的传导越慢，因而工件尺寸越大对高温区的温差影响越大。因此可以推知，当工件直径较小时，温差较小，热应力作用较小，应力特征主要为组织应力型；而在直径较大时高温区的温差影响突出，热应力作用增强，因而工件淬火应力表现为热应力型。

由此推知，在完全淬透的情况下，随着工件直径的增大，淬火后残余应力将由组织应力型逐渐变成热应力型。

（2）不完全淬透情况：在工件没有完全淬透的情况下，除了前述的热应力和组织应力外，尚因表面淬硬部位是马氏体、未淬硬部位是非马氏体而产生组织不同的情况。由于组织不同，比容不同，也将引起内应力。如仅考虑由于没有淬透而引起的应力，很显然，表面区马氏体比容大，膨胀；而心部非马氏体比容小，收缩。其结果是表面为压应力，心部为拉应力。由此可知，在未完全淬透的情况下，所产生的残余应力特性是与热应力型残余应力相类似的。工件直径越大，淬硬层越薄，热应力特征越明显。

4）淬火介质和冷却方法的影响

如前所述，淬火介质的冷却能力，在不同工件冷却温度区间是不相同的，因而也影响淬火内应力的分布。冷却方法的影响也是如此。如果在温度高于 M_s 点以上的区域冷却速度快，而在低于 M_s 点的区域冷却速度慢，则为热应力型；反之则为组织应力型。因此在选择淬火介质时，不仅要考虑其淬火烈度，还要考虑其淬火冷却过程中不同温度区间的冷却能力。如此，通过合理地选择淬火介质及淬火冷却方法即可控制工件内应力，防止变形及开裂。

3.6.2　淬火变形

淬火时，工件发生的变形有两类：一类是形状发生变化，是由淬火应力引起；另一类是体积变形，是由材料相变时比体积变化所致。

1. 相变引起的体积变化

工件在淬火前的组织状态一般为珠光体型，即铁素体和渗碳体的混合组织，而淬火后为马氏体型组织。由于新相与母相比体积一般不同，相变会引起比体积的变化，使工件在各个方向上均匀地膨胀或收缩，这种现象称为相变体积效应。这种变形不改变形状。表3-5列出了碳钢各相的比容，可以大致算出工件淬火时的体积变化。淬火工件中马氏体量越多，马氏体中的碳含量越高，则其体积胀大就越多；反之越小，甚至会收缩（与原始组织比较）。马氏体形成时的体积变化与马氏体碳含量之间的关系见表3-6。由此可见，钢中含碳量越高，马氏体形成时的体积膨胀量越大。

表3-5　碳钢各相的比容

相名称	比容/($cm^3 \cdot g^{-1}$)　20 ℃	相名称	比容/($cm^3 \cdot g^{-1}$)　20 ℃
铁素体	0.127 1	马氏体	0.127 1+0.002 95（w_C）
渗碳体	0.130±0.001	奥氏体	0.121 2+0.033（w_C）
碳化物	0.140±0.002	0.25%C 马氏体+碳化物	0.127 76+0.001 5（w_C−0.25）

表3-6　马氏体形成时的体积变化与其碳含量的关系

马氏体碳含量 w_C/%	马氏体的密度/($g \cdot cm^{-3}$)	退火组织的密度/($g \cdot cm^{-3}$)	生成马氏体时的体积变化/%	马氏体碳含量 w_C/%	马氏体的密度/($g \cdot cm^{-3}$)	退火组织的密度/($g \cdot cm^{-3}$)	生成马氏体时的体积变化/%
0.1	7.918	7.927	+0.113	0.85	7.808	7.905	+1.227
0.3	7.889	7.921	+0.401	1.00	7.778	7.901	+1.557
0.6	7.840	7.913	+0.923	1.30	7.706	7.892	+2.576

2. 热应力引起的变形

热应力引起的变形发生在钢件屈服强度较低、塑性较高，而表面冷却快、工件内外温差最大的高温区。此时瞬时热应力为表面张应力、心部压应力，由于心部温度高，屈服强度比表面低得多，易于变形。因此表现为在多向压应力作用下的变形，即立方体向球形方向变化。由此导致下述结果，即尺寸较大的一方缩小，而尺寸较小的一方则胀大，如长圆柱体长度方向缩短、直径方向胀大。不同形状的钢件热应力所引起的变化规律如图 3-30 所示。

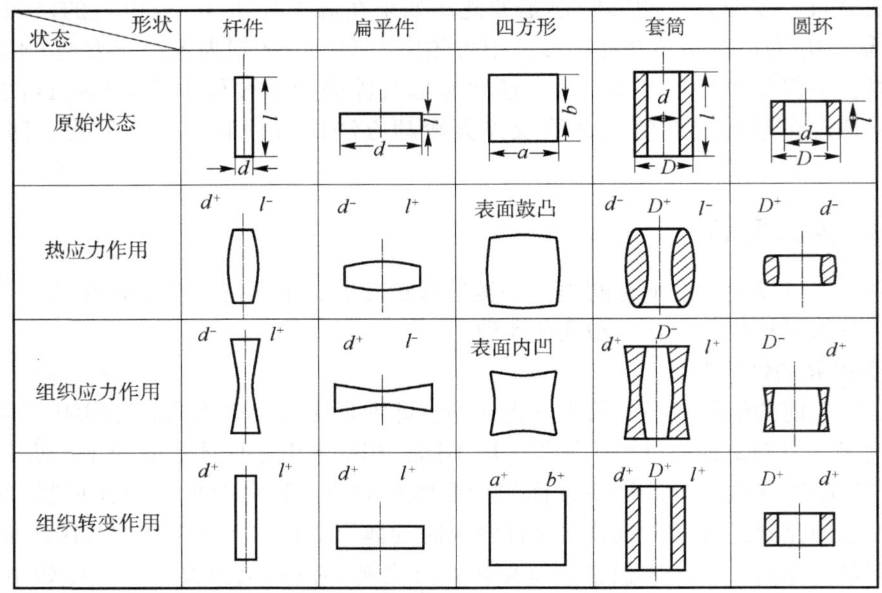

图 3-30　结构对称、形状简单的典型工件的淬火变形规律

3. 组织应力引起的变形

组织应力引起的变形也产生在早期组织应力最大时刻。此时截面温差较大，心部温度较高，仍处于奥氏体状态，塑性较好，屈服强度较低。其瞬时组织应力是表面压应力、心部拉应力，变形表现为心部在多向拉应力作用下的拉长。由此导致的结果为在组织应力作用下，工件中尺寸较大的一方伸长，而尺寸较小的一方缩短。例如，长圆柱体组织应力引起的变形是长度伸长、直径缩小。不同形状的钢件组织应力所引起的变形规律如图 3-30 所示。

上述淬火变形规律，是结构对称的简单工件单纯在热应力或组织应力作用下的畸变。实际上，许多工件的结构、形状较复杂，热应力、组织应力、相变体积效应是同时存在的，这种热应力、组织应力和相变体积变化综合作用引起的变形比较复杂，要具体问题具体分析。

4. 影响淬火变形的因素

1）钢的化学成分

钢的化学成分影响钢的淬透性和 M_s 点、马氏体比体积、奥氏体和马氏体的屈服强度、钢的导热性等，从而影响淬火应力的大小和分布，故成分不同，淬火变形趋势也不同。

碳含量越低，热应力的作用相对越大（因淬透性差，需快冷，且低碳钢马氏体比体积较小，故组织应力也较小）；碳含量高，则组织应力作用增大。

合金元素一方面使导热性降低，从而使热应力、组织应力增大，但另一方面又增大了淬透性，允许采用较慢的淬火冷速，使热应力、组织应力降低。同时，合金元素还使 M_s 点降低（M_s 点高低对热应力影响不大）、工件强度较高，导致残留奥氏体较多、组织应力较小，故工件容易保留热应力引起的变形。

2）钢的原始组织

原始组织的比体积越大，则淬火前后比体积差越小，从而可减小体积变形。一般索氏体组织淬火后的变形量小于珠光体组织，粒状珠光体的变形量小于片状珠光体。

夹杂物和带状组织对淬火变形也有影响。由于钢中夹杂物和带状组织沿轧制方向分布，故淬火变形有方向性，即沿着夹杂物伸长方向的尺寸变化将大于垂直方向。为此，在设计零件，特别是设计工模具时要特别注意，凡是要求尺寸变化小的几何方位都应该垂直轧制方向。

3）截面尺寸及形状不同工件

截面尺寸直接影响淬火后的淬硬层深度，截面尺寸越大，淬硬层越浅，热应力对变形的作用越大；反之，截面尺寸越小，淬硬层越深，则组织应力对变形的作用越大。

淬火工件截面形状不同，淬火冷却时的冷却速度不同，这将影响淬硬层深度及淬火应力，从而影响变形。例如，工件棱角部位的冷却速度比平面部位快，而平面部位的冷却速度又比凹槽等部位冷却速度快；外表面比内表面冷却快。形状简单、规则对称的工件畸变较小，且变形较规则、均匀；形状复杂、不对称、薄厚不均的工件，畸变较大，易产生弯曲、翘曲。

4）热处理工艺

淬火加热温度高，冷却时心部、表面温差增大，热应力相应提高；同时，使淬硬层深度增大，组织应力也提高。

冷速越快，则淬火应力越大，变形也相应增大。其中，降低在 M_s 点以上的冷却速度可减小热应力引起的变形；降低在 M_s 点以下的冷却速度，可减小因剧烈的马氏体转变产生的组织应力而引起的变形（如分级淬火、等温淬火）。

5）淬火前残存应力及加热冷却不均匀对变形的影响

淬火前工件内残余应力没有消除、淬火加热装炉不当、淬火冷却不当等均会引起工件的扭曲变形。

此外，工件装炉和加热方式、工件装夹方式、工件淬火时淬入介质的方式，以及在冷却介质中的运动方式等，均对工件淬火变形有很大的影响，生产中应予以足够的重视。

5. 典型淬火变形实例分析

工件结构不对称时，截面上各处的冷却速度是不均匀的。不仅各部位的淬硬层厚度不同，还会引起各部位之间更大的热应力和组织应力，产生严重弯曲、翘曲和畸变。如图 3-31 所示的 45 钢制“T”形长零件，在 820 ℃时垂直入水淬火。图示 A 面为快冷面，而底面平面为慢冷面。如其变形以热应力为主导，则快冷面向上凸起。这是因为开始冷却时，快冷面先收缩，使工件在快冷面处略下凹，但由于快冷面的收缩受到了下面冷却较慢、收缩较小部分的牵制，在较高温度下快冷面金属发生不均匀的塑性拉伸，慢冷面金属出现不均匀的塑性压缩，造成快冷面伸长、慢冷面缩短的趋势，并导致工件弯曲、快冷面凸

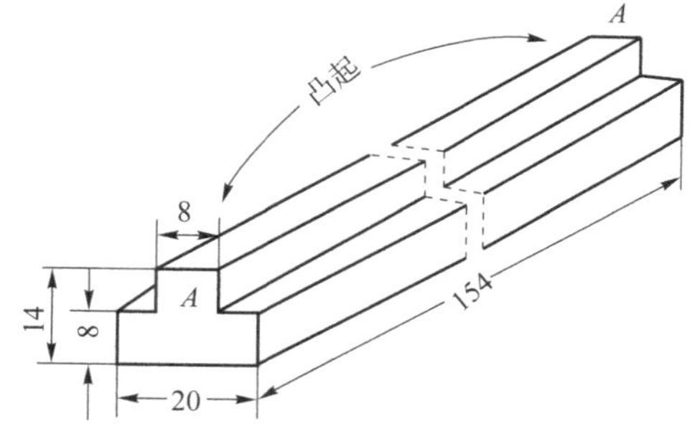

图 3-31　45 钢工件自 820 ℃垂直入水淬火时的变形

起。当继续冷却时，快冷面已处于低温，不再收缩（或很少），强度也显著升高，不会因慢冷面的收缩而引起塑性压缩，这就导致了工件向快冷面凸起的弯曲畸变。

如果工件材料的淬透性不大，只是快冷面淬硬，慢冷面不能淬硬，在随后的冷却中，快冷面先冷至 M_s 点以下，发生马氏体相变，快冷面进一步伸长，慢冷面仍处于奥氏体状态，继续冷却收缩，使工件继续向快冷面凸起。当慢冷面降至 M_s 点以下，发生马氏体转变时，因不能完全淬透，总的组织应力和相变体积效应较小，且快冷面已形成马氏体，有很高的屈服强度，不足以引起塑性压缩而使畸变反向，因此最后的畸变仍然是快冷面凸起。

显然，如果仅考虑组织应力，则变形的方向相反，即快冷面下凹。

当工件完全淬透的情况下，应该同时考虑组织应力及热应力，要具体考虑不同温度区域的冷却速度，以及钢中碳含量。

由此得出结论：截面形状不对称零件在热应力作用下，快冷面凸起；在慢冷面未淬透情况下，变形仍是快冷面凸起，而在慢冷面能淬透的情况下，由零件淬火应力中起主导作用的应力特性而定，如组织应力起主导作用，则慢冷面将凸起。

3.6.3 淬火裂纹

工件淬火冷却时，如其瞬时内应力超过该时钢材的断裂强度，将发生淬火开裂。因此产生淬火开裂的主要原因是淬火过程中所产生的淬火应力过大。研究指出，一般裂纹都是在淬火拉应力作用下产生的。淬火裂纹的实质是在淬火拉应力作用下造成的脆性断裂。若工件内存在着非金属夹杂物，碳化物偏析或其他割裂金属的粗大第二相，以及由于各种原因存在于工件中的微小裂纹，则这些地方钢材强度减弱。当淬火应力过大时，也将由此而引起淬火开裂。淬火裂纹的特征是：端部有尖角，断口呈银灰色，断口表面一般无脱碳层，裂纹比较平直；而锻造裂纹表面发生了脱碳，易与纯淬火裂纹区别开。

研究表明，热应力对变形影响较大，而造成开裂的可能性很小。这是因为高温时，钢的塑性较好，在冷却初期的热应力作用下，心部发生塑性变形而使应力降低，故不易开裂。冷却后期，热应力分布状态为表面受压，因此更不容易开裂。而相变应力呈表面受拉状态，加之马氏体较脆，故容易开裂。

1. 淬火裂纹的类型及形成原因

实践中，往往根据淬火裂纹特征来判断其产生的原因，从而采取措施预防其发生。

1）纵向裂纹

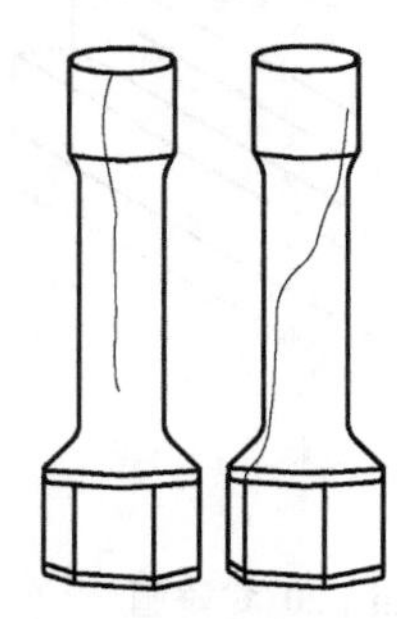

图 3-32　纵向裂纹

纵向裂纹又称轴向裂纹，其开裂的走向大体平行于轴向，一般是沿着工件轴向方向由表面裂向心部的深度较大的裂纹。它往往在钢件完全淬透情况下发生，并与钢的碳含量、工件尺寸及原材料缺陷等因素有关。其形状如图 3-32 所示。

从纵向裂纹方向看，裂纹应是切向拉应力作用引起而又常见于完全淬透的情况。因此，纵向裂纹是因淬火时组织应力过大，使最大切向拉应力大于该材料断裂抗力而发生。

纵向裂纹也可能是由于钢材沿轧制方向有严重带状夹杂物所致。该带状夹杂物所在处，在淬火切向拉应力的作用下促进裂纹发展而成为宏观的纵向裂纹，这时如果把钢材沿纵向截取试样，分析其夹杂物，常可发现有带状夹杂物存在。

纵向裂纹也可能由于淬火前既存裂纹（如锻造折叠、重皮或其他锻造裂纹）在淬火时切向拉应力的作用下扩展而成。这时如果垂直轴线方向截取金相试样观察附近情况可以发现裂纹表面有氧化皮，裂纹两侧有脱碳现象。

实践证明，工件的纵向开裂有明显的“尺寸效应”。直径小的工件，表面与心部温差小，淬火应力也小，不易淬裂；直径较大的工件表面层的热应力较大，心部淬不透，故冷却后心部受拉应力而表面受压应力，也不易产生开裂。在两者之间，在完全淬透情况下，工件有一个淬裂的“危险”尺寸，如碳素钢在水淬时该尺寸一般为直径 8~15 mm，而在油淬时该尺寸为直径 25~40 mm。对尺寸处于此范围的工件，应慎重选择淬火方法和淬火介质。

2）横向裂纹与弧形裂纹

横向裂纹大体与工件轴向垂直，由内往外断裂。横向裂纹常发生于未淬透的大型轴类零件上，如轧辊、汽轮机转子等均由热应力所引起。这是由于在淬硬与未淬硬区之间的过渡区存在一个很大的轴向拉应力，其值超过材料的断裂强度，即形成横向裂纹。另外大锻件往往存在着气孔、夹杂物、锻造裂纹和白点等冶金缺陷，这些缺陷作为断裂的起点在轴向拉应力作用下也容易发生断裂。

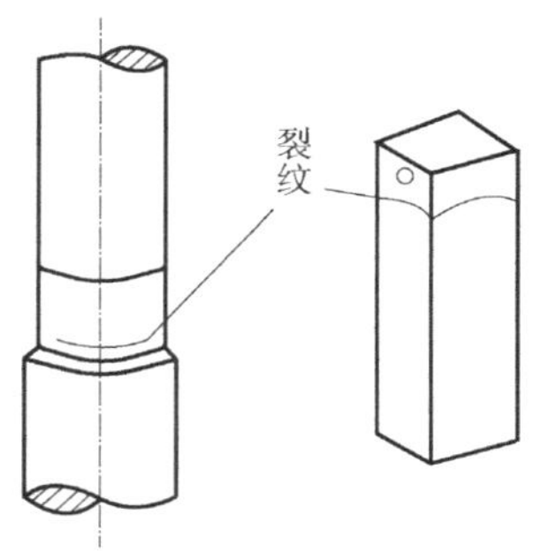

图 3-33　弧形裂纹

弧形裂纹也是由热应力引起的，主要产生于工件内部或尖锐棱角、凹槽及孔洞附近，呈弧形分布，如图 3-33 所示。在尖锐棱角处的冷却速度快，全淬透，在向平缓部位过渡时，同时也向未淬硬区过渡，此处出现最大拉应力区，因而出现弧形裂纹。由于销孔或凹槽部位或中心孔附近的冷却速度较慢，相应的淬硬层较薄，在淬硬过渡区附近拉应力也容易引起弧形裂纹。

3）表面网状裂纹

这是一种分布在工件表面的深度较小的裂纹，其深度一般为 0.01~1.5 mm。裂纹分布方向与工件形状无关，但与裂纹深度有关。图 3-34 为不同裂纹深度的表面裂纹形态示意图。由图可见，当裂纹深度较小时，工件表面形成细小的网状裂纹，如图 3-34（a）所示。当裂纹较深，如接近 1 mm 或更深时，则表面裂纹不一定呈网状分布，如图 3-34（d）所示。当工件表面由于某种原因呈现拉应力状态，且材料表面的塑性又很小，在拉应力作用下不能发生塑性变形时就出现这种裂纹。例如，表面脱碳工件，淬火时表层的马氏体因含碳量低，其比容比与其相邻的内层马氏体的小，因而脱碳的表面层呈现拉应力。当拉应力值达到或超过钢的断裂抗力时，则在脱碳层形成表面裂纹。

4）剥离裂纹

剥离裂纹又称表面剥落，裂纹平行于零件表面，如图 3-35 所示，主要发生在表面淬火件和化学热处理件，一般是沿淬硬层或扩散层发生表面剥落。例如，零件经渗碳淬火时，其渗碳层淬火成马氏体，其内部过渡层可能得到托氏体，心部则仍保持原始组织。由于马氏体的比体积大，膨胀时受到内部的牵制，使马氏体层呈现压应力状态，但接近马氏体层极薄的过渡层具有拉应力，剥离裂纹就产生在拉应力向压应力急剧过渡的极薄的区域内。

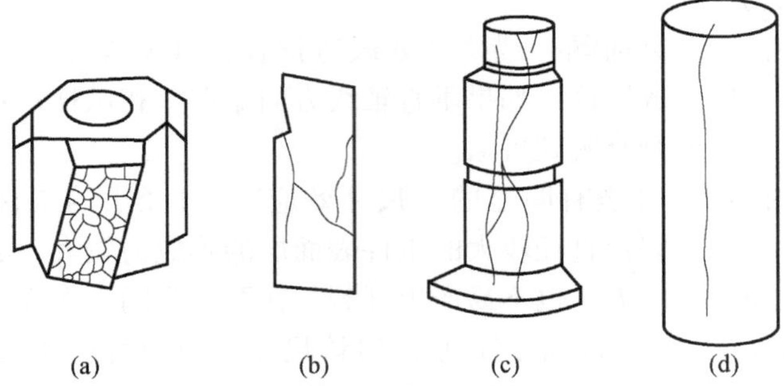

图 3-34　表面裂纹形态示意图

（a）裂纹深度为 0.02 mm；（b）裂纹深度为 0.4~0.5 mm
（c）裂纹深度为 0.6~0.7 mm（d）裂纹深度为 1.0~1.5 mm

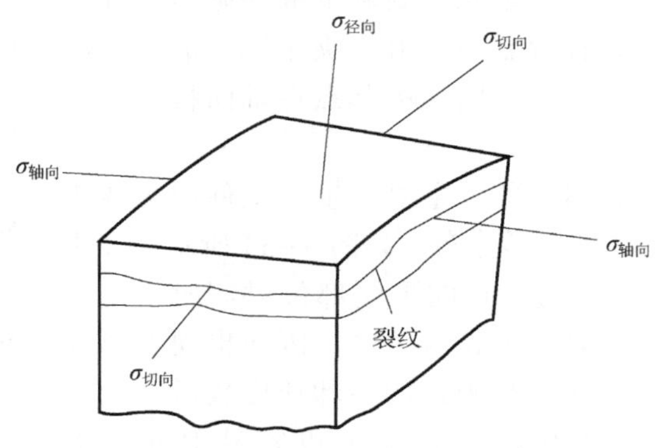

图 3-35　剥离裂纹

5）显微裂纹

前几种裂纹都是宏观内应力所致，而显微裂纹是由微观应力（第二类应力）造成的，这种裂纹需在显微镜下才能观察到。显微裂纹往往产生在原奥氏体晶界处或马氏体片的交界处，如图 3-36 所示。研究表明，显微裂纹多见于过热的高碳钢或渗碳件的片状马氏体中。显微裂纹会显著降低工件的强度、塑性等力学性能，威胁工件运转的安全性并导致零件的早期断裂。

图 3-36　高碳钢（w_C=1.39%）淬火后马氏体片的交界处显微裂纹

应该指出，实际钢件淬火裂纹的产生原因及分布形式是很多的，有时可能是几种形式的裂纹交织在一起出现。遇到这种复杂情况，则应根据具体问题找出其产生原因，并确定有效的防止措施。

2. 影响淬火开裂的其他因素

淬火开裂是由于淬火过程中产生的内应力过大造成的，此外，还有一些其他因素也会导致淬火裂纹产生。

1）原材料的冶金缺陷

原材料中往往存在一些冶金缺陷，如疏松、夹杂、白点、偏析及带状组织等，都可能成为产生淬火裂纹的根源。如钢中大块非金属夹杂，与基体结合较弱，破坏基体金属的连续性，并造成应力集中，淬火时易由此产生裂纹。

2）锻造与轧制存在的缺陷

零件毛坯在锻造与轧制过程中，由于锻、轧工艺控制不当，可能形成裂纹或带状组织、过热、过烧及表面严重脱碳等缺陷，这些缺陷均易导致淬火开裂。在显微镜下进行观察时，往往发现这种裂纹两侧有高温氧化现象，并有氧化物夹杂。从宏观上看，裂纹面呈黑色，而淬火裂纹呈银灰色，裂纹的两侧无脱碳现象。

3）热处理工艺不当

以下几种情况也易形成淬火裂纹。

（1）零件加热温度过高，则奥氏体晶粒粗大，淬火后马氏体也粗大，使钢变脆（尤其对高碳钢），且同样冷却时会使淬火应力增大，故易产生裂纹。

（2）加热速度太快，则导热性差的高合金钢零件或形状复杂、尺寸较大的零件均易产生裂纹。

（3）在 M_s 以下冷却过快。

（4）未及时回火。

（5）双介质淬火时出水或出油温度掌握不当。

3.6.4　减少淬火畸变、防止淬火开裂的措施

要减少畸变和防止裂纹，不仅需要在热处理工艺和操作方面采取有效措施，而且要从工件结构设计以及工艺路线的安排上使冷、热加工密切结合，才能取得好的效果。

1）正确选材，合理设计

（1）正确选材。

对于形状复杂、截面尺寸相差悬殊的易变形工件或要求淬火变形极小的工件，一般应该选用淬透性较高的合金钢，采用油淬、分级或等温淬火，以减少畸变。不同的钢材具有不同的开裂倾向，一般碳含量低的钢比碳含量高的钢淬火开裂倾向小。

（2）合理设计结构。

设计时应使工件的结构形状有利于减少畸变和开裂，在满足使用要求的条件下，尽量减小截面厚薄悬殊，避免薄边和尖角，在工件截面变化处尽可能平滑过渡；工件的形状要求尽量对称；对于形状复杂的工件，可采用组合结构；或为使工件冷却均匀，适当增加工艺孔。合理与不合理的零件结构设计实例如图 3-37 所示。

（3）合理的技术要求。

合理的硬度要求有利于控制淬火畸变和防止开裂。有些工件如不要求全部淬硬，可以进行局部淬火，也可采取整体加热、局部强制冷却的方法。有些工件在满足使用要求的情况下，应尽量降低硬度要求。

2）正确的锻造与预备热处理

钢材中存在某些冶金缺陷，如偏析、疏松、夹杂和发纹等，易使工件淬火时发生开裂和无规则变形，一些结构钢中的带状组织以及高碳合金钢的碳化物偏析，不但会造成淬火畸

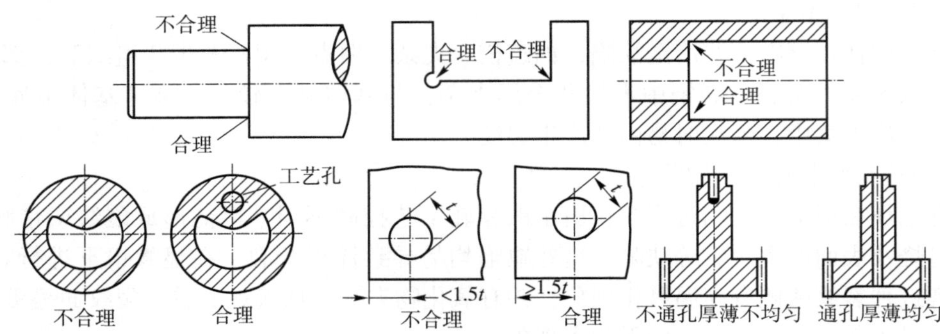

图 3-37　合理与不合理的零件结构设计实例

变，而且易淬裂。因此，为了降低工件的淬火畸变和开裂倾向、提高工件使用性能，往往需要将钢材进行锻造，以改善其组织，特别是消除带状组织和改善碳化物分布状况。对于某些形状复杂、精度要求较高的工件，在粗加工与精加工之间，或在淬火以前，需进行去应力退火。

3）冷、热加工密切配合

为了控制和减少淬火畸变，冷、热加工必须密切配合。例如，对一些工件薄弱部分，淬火前预留大的加工余量，淬火后再加工到所需尺寸。对易变形的形状不规则工件，尽量在淬火前留肋，淬火后予以切除；也可以通过预先摸索淬火畸变规律，在机械加工时预留变形余量。

4）正确制定热处理工艺

在生产中，经常会遇到一些形状特殊的工件，如细长件、薄壁大圆筒等。还有些受加热条件限制，在热处理后不再加工的工件，如型腔复杂的模具、螺纹刀具、锥齿轮，都要求在热处理后有极小的变形。为此，热处理工作者应发挥主观能动性，采用合理的工艺，控制与减少热处理畸变，防止开裂。一般可采取以下一些措施。

（1）控制加热速度：由于工件加热速度过快，产生过大的热应力，以致造成畸变甚至开裂。因此，对于大型锻模及高速钢、高合金钢工件，或是形状复杂、厚薄不均、变形要求小的工件，一般都要经过预热或限制加热速度，尽可能做到加热均匀。

（2）正确选择加热温度：选择淬火下限温度，可减小冷却时的热应力，减少淬火。如有些工厂将 45 钢淬火温度降到 780～800 ℃，将 T8～T10 钢淬火温度降到 740～760 ℃。但有时为了调整变形量，也可把淬火温度适当提高，特别是对高碳合金钢（如 CrWMn、Crl2MoV 等）工件，可以通过调整加热温度来改变钢的 M_s 点，以控制残留奥氏体的数量，从而达到调节工件变形的目的。

（3）正确地选择淬火方法和淬火介质：在满足性能要求的前提下，应尽可能选用较缓慢的淬火介质进行淬火，或采用预冷淬火、分级淬火、等温淬火，以减少畸变，防止开裂。

（4）进行及时、正确的回火：对于形状复杂的高碳钢和合金钢，淬火后及时回火尤为重要。

5）正确的热处理操作

（1）淬火前加以保护：对一些不要求淬硬的孔用石棉、耐火泥等堵塞；截面突变处用铁丝或石棉绑扎，尖角处可用铁皮套上；对一些容易变形的部分如槽形工件，可用螺钉等固定。

（2）正确装炉、吊扎和放置装炉方式：要使工件能均匀加热，避免因加热不均匀而引起的变形。工件加热时，要放置平稳，如果炉底板不平，应设法找平后再加热。图 3-38 为盐炉单件加热绑扎示例，图 3-39 为井式炉单件加热吊挂示例。

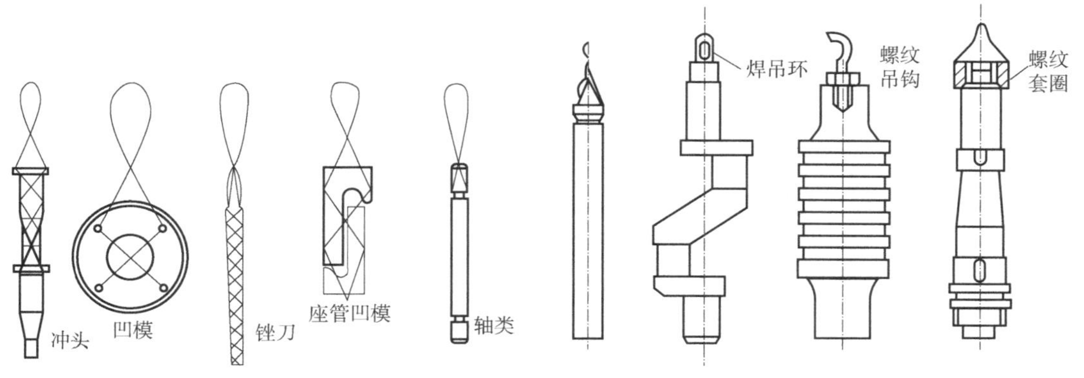

图 3-38　盐炉单件加热绑扎示例　　**图 3-39　井式炉单件加热吊挂示例**

6）采用压力机淬火

对于一些生产批量大的薄壁圈类、薄板形零件，形状复杂的凸轮盘和锥齿轮等，在自由状态冷却时，很难保证尺寸精度要求，为此可以采用压力机淬火，即将工件置于一些专用的压力机模具中淬火，可使畸变达到所要求的范围。

在大批量生产中，当掌握了工件淬火变形规律后，即可预先施加反向变形，使之与淬火变形相互抵消。

3.7　淬火新工艺的发展与应用

在长期的生产实践和科学实验中，人们对金属内部组织状态变化规律的认识不断深入，淬火新工艺也层出不穷，择要简述如下。

3.7.1　淬火加热新方法

1. 脉冲淬火

脉冲淬火是用高功率密度的脉冲能束使工件表层加热奥氏体化，热量随即在极短的时间内传入工件内部的自冷淬火。其加热速度极快，工件畸变极小，适用于加工木材和金属的切削工具，以及照相机、钟表等极小、极薄的易磨损零件或细小内孔的淬火加热等。

脉冲淬火的工件，晶粒非常细小，硬度大幅度提高，并显著提高了耐磨性、断裂韧度及疲劳强度等。

实现高功率加热淬火，可应用高频脉冲感应加热（所使用的频率为 12 MHz、27 MHz），脉冲电流直接加热，还可用等离子射线、激光和电子束加热等方式。

2. 太阳能加热淬火

太阳能加热热处理是一种节能的先进技术，通过聚焦、集热器等装置转化光能为

3 000 W/cm^2 的高密度能量，可用于金属表面淬火、回火和退火等热处理。

太阳能加热淬火工艺，用于40Cr13 不锈钢游标卡尺和 T10A 钢板打字模等的淬火、机枪枪体弹底窝局部硬化，以及球墨铸铁表面合金化，如在球体表面黏结 7.4 μm 厚的铬粉和碳化硼粉末，粉末干燥后用太阳能加热，得到的合金层组织硬度高（900HV 以上）、耐磨性好。铰刀韧带的硬化处理可应用太阳能对韧带扫描加热淬火，得到的硬度为 62HRC，表面轻微氧化，无明显畸变。

例如，W6Mo5Cr4V2 钢制刀片尺寸为 190 mm（长）×12 mm（宽）×2 mm（厚），淬火回火后硬度要求达到 62~66HRC。太阳能对钢的加热速度非常快，可以达到奥氏体晶粒的超细化。对已经加工完成的刀片，在夹具上用螺栓压板夹紧，每次装夹 10 个刀片，将夹紧的刀片放在新型太阳能热处理炉的焦平面位置的固定架上。经过照射 40 s，用红外测温仪测得刃口温度已达到 1 240 ℃，稍微调离焦点位置，保持刃口温度为 1 220~1 250 ℃，120 s 后取下夹具。

测试 10 片刀片，刃口的硬度为 62~66HRC，淬硬层深度为 5~7 mm，完全符合技术要求，再经 560 ℃×1 h 回火 3 次，回火后磨削开刃。用这种方法共处理了 200 片刀片，其硬度均为 61~67HRC。经过使用证明，没有发生折断和崩刃现象，使用寿命较盐浴整体淬火提高 3 倍。

3.7.2 数字化淬火冷却控制技术

数字化淬火冷却控制技术（ATQ），是指通过计算机模拟确定工艺，并在计算机控制下的淬火冷却设备上采用预冷与水、空气交替控时冷却的方法，实现对于用传统工艺和其他介质难以达到要求的工件的淬火。

大型塑料模具钢模块，如 P20 钢（3Cr2Mo）20 t、718 钢（3Cr2NiMo）20~30 t，其整体硬度要求为 280~325HBW（29~35HRC），同一截面硬度差≤3HRC，采用常规的整体淬火工艺很难达到要求；42CrMo 钢轴类件，尺寸为直径（300~500）mm×（4 000~7 000）mm，采用油淬时力学性能达不到要求，采用水淬时开裂；42CrMo4 钢（依据作废标准，相当于 42CrMo）船用曲轴，长度为 4 000~6 500 mm，主轴直径为 200~350 mm，淬火时法兰表面、法兰尖角、法兰与主轴颈的过渡圆角，以及曲柄斜面等部位易产生开裂。采用数字化淬火冷却控制技术，可解决上述问题。

数字化淬火冷却控制技术的核心是采用计算机模拟技术，确定淬火冷却工艺。其原理如下：图 3-40 为模块的表层、次表层和心部在水与空气为介质的交替淬火冷却过程中各部位的冷却曲线。淬火冷却分三阶段进行。在预冷阶段，模块采取空冷的方式缓慢冷却，直到模块表面冷却到 A_1 以上或以下的某一温度区间，其结果是减少了模块的热容量，加速了第二阶段的冷却效果。在水空交替淬火冷却阶段，采用快冷（水冷）与慢冷（空冷）交替的方式进行，模块在第 1 次水淬过程中，表层快冷到 M_s 点以下某一温度并保持一定时间后，在表层获得部分马氏体；模块在第 1 次空冷过程中，次表层的热量传向表层，使表层的温度升高，结果是表层刚刚转变的马氏体发生自回火使表层的韧性和应力状态得到调整，避免了表层马氏体组织产生开裂。然后再重复水与空气的交替淬火过程，直到模块某一部分的温度或组织达到要求。完成后，将模块放置在空气中自然冷却，直到模块的心部温度低于某一值后进行回火。

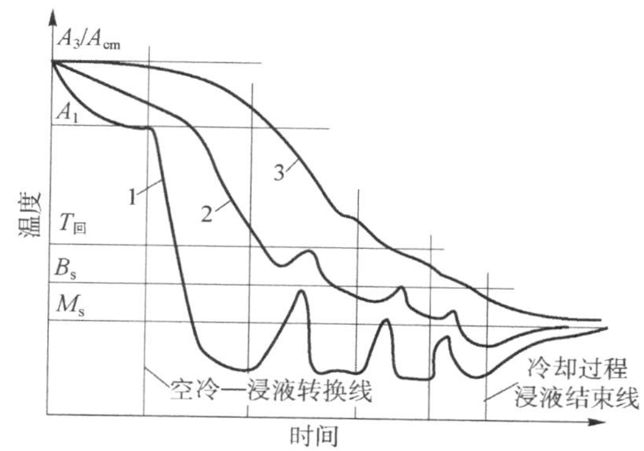

图 3-40　交替淬火冷却过程中各部位的冷却曲线

1—表层冷却曲线；2—次表层冷却曲线；3—心部冷却曲线

注：T_3/A_{cm}—奥氏体化温度；A_1—共析温度；$T_回$—回火温度；B_s—贝氏体转变开始温度；M_s—马氏体转变开始温度

例如，对于主轴径 220 mm 的曲轴（长度为 4 000~6 500 mm），采用 ATQ 技术淬火回火后的检测结果表明力学性能达到了要求，并且无开裂情况，同时曲轴淬火后不需要矫正即可以加工出成品。

3.7.3　晶粒超细化淬火

淬火、回火钢的强度与奥氏体晶粒大小有关，晶粒越细，强度越高，因而如何获得高于 10 级晶粒度的超细晶粒是提高钢的强度的重要途径之一。

1. 晶粒超细化循环淬火

钢经过奥氏体→马氏体多次相变重结晶可使晶粒不断细化；提高加热速度，增多结晶中心也可使晶粒细化。循环快速加热淬火即为根据这个原理获得超细晶粒从而达到强化的新工艺。目前认为尺寸<5 μm 的细晶才是超细晶粒。通常钢有三种晶粒超细化循环淬火方法。

1）晶粒超细化热循环淬火

钢的超细化热循环淬火工艺方法如图 3-41 所示。在图 3-41 规范中，钢件在 T_1、T_4 温度都不保温。在使用图 3-41（b）和图 3-41（c）规范时，钢件在 T_4 温度要等温保温一段时间。在图 3-41（c）的规范中，每一循环的最高加热温度不等，依次为 $T_1>T_2>T_3$，而最低加热温度 T_4 不变。由图可见，每一循环有一加热最高温度 T_1（高于钢的 Ac_3点）和最低温度 T_4（低于钢的 Ac_1点），钢件在此温度范围内往复进行加热和冷却，每一次通过相变点的加热都使晶粒细化，最终得到超细化晶粒。

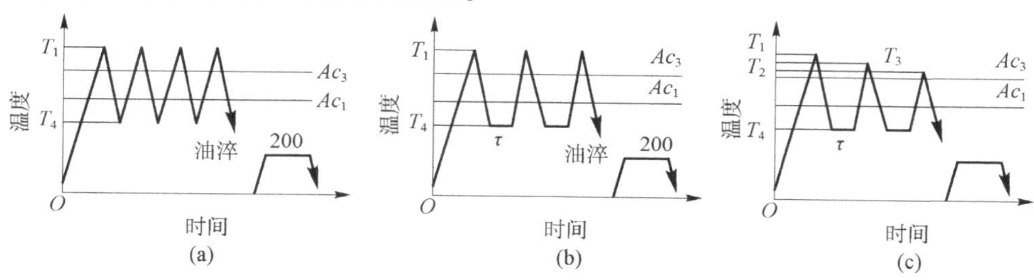

图 3-41　钢的超细化热循环淬火工艺曲线

2）晶粒超细化快速循环淬火

图 3-42 所示为 45 钢晶粒超细化的快速循环淬火工艺曲线，其过程是：钢件在铅浴中加热到 815 ℃（Ac_3点温度为 780 ℃）后快速冷却（淬火），如此往复 4 次后，可使原始 6 级的晶粒度细化到 12 级。38CrSi 钢（Ac_3点温度为 810 ℃）晶粒超细化的快速循环淬火工艺：880 ℃循环 3 次，淬火保温 12 min，晶粒由原始 20 μm 细化到 5.2 μm。

3）晶粒超细化摆动循环淬火

此法的工艺曲线如图 3-43 所示。其过程是：将钢件加热到 Ac_3 以上的正常淬火加热温度，保温适当时间之后，冷却到 Ar_1。冲裁凸、凹模采用此工艺进行 4 次循环处理，770～780 ℃加热，660～670 ℃等温，最后一次淬火后再进行 200 ℃×2 h 回火。比法可使模具平均使用寿命提高 3 倍以上。

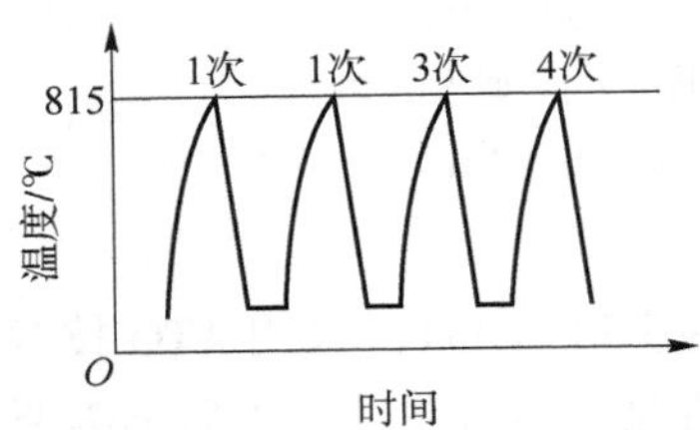

图 3-42　45 钢晶粒超细化的快速循环淬火工艺曲线

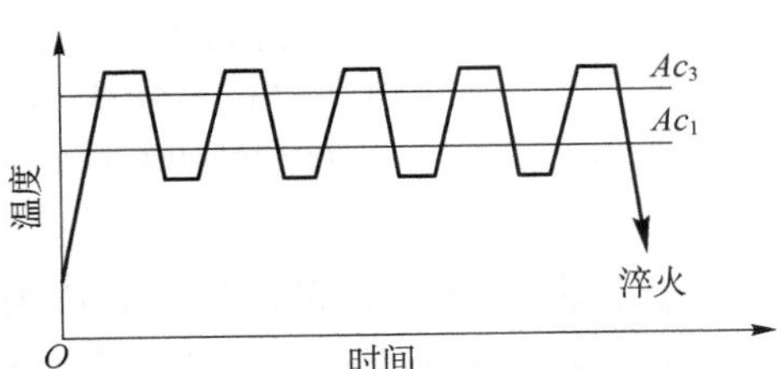

图 3-43　晶粒超细化摆动循环淬火工艺曲线

2. 晶粒超细化的高温形变淬火

将高温形变与再结晶相结合的晶粒超细化淬火方法。其工艺过程是：钢经完全奥氏体化并进行大形变量的形变，再保温适当时间后淬火。由于在形变过程和保温时间内形变奥氏体进行了动态和静态再结晶而得到了超细化的奥氏体晶粒。形变后的保温时间必须严格控制，以防晶粒粗化。

3.7.4　提高韧性的淬火新方法

1. 高温淬火

这里高温是相对正常淬火加热温度而言，低碳钢和中碳钢若用较高的淬火温度，则可得到板条马氏体，增加板条马氏体数量，可获得良好的综合性能。

从奥氏体的碳含量与马氏体形态关系的实验证明，碳含量小于 0.3%的钢淬火所得的全为板条马氏体。但是，普通低碳钢淬透性极差，若要获得马氏体，除合金化提高过冷奥氏体的稳定性外，还需提高奥氏体化温度和加强淬火冷却，如用 16Mn 钢制造五铧犁犁臂，采用 940 ℃在 10%NaOH 水溶液中淬火并低温回火，可获得良好效果。

中碳钢经高温淬火可使奥氏体成分均匀，得到较多的板条马氏体，以提高其综合性能。例如，ABSI4340 钢，870 ℃淬油后，200 ℃回火，其屈服强度 $\sigma_{0.2}$为 1 621 MPa，断裂韧性 K_{IC}为 67.6 MPa · $m^{\frac{1}{2}}$，而在 1 200 ℃加热，预冷至 870 ℃淬油后 200 ℃回火，屈服强度 $\sigma_{0.2}$为 1 586 MPa，断裂韧性 K_{IC}为 81.8 MPa · $m^{\frac{1}{2}}$。若在淬火状态进行比较，高温淬火的断裂韧性比普通淬火的几乎提高一倍。金相分析表明，高温淬火避免了片状马氏体（孪晶马氏体）

的出现，全部获得了板条马氏体。此外，在马氏体板条外面包着层厚 100～200 Å 的残留奥氏体，能对裂纹尖端应力集中起到缓冲作用，因而提高了断裂韧性。

2. 高碳钢低温、快速、短时加热淬火

高碳钢件一般在低温回火条件下，虽然具有很高的强度，但韧性和塑性很低。为了改善这些性能，目前采用了一些特殊的新工艺对高碳低合金钢，采用快速、短时加热的方法。因为高碳低合金钢的淬火加热温度一般仅稍高于 Ac_1 点，碳化物的溶解、奥氏体的均匀化，靠延长时间来达到。如果采用快速、短时加热，奥氏体中含碳量低，因而可以提高韧性。如 T10V 钢制凿岩机活塞，采用 720 ℃预热 16 min，850 ℃盐浴短时加热 8 min 淬火，220 ℃回火 72 min，其使用寿命大幅延长。

如前所述，高合金工具钢一般采用比 Ac_3 点高得多的淬火温度，如果降低淬火温度，使奥氏体中碳含量及合金元素含量降低，则可提高韧性。例如，用 W18CrV 高速钢制冷作模具，采用 1 190 ℃低温淬火，其强度和耐磨性比其他冷作模具钢高，并且韧性也较好。

3. 亚共析钢的亚温淬火

亚共析钢在 Ac_1～Ac_3 的温度加热淬火称为亚温淬火，即比正常淬火温度低的温度下淬火，其目的是提高冲击韧性值，降低冷脆转变温度及回火脆倾向性。有人研究了 30CrMnSi 钢不同淬火状态的冲击韧性及硬度与回火温度的关系，得到如图 3-44 所示的关系，由图可见，经 930 ℃淬火+650 ℃回火+800 ℃亚温淬火的韧性，随着回火温度的升高而单调提高。没有回火脆性，亚温淬火之所以能提高韧性及消除回火脆性的原因尚不清楚，有人认为主要是由于残存着铁素体，脆化杂质原子 P、Sb 等在铁素体富集。

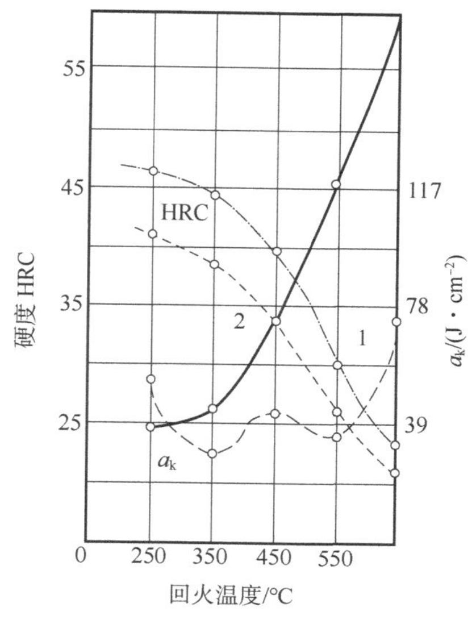

图 3-44　30CrMnSi 钢不同淬火状态力学性能比较

1—普通淬火（930 ℃）；2—亚温淬火（930 ℃淬火+650 ℃回火+800 ℃亚温淬火）

有人研究了直接应用亚温淬火（不是作为中间处理的再加热淬火）时淬火温度对 45、40 及 60Si2 钢力学性能的影响，发现在 Ac_1～Ac_3 的淬火温度对力学性能的影响有一极大值，即在 Ac_3 以下 5～10 ℃处淬火时，硬度、强度及冲击值都达到最大值，且略高于普通正常淬火，而在稍高于 Ac_1 的某个温度淬火时冲击值最低。这可能是由于淬火组织为大量铁素体及高碳马氏体。

显然，亚温淬火对提高韧性、消除回火脆性有特殊、重要的意义，它既可在预淬火后进行，也可直接进行。淬火温度究竟应选择多高，实验数据尚不充分，看法不完全一致。但是为了保证足够的强度，并使残余铁素体均匀细小，亚温淬火温度选在稍低于 Ac_3 的温度为宜。

3.7.5　等温淬火的发展

近年来的大量实践证明，在同等硬度或强度条件下，等温淬火的韧性和断裂韧性比淬火低温回火的高。因此，人们在工艺上如何设法获得下贝氏体组织做出了很多努力，发展了不少等温淬火的方法，现简单介绍如下。

1. 预冷等温淬火

该法采用两个温度不等的盐浴，工件加热后，先在温度较低的盐浴中进行冷却，然后转入等温淬火浴槽中进行下贝氏体转变，再取出后空冷。该法适用于淬透性较差或尺寸较大的工件。用低温盐浴预冷以增加冷却速度，避免自高温冷却时发生部分珠光体或上贝氏体转变。例如，(0.5%~0.5%) C+0.5%Mn 钢制 3 mm 厚的收割机刀片，用普通等温淬火硬度达不到要求，而改用先在 250 ℃盐浴中冷却 30 s，然后移入 320 ℃盐浴中保持 30 min，则达到要求。

2. 预淬等温淬火

将加热好的工件先淬入温度低于 M_s 点的热浴以获得>10%的马氏体，然后移入等温淬火槽中等温进行下贝氏体转变，取出空冷，再根据性能要求进行适当的低温回火，如图 3-45 所示。当预淬中获得的马氏体量不多时，也可以不进行回火。该法是利用预淬所得的马氏体对贝氏体的催化作用，来缩短贝氏体等温转变所需时间。因而该法适用于某些工具钢下贝氏体等温转变需要较长时间的场合。

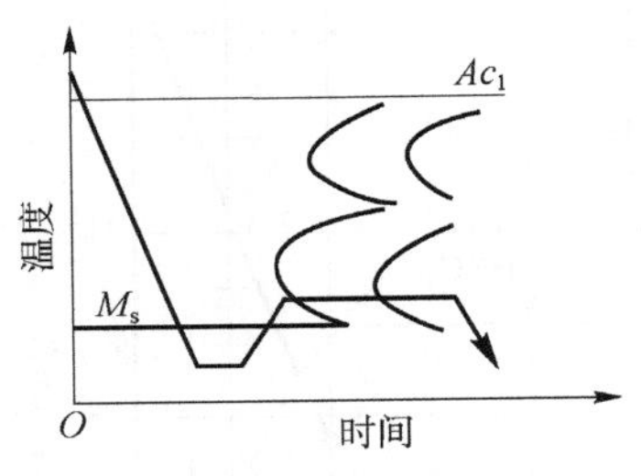

图 3-45　预淬等温淬火工艺曲线

在等温转变过程中，预淬得到的马氏体进行了回火。例如，CrWMn 钢制精密丝杠预淬等温淬火工艺。由加热温度油淬至 160~200 ℃，并热校直至 80~100 ℃时，马氏体转变约为 50%，塑性尚好，其余 50%过冷奥氏体在 230~240 ℃等温转变。这样处理，显著减少了淬火应力，防止了淬火裂纹和磨削裂纹，残留奥氏体量也由普通油淬的 17%降至 5%，韧性提高 1 倍，尺寸变化减少。

3. 分级等温淬火

在进行下贝氏体等温转变之前，先在中温区进行一次（或二次）分级冷却的工艺。该种工艺可减少热应力及组织应力，工件变形开裂倾向性小，同时还能保持强度、塑性的良好配合，适合于高合金钢（如高速钢等）复杂形状工具的热处理。

3.8　钢的回火

钢件淬火后一般不能直接使用，其原因：首先，淬火后虽硬度、强度大幅提高，但塑性、韧性较差；其次，淬火钢中的马氏体、残留奥氏体等都是不稳定组织，有向稳定组织转变的强烈趋势；另外，淬火件的内应力较大，如不及时消除，会引起工件的畸变甚至开裂。因此淬火工件应进行适当温度的回火，即将淬硬后的工件重新加热到 Ac_1 以下的某一温度，保温一定时间，使其转变为稳定的回火组织，然后冷却到室温的热处理工艺。

回火的目的是：

(1) 减少或消除淬火时产生的淬火应力；

(2) 获得硬度、强度、塑性和韧性的适当配合，以满足各种用途工件的性能要求；

(3) 稳定工件尺寸，使钢的组织在使用过程中不发生变化。

3.8.1　回火工艺参数的确定

1. 回火温度

淬火钢回火后的力学性能，常以硬度来衡量。因为对同种钢来说，在淬火后组织状态相同的情况下，如果回火后的硬度相同，则其他力学性能指标（σ_b、σ_s、ψ、a_k）基本上也相同，而在生产上测量硬度又很方便。因此，生产中通常按回火硬度来选择回火温度。常用的方法有以下几种。

1）计算+图解法

利用回火特性来计算回火温度以及回火时间。

图 3-46 为 $w_C=0.98\%$ 钢不同回火温度和回火时间对硬度的影响。由图可见，在回火初期，硬度下降很快，但回火时间增加至 1 h 后，硬度继续下降，但下降的幅度很小，由此可见，淬火钢回火后的硬度主要取决于回火温度。

根据图 3-46 的规律，可以把温度和时间的综合影响归纳为一参数 M 表示，即

$$M = T(C + \lg \tau) \tag{3-1}$$

式中　T——回火温度，K；

τ——回火时间，s 或 h；

C——与碳含量有关的常数，一般随着碳含量增加，C 值减小。

图 3-47 为常数 C 与碳含量关系图。

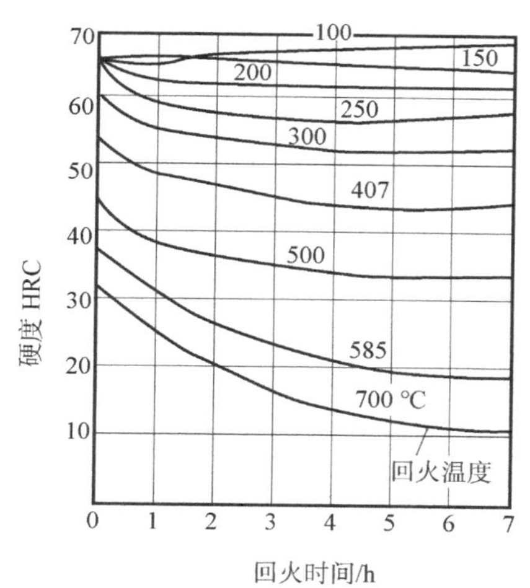

图 3-46　回火温度和时间对淬火钢回火后硬度的影响（$w_C=0.98\%$）

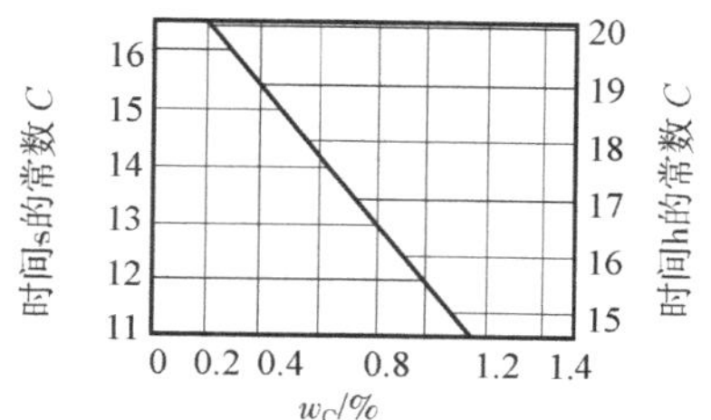

图 3-47　参数 M 中常数 C 与碳含量的关系

不同钢种都可以得出淬火回火后硬度与 M 的关系曲线。根据此曲线，可按要求获得的硬度来确定参数 M，从而确定回火规程。图 3-48 为 45 钢硬度与参数 M 的关系，其中虚线为淬成马氏体的钢回火后的硬度。图 3-48 还画出了没有完全淬成马氏体的组织回火后硬度与回火参数的关系。由图看到，淬火后硬度稍低于全淬成马氏体的组织的硬度曲线，在 M 值增大时高于淬成全马氏体的。这说明非马氏体组织回火时，其变化比马氏体慢。由此可以推断，在未完全淬透情况下，沿工件截面硬度差别随着回火温度的提高及回火时间的延长而

逐渐减小。

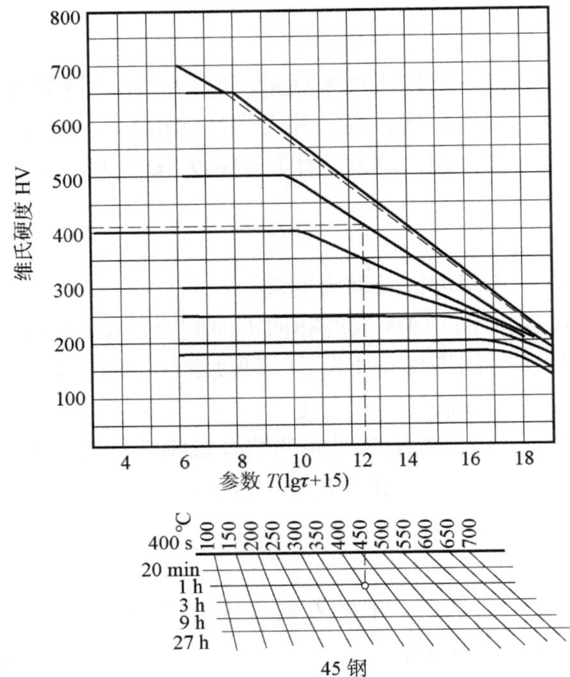

图 3-48　回火温度与时间（即参数 *M*）对不同淬火硬度的 45 钢回火硬度的影响

图 3-48 下面部分，作为用图解法由回火温度与回火时间求得 *M* 参数之用。例如，400 ℃回火 1 h，则可由下面的图中找到 400 ℃温度线与 1 h 的时间线交点，向上引垂线，与 *M* 参数即 *T*（lg τ+15）坐标相交即得；也可继续上引与对应淬火后某硬度值的硬度曲线相交，再引水平线与纵坐标相交，求得 45 钢在该条件下淬火回火的硬度值。

一般无二次硬化的合金钢的回火特性基本和碳钢类似，都可以用 *M* 参数来表征回火程度。但对具有二次硬化现象的钢则不同，不能简单地用 *M* 参数来表征回火程度。

2）查表法

经过长期生产经验数据的积累，已经制定许多钢材回火温度与硬度的对照表，可供制定工艺时使用。这些表在有关手册和资料中可以查到。

3）查图法

图 3-49 为共析碳钢的回火硬度与回火温度、时间的关系曲线。根据此曲线，即可确定回火温度和回火时间。

在实际中确定回火温度时，还应考虑各种影响因素，对回火温度进行调整。例如，同种钢，其化学成分（主要是碳含量）处于上限时，回火温度应偏高些；同一钢号，为获得同一硬度，水淬比油淬的回火温度要高些。当淬火后硬度低于规定值下限时，如果允许，则回火温度应适当降低；对于生产批量较大的工件，通常需要通过工艺试验来确定回火温度。

2. 回火时间的确定

回火时间应包括按工件截面均匀地达到回火温度所需加热时间，以及按 *M* 参数达到要求回火硬度完成组织转变所需的时间，如果考虑内应力的消除，则应考虑不同回火温度下应力弛豫所需要的时间。

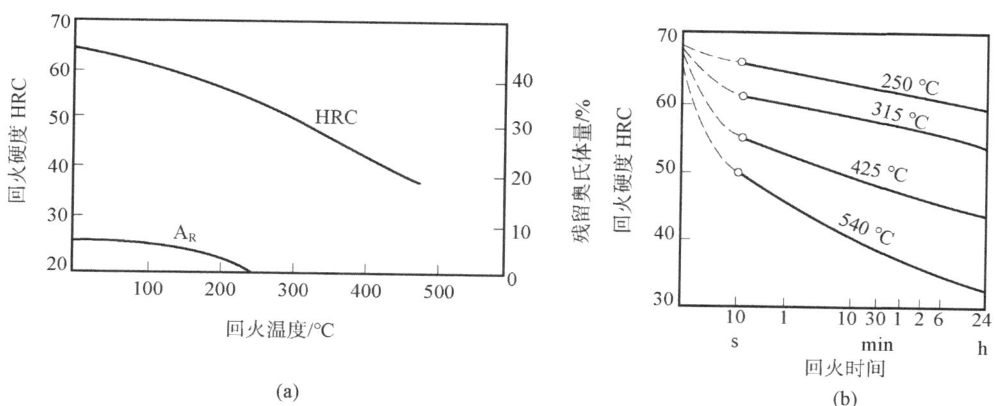

图 3-49　共析碳钢的回火硬度与回火温度、时间的关系曲线

（a）回火温度；（b）回火时间

加热至回火温度所需的时间，可按前述加热计算的方法进行计算。

对达到所要求的硬度需要回火时间的计算，从 *M* 参数出发，对不同钢种可得出不同的计算公式。例如，对 50 钢，回火后硬度与回火温度及时间的关系为

$$HRC=75-7.5\times10^{-3}\times(\lg\tau+11)T \tag{3-2}$$

对 40CrNiMo 的关系为

$$HRC=60-4\times10^{-3}\times(\lg\tau+11)T \tag{3-3}$$

式中　HRC——回火后所达到的硬度值；

τ——回火时间，h；

T—回火温度，℃。

若仅考虑透热及组织转变所需的时间，则常用钢的回火保温时间可参考表 3-7 确定。

表 3-7　回火保温时间参数

<table>
<tr><td colspan="8">低温回火（150～250 ℃）</td></tr>
<tr><td colspan="2">有效厚度/mm</td><td><25</td><td>25～50</td><td>50～75</td><td>75～100</td><td>100～125</td><td>125～150</td></tr>
<tr><td colspan="2">保温时间/min</td><td>30～60</td><td>60～120</td><td>120～180</td><td>180～240</td><td>240～270</td><td>270～300</td></tr>
<tr><td colspan="8">中、高温回火（250～650 ℃）</td></tr>
<tr><td colspan="2">有效厚度/mm</td><td><25</td><td>25～50</td><td>50～75</td><td>75～100</td><td>100～125</td><td>125～150</td></tr>
<tr><td rowspan="2">保温时间/min</td><td>盐炉</td><td>20～30</td><td>30～45</td><td>45～60</td><td>75～90</td><td>90～120</td><td>120～150</td></tr>
<tr><td>空气炉</td><td>40～60</td><td>70～90</td><td>100～120</td><td>150～180</td><td>180～210</td><td>210～240</td></tr>
</table>

一般组织转变时间有 30 min 即可，透热时间取决于温度、材料成分、工件的尺寸和形状、装炉量、加热方式等。回火温度高，回火时间则可短一些；合金钢的回火时间比碳钢要长些；工件尺寸和装炉量较大时，回火时间要长些；空气炉中回火比盐浴或油浴炉中时间长些；炉气强制对流比炉气静止的回火时间短一些。对二次硬化型高合金钢，其回火时间应根据碳化物转变过程通过试验确定。当含有较多残留奥氏体，而靠二次淬火消除时，还应确定

回火次数。例如，W18Cr4V 高速钢，为了使残留奥氏体充分转变成马氏体及消除残余应力，除了按二次硬化最佳温度回火，还需进行三次回火。

高合金渗碳钢渗碳后，消除残留奥氏体的高温回火保温时间应该根据过冷奥氏体等温转变动力学曲线确定，如 20Cr2Ni4 钢渗碳后，高温回火时间约为 8 h。

此外，还要考虑消除应力的需要。试验证明回火温度越低，消除应力所需要的时间应越长。例如，对以应力弛豫为主的低温回火时间应比表列数据长，可达几十小时。

3. 回火后的冷却

回火后工件一般在空气中冷却。对于一些工模具，回火后不允许水冷，以防止开裂。对于具有第二类回火脆性的钢件，回火后应进行油冷，以抑制回火脆性。对于性能要求较高的工件，在防止开裂条件下，可进行油冷或水冷，然后进行一次低温补充回火，以消除快冷产生的内应力。

3.8.2 回火的分类及应用

制定回火工艺，就是根据对工件使用性能的要求，依据钢的化学成分、淬火条件、淬火后的组织和性能，正确选择回火温度、保温时间和冷却方法。前已述及，工件回火后的硬度主要取决于回火温度。回火时间从保证组织转变、消除内应力及提高生产效率两方面考虑，一般为 1~2 h，通常采用空冷。因此，回火工艺的制定主要是回火温度的选择和确定，而回火温度的选择和确定主要取决于工件使用性能、技术要求、钢种及淬火状态。

在生产中通常按所采用的温度将回火分成三类，即低温回火（150~250 ℃）、中温回火（350~500 ℃）和高温回火（>500 ℃）。

1. 低温回火（指温度低于 250 ℃的回火）

对要求具有高的强度、硬度、耐磨性及一定韧性的淬火工件，通常要进行低温回火，获得以回火马氏体组织为主的组织，淬火内应力得到部分消除，淬火产生的裂纹大部分得到愈合。因此，低温回火可以在很少降低硬度的同时使钢的韧性得到明显提高。低温回火一般用于以下几种情况。

（1）由中高碳钢制造的工具、模具、量具和滚动轴承钢都采用低温回火。

一般工具、模具、量具要求硬度高、耐磨及有足够的强度和韧性。此外，如滚动轴承，除上述要求外，还要求有高的接触疲劳强度，从而有高的使用寿命。对这些工具、模具、量具和机器零件一般均用碳素工具钢或低合金工具钢制造，淬火后具有较高的强度和硬度，其淬火组织主要为韧性极差的孪晶马氏体，有较大的淬火内应力和较多的微裂纹，故应及时回火。这类钢一般采用 180~200 ℃的温度回火。因为在 200 ℃回火能使孪晶马氏体中过饱和固溶的碳原子沉淀析出弥散分布的 ε-碳化物，既可提高钢的韧性，又可保持钢的硬度、强度和耐磨性；在 200 ℃回火大部分微裂纹已经焊合，可大大减轻工件脆裂倾向，低温回火以后得到隐晶的回火马氏体及在其上分布的均匀细小的碳化物颗粒，硬度为 61~65HRC。对高碳轴承钢，如 GCr15、GCrSiMnV 等钢通常采用（160±5）℃的低温回火，可保证一定硬度条件下有较好的综合力学性能及尺寸稳定性，对有些精密轴承，为了进一步减少残留奥氏体量以保持工作条件下尺寸和性能稳定性，可采用较高温度（200~250 ℃）和较长回火时间（约 8 h）的低温回火来代替冷处理取得良好的效果。

（2）精密量具和高精度配合的结构零件采用低温长时间回火。

精密量具和高精度配合的结构零件在淬火后进行 120～150 ℃下较长时间（12 h，甚至几十小时）的回火，目的是稳定组织及最大限度地减少内应力，从而使尺寸稳定。这种低温回火，常被称作时效。

（3）低碳马氏体的低温回火。

低碳位错型马氏体具有较高的强度和韧性，经低温回火后，可以减少内应力，进一步提高强度和韧性。因此，低碳钢淬火以获得板条（位错型）马氏体为目的，淬火后均经低温回火。

（4）渗碳钢淬火后的低温回火。

渗碳淬火工件要求表面具有高碳钢性能和心部具有低碳马氏体的性能。这两种情况都要求低温回火，一般回火温度不超过 200 ℃。回火后其表面具有高的硬度，而心部具有高的强度、塑性和韧性。

2. 中温回火（350～500 ℃）

中温回火主要用于处理弹簧钢，回火后得到回火托氏体组织。

中温回火温度区间处于一般碳钢及低合金钢回火的第三阶段。此时，碳化物已经开始集聚，基体也开始恢复，第二类内应力基本消失，因而有较高的弹性极限，又有较高的韧性和疲劳强度。

应该根据所采用的钢种选择回火温度，以获得最高弹性的极限，较高的强度和硬度，良好的塑、韧性和疲劳强度。例如，65 碳钢在 380 ℃回火，可得最高弹性极限；而 55SiMn 在 480 ℃回火，可获得疲劳极限、弹性极限及强度与韧性的良好配合。

为了避免第一类回火脆性，不应采用 300 ℃左右的温度回火。

3. 高温回火（>500 ℃）

在这一温度区间回火的工件，常见的有以下几类。

（1）调质处理，即淬火加高温回火，以获得回火索氏体组织。这种处理主要用于中碳碳素结构钢或低合金结构钢，以获得良好的综合力学性能，一般调质处理的回火温度选择 600 ℃以上。

与正火处理相比，钢经调质处理后，在硬度相同条件下，钢的屈服强度、韧性和塑性明显地提高。

一般中碳钢及中碳低合金钢的淬透性有限，在调质处理淬火时常不能完全淬透。因此，在高温回火时，实际上为混合组织的回火。前已述及，非马氏体组织在回火加热时仍发生变化，仅其速度比马氏体慢，见图 3-48。这种变化对于片状珠光体来说，就是其中的渗碳体片球化。众所周知，在单位体积内渗碳体相界面积相同的情况下，球状珠光体的综合力学性能优于片状珠光体，因此对未淬透部分来说，经高温回火后其综合力学性能也应高于正火。

调质处理一般用于发动机曲轴、连杆、连杆螺栓、汽车和拖拉机半轴、机床主轴及齿轮等要求具有综合力学性能的零件。

（2）二次硬化型钢的回火。对一些具有二次硬化作用的高合金钢，如高速钢等，在淬火以后，需要利用高温回火来获得二次硬化的效果。从产生二次硬化的原因考虑，二次硬化必须在一定温度和时间条件下发生，因此有一最佳回火温度范围，此范围需视具体钢种而定。

（3）高合金渗碳钢的回火。高合金渗碳钢渗碳以后，由于其奥氏体非常稳定，即使在缓慢冷却条件下也会转变成马氏体，并存在着大量残留奥氏体。渗碳后进行高温回火的目的是使马氏体和残留奥氏体分解，使渗碳层中的一部分碳和合金元素以碳化物形式析出，并集聚球化，得到回火索氏体组织，使钢的硬度降低，便于切削加工，同时还可减少后续淬火后渗层中的残留奥氏体量。

高合金钢渗碳层中残留奥氏体的分解可以按两种方式进行：一种是按奥氏体分解成珠光体的形式进行，此时回火温度应选择在珠光体转变“C”曲线的鼻部，以缩短回火时间，如20Cr2Ni4钢渗碳后在600~680 ℃温度内进行回火；另一种是以二次淬火方式使残留奥氏体转变成马氏体，如渗碳18Cr2Ni4WA钢。因为18Cr2Ni4WA钢没有珠光体转变，故其残留奥氏体不能以珠光体转变的方式分解，此时若考虑残留奥氏体的转变，应该选用有利于促进马氏体转变的温度回火。

3.9 淬火和回火缺陷及案例分析

3.9.1 淬火缺陷及其预防与补救

钢件淬火时最常见的缺陷有变形、开裂、氧化、脱碳、硬度不足或不均匀、表面腐蚀、过热、过烧以及其他按照质量检验标准规定的金相组织不合格等。

淬火件的变形、开裂的成因及减少淬火畸变、防止淬火开裂的措施如前所述。关于氧化、脱碳以及过热、过烧等缺陷也已在前面章节中讲述过，此处不再重复。下面主要讲述造成硬度不足、硬度不均匀以及其他组织缺陷的原因以及预防和补救措施。

1. 硬度不足

造成淬火工件硬度不足的原因有：

（1）加热温度过低，保温时间不足。检查金相组织，在亚共析钢中可以看到未溶铁素体，在工具钢中可看到较多未溶碳化物。

（2）表面脱碳引起表面硬度不足。磨去表层后所测得的硬度比表面高。

（3）冷却速度不够，在金相组织上可以看到黑色托氏体沿晶界分布。

（4）钢材淬透性不够，截面大处淬不硬。

（5）采用中断淬火时，在水中停留时间过短，或自水中取出后，在空气中停留时间过长再转入油中，因冷却不足或自回火而导致硬度降低。

（6）工具钢淬火温度过高，残留奥氏体量过多，影响硬度。

当出现硬度不足时，应分析其原因，采取相应的措施。其中由于加热温度过高或过低引起的硬度不足，除对已出现缺陷进行回火，再重新加热淬火补救外，应严格管理炉温测控仪表，定期进行校正及检修。

2. 硬度不均匀

硬度不均匀，即工件淬火后有软点，产生淬火软点的原因有：

（1）工件表面有氧化皮及污垢等。

（2）淬火介质中有杂质，如水中有油，使淬火后产生软点。

（3）工件在淬火介质中冷却时，对冷却介质的搅动不够，没有及时赶走工件的凹槽及大截面处形成的气泡而产生软点。

（4）渗碳件表面碳浓度不均匀，淬火后硬度不均匀。

（5）淬火前原始组织不均匀，如有严重的碳化物偏析，或原始组织粗大，铁素体呈大块状分布等。

对前三种情况，可以进行再次加热，在恰当的冷却介质及冷却方式下淬火补救。

对后两种情况，如淬火后不再加工，一旦出现缺陷，很难补救。对尚未成型加工的工件，为了消除碳化物偏析或粗大，可用不同方向的锻打来改变其分布及形态。对粗大组织可再进行一次退火或正火，使组织细化及均匀化。

3. 组织缺陷

有些零件，根据服役条件，除要求一定的硬度外，还对金相组织有一定的要求。常见的金相组织缺陷有以下几种。

（1）马氏体组织粗大：马氏体粗大通常是过热所致，粗大马氏体会使力学性能尤其是韧性变差（对此应在重新淬火前进行一次退火）。碳素工具钢、合金工具钢工件，一般件要求马氏体针≤4 级，重要件马氏体针≤2 级。

（2）游离铁素体过多：对于亚共析钢，加热不足或淬火冷速不够均会造成游离铁素体过多。铁素体过量时易呈网状或块状，导致性能降低。

（3）网状组织：碳素工具钢或合金工具钢因原始组织不理想（如淬火前网状碳化物未除掉），或因淬火加热、冷却不当（如冷速慢导致沿奥氏体晶界析出托氏体等非马氏体组织），均会出现网状组织，使性能变坏。

（4）残留奥氏体量过多：高碳钢工件（如工具）通常对残留奥氏体量有一定要求，如果过量，会使工件强度、硬度降低。过多的残留奥氏体可通过深冷处理减少。

3.9.2　回火缺陷及其预防与补救

常见的回火缺陷有硬度过高或过低、硬度不均匀，以及回火产生变形及脆性等。

回火后硬度过高、过低或不均匀，主要是由回火温度过低、过高或炉温不均匀所造成的。回火后硬度过高还可能是由于回火时间过短。显然对这些问题，可以采用调整回火温度等措施来控制。

硬度不均匀的原因，可能是一次装炉量过多，或选用加热炉不当所致。如果回火在气体介质炉中进行，炉内应有气流循环风扇，否则炉内温度不可能均匀。

回火后工件发生变形，常是由回火前工件内应力不平衡，回火时应力松弛或产生应力重新分布所致。要避免回火后变形，或采用多次校直多次加热，或采用压具回火。

高速钢表面脱碳后，在回火过程中可能形成网状裂纹。因为表面脱碳后，马氏体的比容减少，以致产生多向拉应力而形成网状裂纹。此外，高碳钢件在回火时，如果加热过快，则表面先回火，比容减少，产生多向拉应力，从而产生网状裂纹。

回火后脆性的出现，主要是由所选回火温度不当，或回火后冷却速度不够（第二类回火脆性）所致。因此，防止脆性的出现，应正确选择回火温度和冷却方式。一旦出现回火脆性，对第一类回火脆性，只有通过重新加热淬火，另选温度回火；对第二类回火脆性，可以采取重新加热回火，然后以回火后快速冷却的方法消除。

3.9.3 淬火和回火处理案例与缺陷控制

1. 圆板牙的热处理及变形的控制

1）圆板牙的应用和材料的选择

圆板牙是用来加工外螺纹的专用工具，在切削过程中其切削锥部分必须有高的硬度和耐磨性，同时要具有良好的韧性和强度。圆板牙属于薄刃工具，其韧部所受的冲击力不大；制造的材料组织中应含有均匀分布的细小合金碳化物颗粒，淬透性好，淬火应力和变形小，只有这样才能保证上述技术要求。

9CrSi 钢为常见的合金工具钢，为过共析低合金工具钢，其主要化学成分为碳含量（0.85%~0.95%）、铬（含量 0.95%~1.25%）、硅（含量 1.20%~1.60%）。该钢的合金元素中硅不与碳结合，它在相变点 Ac_1 以上则完全溶入奥氏体，提高了过冷奥氏体在贝氏体转变区域的稳定性，故明显提高了该钢的淬透性，同时采用分级或等温淬火的工艺方法，既获得了高的硬度又减小了变形。9CrSi 钢退火后，由于硅能防止淬火马氏体析出的合金碳化物的聚集和回火时的分解，因此使其具有一定的回火稳定性。研究表明，该钢在 250~270 ℃温度回火，其硬度仍保持在 60HRC 以上，表现出在较高的切削速度和温度下，还具有良好的工作状态。由此可知，9CrSi 钢具有热处理变形小、良好的切削加工性及耐磨性和高韧性等特点，可以作为加工圆板牙的材料。

2）圆板牙的热处理工艺规范

一般圆板牙制造厂家的热处理工序为：预热→加热→冷却→清洗→硬度和金相检验→回火→硬度检验→清洗→发黑。

圆板牙热处理后的具体技术要求：基体平面硬度为 60~63HRC；针状马氏体级别不大于 3 级；螺纹中径的变形量符合要求，即过端塞规全部通过；内螺纹表面无氧化和脱碳；发黑处理后为棕红色或棕黑色。

圆板牙热处理工艺的制定应依据材料的淬透性和晶粒长大的倾向、球化组织的级别和具体的技术要求等，选用符合要求的热处理设备。分析该钢的“C”曲线可知其淬透性时间小于 10 s，故淬透性好。考虑到 9CrSi 钢中含有 Si 元素，故在加热过程中容易出现脱碳现象，因此圆板牙应在盐浴炉、可控气氛炉或真空炉中进行热处理，才能确保产品的技术要求。淬火温度分别在 850~860 ℃、870~880 ℃和 880~890 ℃时，其晶粒度分别为 8 级、7 级和 5 级。显然加热温度高，则奥氏体的晶粒粗大，力学性能变差，因此采用 850~860 ℃为宜。其淬火冷却方式有分级淬火、等温淬火和油冷等。研究表明，圆板牙螺纹中径的膨胀量同冷却方法有直接的关系，为控制螺纹中径的变化量，在实际热处理过程中，采用分级淬火或等温淬火。常见的圆板牙的热处理工艺曲线如图 3-50 所示。

3）圆板牙的热处理变形规律

硝盐的分级和等温淬火的规律为：当加热温度不变时，介质温度越低（>150 ℃），螺纹的收缩越大；当分级和等温温度恒定时，加热温度越高（在工艺范围内），则螺纹越胀大。因此，大规格板牙比小规格板牙的分级、等温温度高。

由此可见，淬火加热温度对螺纹的变形有重要的影响，降低加热温度可明显减小螺纹中径的胀大变形量，变形的实质为：由于加热温度的提高，奥氏体中碳和合金元素含量增加，造成淬火后马氏体比体积增大和组织应力引起的塑性变形增加。另外对其进行分级或等温淬

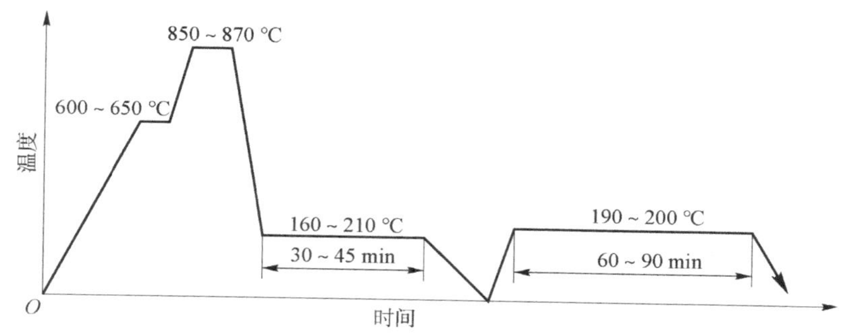

图 3-50　9CrSi 圆板牙的热处理工艺曲线

火，可以保持圆板牙内外温度的均匀一致性，有利于减少螺纹中径的胀量。研究表明，提高加热温度，主导应力方向的胀大变形量明显增加，尤其是超过一般加热温度（>870 ℃），螺纹的胀大变形量增加 0. 08%~0. 18%。

4）关于控制螺纹淬火的几点注意事项

（1）采用挂架加热时，不允许调整槽口向上，这样会使板牙开裂和变形概率的增加。

（2）对特大型板牙（≥M80）而言，尽管采用最低的分级等温温度（150 ℃），但螺孔依旧胀大（图 3-51），其原因在于板牙外层的冷却速度快，而内部冷却条件差，故外层首先收缩，对内部产生一定的压应力，加上内部有较高的温度，塑变抗力低，容易产生塑性变形，即造成表面大的部位向外伸展，而表面小的部位内缩。将板牙放入 45 钢制作的淬火夹具套圈内（图 3-52），由于套圈大大减小了外圈的冷却速度，使圆板牙内螺纹和外圆的冷却差缩小，故减小了内应力的作用，控制了圆板牙内径的胀大。另外降低加热温度（860 ℃），分级温度增至 180~190 ℃时，内径的变形也可控制在要求的范围内。

（3）大直径的圆板牙中心组织性能比小直径的差，为减小螺纹的变形应降低淬火加热的温度。

（4）由理论分析，提高等温或分级淬火温度，可使圆板牙的螺纹中径胀大；反之起到缩小的作用。而在实际热处理生产过程中，大规格的螺纹中径缩小而小规格胀大，即大规格的等温处理温度高于小规格的等温处理温度。

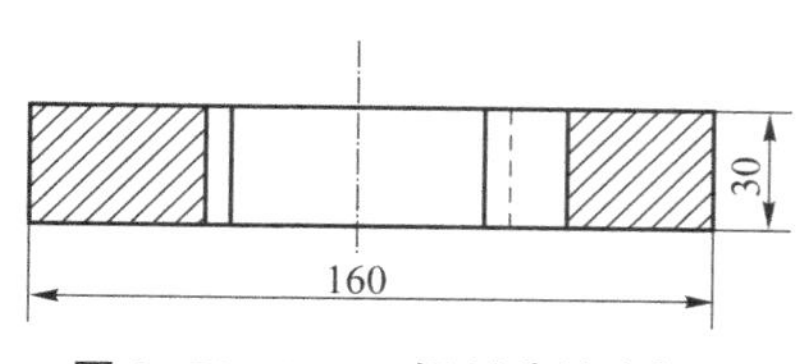

图 3-51　9CrSi 钢制造的大板牙

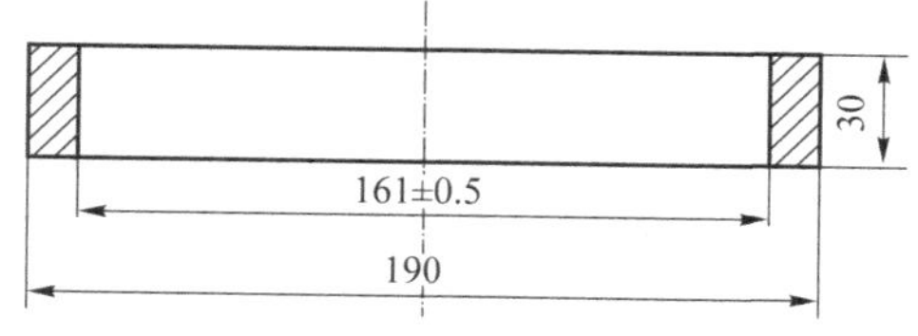

图 3-52　大型圆板牙用淬火套圈

2. 柴油机摆臂轴淬火剥落裂纹和防止措施

柴油机摆臂轴采用 45 钢制作，热处理技术要求整体硬度为 50~55HRC，马氏体级别小于 3 级，回火充分。具体热处理工艺为：在 820~850 ℃的中温盐浴中保温 7~8 min，冷却介质为温度在 30 ℃以下 10%的氯化钠水溶液，回火工艺为在 200~240 ℃硝盐溶液中保温 60~90 min。热处理后发现，在半径 2. 5 mm 与圆柱面的交接处出现开裂而剥落，如图 3-53 所示。半径 2.5 mm 开裂后边缘剥落出现缺陷的原因应从摆臂轴整个机械加工的流程进行分析。半径 2.5 mm 与圆柱面交接处采用车削加工手段，由于原材料在加工后（边缘处）产生严重的加工应力（内应力），而在淬火前又未及时消除，在热处理过程中边角处产生裂纹，因此导致表面的剥落。

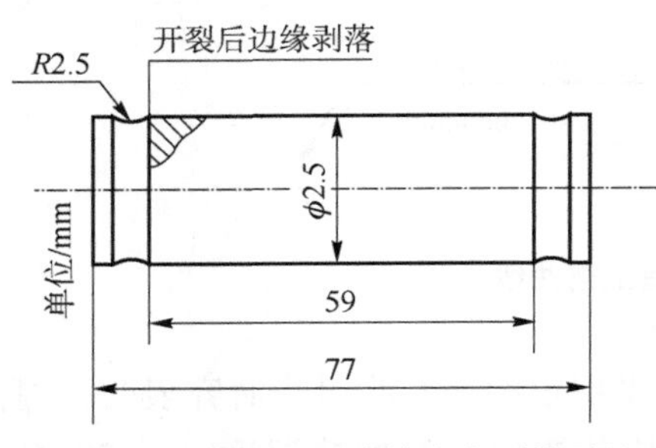

图 3-53 柴油机摆臂轴淬火剥落裂纹

如果摆臂轴在切削后进行 550～600 ℃的去应力退火处理，彻底消除加工造成的残余应力，则完全可以避免棱角、截面变化大的零件淬火裂纹的产生。也可采用表面淬火处理，如高频淬火，避开容易产生质量缺陷的部位。因此要充分考虑零件的机械加工过程可能对热处理变形和开裂的影响，尤其是对于薄壁、尖角、形状不对称、形状复杂、键槽、中心孔等，既要在零件的设计中尽可能地避免，也要采取一些必要的防范措施（如预冷、保护等），只有这样才能确保零件热处理后符合技术要求。

零件热处理前的原始组织状态和应力状态对零件的热处理质量有重要影响，一般零件在加工前应进行预备热处理（如退火、正火、调质处理等），为热处理提供合格的组织和为淬火做好准备，从而确保其基体的组织符合零件热处理的技术要求，同时改善零件应力状态，减少产生缺陷的因素。事实证明，对于形状复杂、截面突变、精度要求高、变形要求严格的零件，在热处理前或粗加工和精加工工序间增加去应力退火工序是十分必要的。另外，合理安排零件的工艺路线，即确定预备热处理、机械加工和热处理等工序的位置，是减少热处理过程中变形和开裂的有效的方法和措施。

3. M56 高速钢丝锥热处理回火硬度不足

大型机用丝锥材质为 W9Mo3Cr4V，经过淬火和回火后，丝锥方尾和端面的硬度值为 58～60HRC，不符合 63～66HRC 的技术要求，需要进行球化退火后才能进行重新返工处理。

经过对仪表记录和丝锥实物的检查，发现其淬火的温度低于规定的温度（要求 1 210～1 230 ℃，实际上为 1 190 ℃），晶粒度在 10.5～11 级，细于工艺要求的 9.5～10 级，组织中存在部分未溶解的碳化物，表明淬火的温度低，碳化物溶解较差。另外丝锥在进行分级淬火时（50%$BaCl_2$+30%KC1+20%NaCl）的温度为 640～650 ℃，高于规定的 560～590 ℃的分级温度。因此造成碳化物的部分分解，影响了丝锥高温回火后的产品硬度。最后，对该批丝锥重新进行球化退火，在脱氧彻底的盐炉中进行，退火后的硬度在 250HBW 以下，第二次淬火的温度为 1 120 ℃，并进行 580 ℃的分级淬火。返工丝锥的硬度为 63～65HRC，符合技术要求。

4. 高速钢滚刀产生的回火裂纹

对高速钢（W6Mo5Cr4V2）滚刀在冬季进行正常的盐浴淬火后，将整筐滚刀清洗干净转入高温回火炉回火，进行三次高温回火，冷至室温后检查硬度和晶粒度时发现滚刀的齿根处有裂纹，造成本批滚刀全部报废。检查滚刀的金相组织和硬度，晶粒度为 9.5～10 级，回火充分，没有粗晶现象，表面温度和加热时间符合工艺要求。对裂纹处进行检查，裂纹两侧晶粒均匀，无氧化脱碳，材料本身无偏析，组织正常。

通过以上分析可以看出，回火裂纹的产生同回火过程中快速冷却有关。调查中发现，为了缩短滚刀二次回火和三次回火的间隔时间，每次回火后均用电风扇强力吹风，滚刀表面快速冷却，而内部仍处于较高的温度，随后表面的残留奥氏体迅速转变为马氏体，二者之间的比体积有明显的不同，加上内外组织转变的不同时性和不一致性，造成表面体积膨胀，受拉应力的作用，内部为压应力，最后造成滚刀的表面开裂。

习题请扫二维码获取

习题答案

第4章

钢的表面淬火

在实际生产中，许多机器零件是在扭转、弯曲等交变载荷以及冲击载荷下工作的，表层受到摩擦、交变或脉动接触应力，有时还承受冲击。例如，传动轴、传动齿轮等。这些零件表面承受着比心部高的应力，因此要求在工作表面的有限深度范围内有高的强度、硬度和耐磨性，而其心部又要求有足够的塑性和韧性，以承受一定的冲击载荷。根据这一要求及金属材料淬火硬化的规律，发展了表面淬火工艺。

表面淬火是强化金属材料表面的重要手段之一。凡是可以通过淬火提高材料强度和硬度的金属材料，都可以通过表面淬火来强化其材料的表面。经表面淬火处理后的工件，可以获得“表硬心韧”的效果，即不仅表面具有高的硬度、强度和耐磨性，而且与工件预备热处理获得的心部组织相配合，兼具良好的强韧性和疲劳强度，因此，表面淬火在工业生产中被广泛应用。

本章将从表面淬火零件的工作条件出发，根据表面淬火的基本条件，讨论快速加热时组织转变的一些特点，以及表面淬火层组织结构与性能之间的一些关系，在此基础上来讲述目前比较成熟的，或者有发展前途的几种表面淬火工艺。

4.1 表面淬火概念及应用

1. 表面淬火概念

表面淬火是通过快速加热，使工件在表面有限深度范围内加热至相变点以上，然后迅速冷却，仅使工件表面一定深度范围内获得马氏体，以达到强化工件表面目的的热处理工艺方法。

齿轮、凸轮、曲轴及各种轴类零件在扭转、弯曲等交变载荷下工作，并承受摩擦和冲击，其表面要比心部承受更高的应力。表面淬火的目的是满足这一类零件的使用性能要求，通过在工件表面一定深度范围内获得马氏体组织，而心部仍保持着表面淬火前的组织状态(调质处理或正火状态)，从而获得零件要求的表面具有更高的硬度和耐磨性，而心部则保持一定的强度、足够的塑性和韧性，即获得表层硬而心部韧的性能。

仅使工件表面有限深度范围内迅速达到奥氏体化温度，而心部温度还很低，就必须给工件表面提供极高的热能量密度（一般热能量密度需要≥10^2 W/cm^2），使其表面快速加热到奥氏体化温度，而表面的热量还来不及向心部传递即冷却下来，使心部温度保持低温状态，因而心部不会发生相变。能够满足这种快速加热的方式有很多，根据热源不同，钢的表面淬火主要有感应加热表面淬火、激光加热表面淬火、火焰加热表面淬火等，另外还有电子束加热、电接触加热、电解液加热、等离子束和等红外线聚焦加热等多种加热方式的表面淬火。

由于上述加热方法各有其特点及局限性，故均在一定条件下获得应用，其中应用最普遍的是感应加热表面淬火及火焰加热表面淬火。激光束加热和电子束加热目前属于新型高能密度加热淬火方法，由于具有一些其他方法没有的优点，故已经获得一些应用。

2. 表面淬火的应用

表面淬火广泛应用于碳含量为 0. 4%~0. 5%的中碳调质钢或球墨铸铁制的机器零件。因为中碳调质钢经过调质或正火预处理以后，再进行表面淬火，既可以保持心部有较高的综合力学性能，又可使表面具有较高的硬度（>50HRC）和耐磨性，如机床主轴、齿轮、柴油机曲轴、凸轮轴等。基体相当于中碳钢成分的珠光体加铁素体基的灰铸铁、球墨铸铁、可锻铸铁、合金铸铁等原则上均可进行表面淬火，而以球墨铸铁的工艺性能为最好，且表面淬火后具有较高的综合力学性能，所以应用最广。

高碳钢表面淬火后，尽管表面硬度和耐磨性提高了，但心部的塑性及韧性较低，因此高碳钢的表面淬火主要用于承受较小冲击和交变载荷下工作的工具、量具及高冷硬轧辊。

低碳钢表面淬火后强化效果不显著，故很少应用。

4. 2　表面淬火工艺原理

4. 2. 1　钢在非平衡加热时的相变特点

如前所述，钢在表面淬火时，其基本条件是有足够的能量密度提供表面加热，使表面有足够快的速度达到相变点以上的温度。例如，高频感应加热表面淬火，其提供给表面的功率密度达15 000 W/cm^2，加热速度达 100 ℃/s 以上。因此，表面淬火时，钢处在非平衡加热状态下。钢在非平衡加热时有以下特点。

1. 加热速度对临界相变点的影响

图 4-1 为快速加热条件下非平衡的 $Fe-Fe_3C$ 相图。由图看出，相变点 Ac_3 及 Ac_{cm} 在快速加热时均随着加热速度的增加而向高温移动。但当加热速度达到某一范围时，所有亚共析钢的转变温度均相同。例如，当加热速度为 10^3 ~ 10^6 ℃/s 时，碳含量为0. 2%~0. 9%的钢的 Ac_3 点均约为 1 130 ℃。

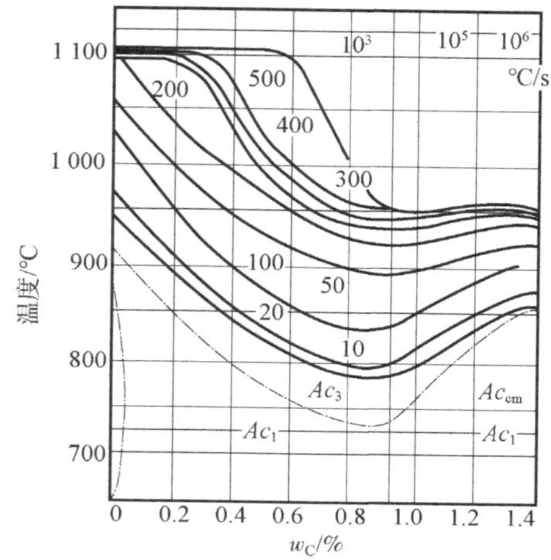

图 4-1　快速加热条件下的非平衡 $Fe-Fe_3C$ 相图

对 Ac_1 的影响不能一概而论，因为珠光体向奥氏体的转变在快速加热时不是一个恒定的温度，而是在一个温度范围内完成，如图 4-2 所示。加热速度越快，奥氏体形成温度范围越宽，但形成速度快，形成时间短。加热速度对奥氏体开始形成温度影响不大，但随着加热速度的提高，显著提高了形成终了温度。原始组织越不均匀，最终形成温度提得越高。但亚共析钢中自由铁素体向奥氏体转变的温度不会超过 910 ℃，因为此温度下 α-Fe 可以在无碳的条件下转变成 γ 相。

2. 加热速度对相变动力学的影响

在一般等温加热条件下，珠光体向奥氏体转变的速度随等温温度的提高而加快。

在连续加热的条件下，珠光体向奥氏体转变的动力学也可用图 4-3 来说明。由 A_1 点出发的不同仰角的射线表示相变区的各种加热速度，它们分别与曲线 1（相变开始）和曲线 2（相变结束）相交于 a_1、a_2、…和 b_1、b_2、…。显然，加热速度越大（$v_2>v_1$），进行相变的温度越高，而所需要的时间越短。

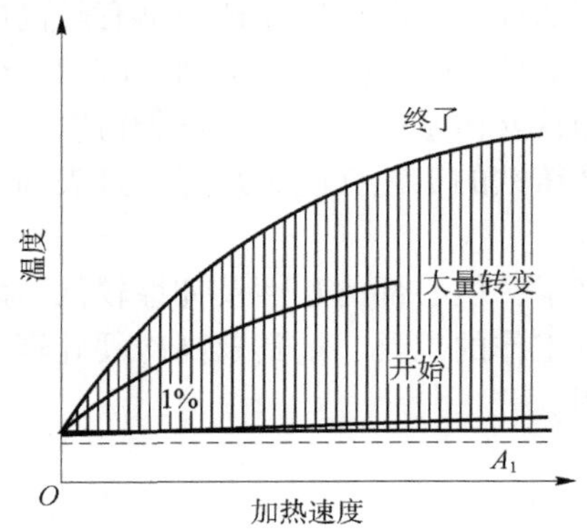

图 4-2　加热速度对珠光体向奥氏体转变温度范围的影响

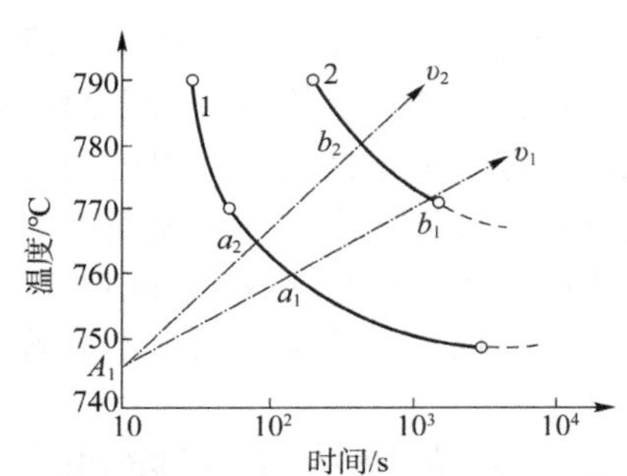

图 4-3　珠光体转变为奥氏体的等温温度与时间关系（GCr15）

1—相变开始；2—相变结束

40Cr 和 40CrNi 钢过冷奥氏体等温转变图与加热速度的关系如图 4-4 所示。由图可见，在加热温度相同的条件下，加热速度越高，奥氏体的稳定性越差。这是因为加热速度越高，加热时间越短，形成的奥氏体晶粒越细小，且成分越不均匀。

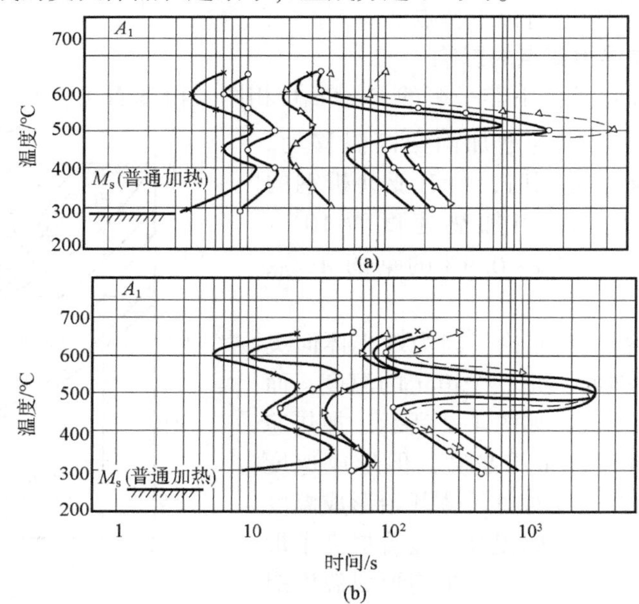

图 4-4　40Cr 和 40CrNi 钢过冷奥氏体等温转变图与加热速度的关系（奥氏体化温度为 950 ℃）

（a）40Cr；（b）40CrNi

×—感应加热，加热速度为 225 ℃/s；○—感应加热，加热速度为 120 ℃/s；△—炉中加热

4.2.2　快速加热对相变后组织的影响

1. 奥氏体成分不均匀性随着加热速度的增加而增大

如前所述，随着加热速度的增大，转变温度提高，转变温度范围扩大。由 $Fe-Fe_3C$ 相图可知，随着转变温度的升高，与铁素体相平衡的奥氏体碳浓度降低，而与渗碳体相平衡的奥氏体碳浓度增大，因此，与铁素体相毗邻的奥氏体中碳浓度将和与渗碳体相毗邻的奥氏体中碳浓度有很大差异。由于加热速度快、加热时间短，碳及合金元素来不及扩散，将造成奥氏体内成分的不均匀，且随着加热速度的提高，奥氏体成分的不均匀性增大。例如，$w_C=0.4\%$的碳钢，当以 130 ℃/s 的加热速度加热至 900 ℃时，奥氏体中存在着 $w_C=1.6\%$的碳浓度区。

显然，快速加热时，钢种、原始组织对奥氏体成分的均匀性有很大影响。对热传导系数小、碳化物粗大且溶解困难的高合金钢采用快速加热是有困难的。

2. 提高加热速度可显著细化奥氏体晶粒

快速加热时，过热度很大，奥氏体晶核不仅在铁素体—碳化物相界面上形成，而且可能在铁素体的亚晶界上形成，因此使奥氏体的成核率增大。又由于加热时间极短（如加热速度为10^7 ℃/s 时，奥氏体形成时间仅 10^{-3} s），故奥氏体晶粒来不及长大。当用超快速加热时，可获得超细化晶粒。图 4-5 显示了 40 钢和 T10 钢加热速度提高后，奥氏体晶粒细化。

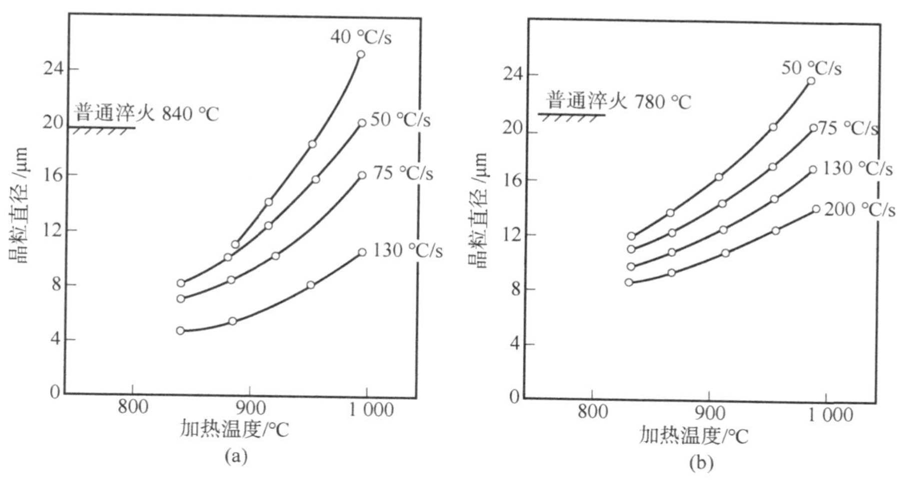

图 4-5　加热速度对奥氏体晶粒大小的影响

（a）40 钢；（b）T10 钢

实践证明，对具有均匀分布的铁素体和渗碳体组织的钢进行快速加热，当加热速度由 0.02 ℃/s 增高到 100~1 000 ℃/s 时，初始奥氏体晶粒度由 8~9 级细化达到 13~15 级。

应该指出，对含有自由铁素体的亚共析钢，当加热速度很大时，为了全部完成奥氏体转变，必须加热到较高的温度，因而会导致奥氏体晶粒显著地长大。

在生产中采用大于 3~10 ℃/s 的加热速度，可得到 11~12 级的奥氏体晶粒。如果要得到 14~15 级的超细晶粒，必须预先进行淬火或调质以消除自由铁素体，并采用高达 100~1 000 ℃/s的加热速度。

3. 快速加热对过冷奥氏体的转变及马氏体回火有明显影响

快速加热使奥氏体成分不均匀及晶粒细化，减小了过冷奥氏体的稳定性，使“C”曲线左移。由于奥氏体成分的不均匀性，特别是亚共析钢，还会出现两种成分不均匀性现象：在珠光体区域，原渗碳体片区与原铁素体片区之间存在着成分的不均匀性，这种区域很微小，即在微小体积内的不均匀性。而在原珠光体区与原先共析铁素体块区也存在着成分的不均匀性，这是大体积范围内的不均匀性。由于存在这种成分的大体积不均匀性，将使这两个区域的马氏体转变点不同、马氏体形态不同，即相当于原铁素体区出现低碳马氏体、原珠光体区出现高碳马氏体。

提高加热温度可以减轻或消除成分不均匀现象，但温度过高又将导致奥氏体晶粒粗大。对于低碳钢，即使加热到 910 ℃以上，在快速加热的条件下仍难以完成奥氏体的均匀化，有时甚至会在淬火钢中出现铁素体。当材料和原始组织一定时，加热温度应根据加热速度选定。

由于快速加热奥氏体成分的不均匀性，淬火后马氏体成分也不均匀，所以，尽管淬火后硬度较高，但回火时硬度下降较快，因此回火温度应比普通加热淬火的温度略低。

4.2.3 原始组织对快速加热相变的影响

钢的原始组织不仅对相变速度起着决定性的作用，而且会显著地影响淬火后的组织和性能。原始组织越细，两相接触面积越大，奥氏体形核位置越多，碳原子扩散路程越短，越会加速相变。原始组织中的组成相形貌也有很大影响。片状珠光体较粒状珠光体易于完成上述组织转变。对组织和性能要求严格的零件，采用感应加热表面淬火时，事先应对钢材施行预备热处理。结构钢的预备热处理多为调质处理。

4.3 表面淬火后的组织与性能

4.3.1 表面淬火后的组织

钢件经表面淬火后的组织与钢种、淬火前的原始组织及淬火加热时沿截面温度的分布有关。

例如，原始组织为退火状态的共析钢，设其在淬火冷却前沿截面的温度分布如图 4-6（a）所示。淬火以后金相组织应分为三区，如图 4-6（b）所示，自表面向心部分别为马氏体区（M）（包括残余奥氏体）、马氏体加珠光体（M+P）及珠光体（P）区。这里所以出现马氏体加珠光体区，是因为快速加热时奥氏体是在一个温度区间而并非在一个恒定温度形成的，其界限相当于沿截面温度曲线的奥氏体开始形成温度（Ac_{1s}）及奥氏体形成终了温度（Ac_{1f}）。在全马氏体区，自表面向里，由于奥氏体化温度的差别在有些情况下也可以看到其差别，最表面温度高，马氏体较粗大，中间均匀细小，紧靠 Ac_{1f}温度区，由于其淬火前奥氏体成分不均匀，如腐蚀适当，将能看到珠光体痕迹。在温度低于 Ac_{1s} 区，由于原为退火组织，加热时不能发生组织变化，故为淬火前原始组织。

若表面淬火前原始组织为正火状态的 45 钢，则表面淬火以后其金相组织沿截面变化将要复杂得多。如果采用的是淬火烈度很大的淬火介质，即只要加热温度高于临界点，凡是奥氏体区均能淬成马氏体，则表面淬火加热时沿截面温度分布如图 4-7（a）所示，而自表面至心部的金相组织如图 4-7（b）所示。按其金相组织分为四区，即表面马氏体（M），往里为马氏体+铁素体（M+F），再往里为马氏体+铁素体+珠光体（M+F+P），心部组织为珠光体+铁素体（P+F）。

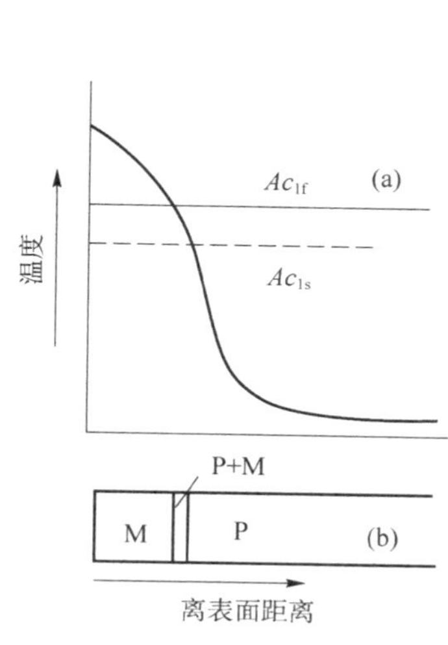

图 4-6　共析钢表面淬火沿截面温度分布及淬火后金相组织

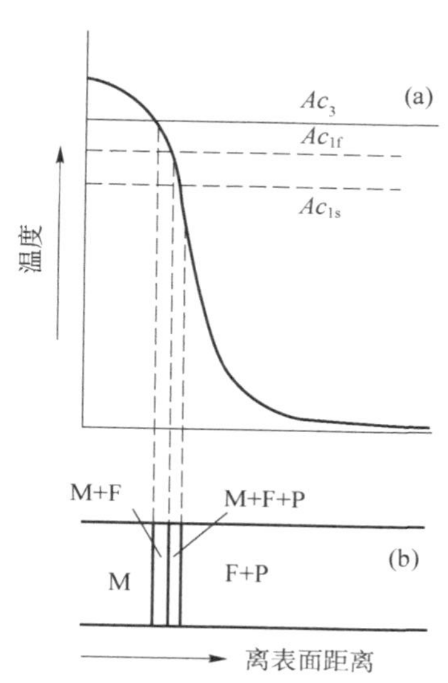

图 4-7　原始组织为正火态 45 钢表面淬火后组织

（a）淬火过程中沿截面温度分布；（b）淬火后沿截面组织

若 45 钢表面淬火前原始组织为调质状态，由于回火索氏体为粒状渗碳体均匀分布在铁素体基体上的均匀组织，因此表面淬火后不会出现由于上述那种碳浓度大、体积不均匀所造成的淬火组织的不均匀。在截面上相当于 Ac_1 与 Ac_3 温度区的淬火组织中，未溶铁素体也分布得比较均匀。在淬火加热温度低于 Ac_1 至相当于调质回火温度区，如图 4-8 中 C 区，由于其温度高于原调质回火温度而又低于临界点，因此将发生进一步回火现象。表面淬火将导致这一区域硬度降低（图 4-8）。这一部分的回火程度取决于回火参数 M，其区域大小取决于表面淬火加热时沿截面的温度梯度。加热速度越快，沿截面的温度梯度越陡，该区域越小。由于加热速度快，加热时间短，参数 M 小，故回火程度也减小。

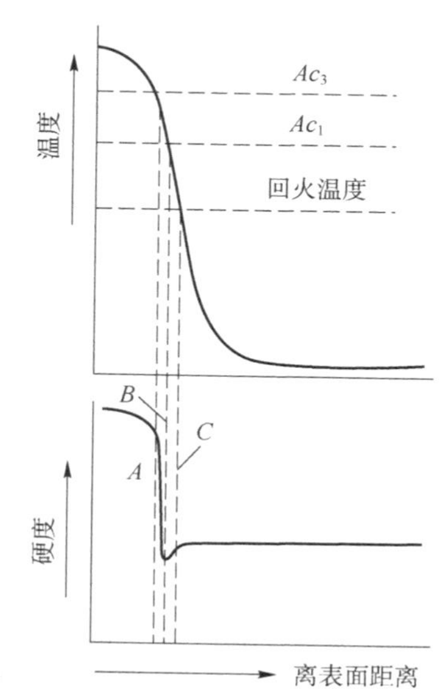

图 4-8　原始组织为调质状态的 45 钢表面淬火后沿截面硬度

表面淬火淬硬层深度一般计至半马氏体（50%M）区，测定方法是沿截面制取金相试样，用硝酸酒精腐蚀，根据淬硬区与未淬硬区的颜色差别来确定（淬硬区颜色浅）；此外，也可借测定截面硬度来决定。

按截面硬度来判定的表面淬火后有效硬化层深度，指沿淬硬面垂直切断的磨光平面上，从零件表面到维氏硬度 HV 等于规定硬度值［极限硬度，$(HV)_{hl}$］所在层之间的距离。而这一极限硬度等于零件要求的最小表面硬度 $(HV)_{ms}$的 0.8 倍。

4.3.2 表面淬火后的性能

1. 表面硬度

快速加热，激冷淬火后的工件表面硬度比普通加热淬火高。例如，激光表面淬火的 45 钢硬度比普通淬火的硬度高 4HRC；高频加热喷射淬火的工件表面硬度比普通淬火高 2～6HRC，如图 4-9 所示。这与加热速度快、奥氏体晶粒细小、亚结构细化，并且存在高的残余压应力有关。

2. 耐磨性

快速加热表面淬火后工件的耐磨性比普通淬火高，这也与其奥氏体晶粒细化、得到马氏体组织极为细小、碳化物弥散度较高，以及表面压应力状态等因素有关。这些都将提高工件抗咬合磨损及抗疲劳磨损的能力。图 4-10 为 45 钢经不同淬火处理状态的工件的平均磨损情况，从图中可以看出，在 300 转的摩擦条件下，感应加热表面淬火后以及表面淬火+低温回火后的工件磨损失重都比普通淬火件低，耐磨性高。

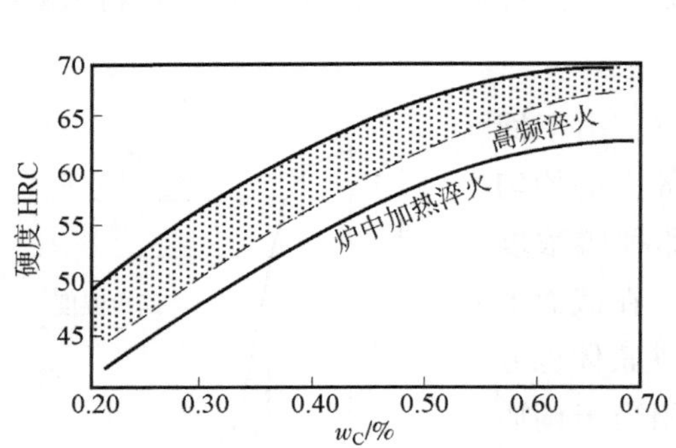

图 4-9 高频淬火与普通淬火后硬度比较

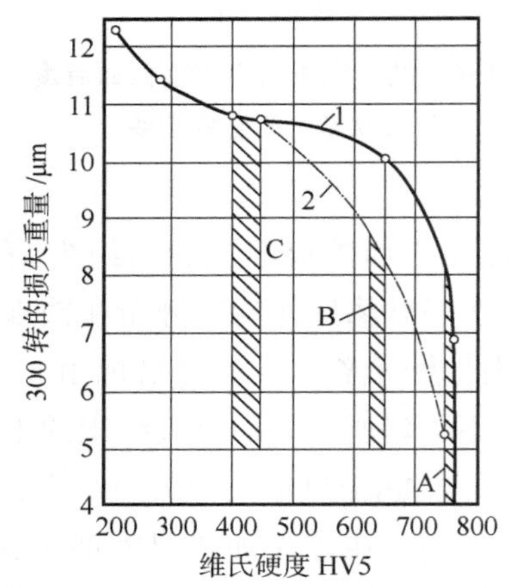

图 4-10 45 钢淬火工件的平均磨损

1—炉中加热淬火；2—感应加热淬火

A—淬火，没有回火；B—淬火+200 ℃回火；

C—淬火+400 ℃回火

3. 疲劳强度

表面淬火可以显著地提高零件的抗疲劳性能。例如，40Cr 钢，调质加表面淬火（淬硬层深度 0.9 mm）的疲劳极限为 324 MPa，而调质处理的仅为 235 MPa。表面淬火还可显著地降低疲劳试验时的缺口敏感性。表面淬火提高疲劳强度的原因，除了由于表层本身的强度增大外，还与表层形成很大的残余压应力有关。残余压应力越大，抗疲劳性越高。淬硬层过深会降低表面的残余压应力，只有选择最佳的淬硬层深度才能获得最佳的疲劳性能，如图 4-11 所示。

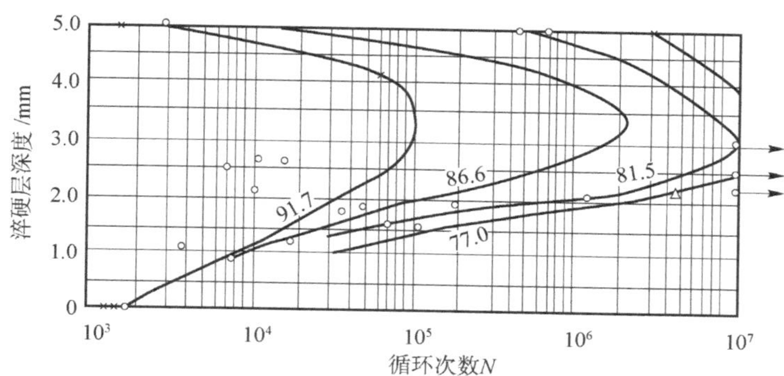

图 4-11　$w_C=0.74\%$的钢淬硬层深度对疲劳断裂次数的影响

［试样 10 mm，曲线上数字为在试棒表面作用的交变应力大小（MPa）］

若硬化区分布不合理，如过渡层在工作长度内露出表面，此处就往往成为疲劳断裂的起源，其结果将使疲劳寿命比不经表面淬火的工件还要低。

4.3.3　表面淬火淬硬层深度及分布对工件承载能力的影响

虽然表面淬火有上述优点，但使用不当也会带来相反效果。例如，淬硬层深度选择不当，或局部表面淬火硬化层分布不当，均可在局部地方引起应力集中而破坏工件。

1. 表面淬火硬化层与工件负载时应力分布的匹配

设有一传动轴，承受扭矩，其截面上剪切应力如图 4-12 直线 1 所示。设表面淬火强化后其沿截面各点强度如图中曲线 2 所示，则曲线 1 与 2 交于 X 和 Z 点。曲线 2 的 XYZ 线段位于曲线 1 下方，即此处屈服强度低于该轴负载时所产生的应力，则此处将发生屈服。尤其在 Y 点处，应力与材料强度差值最大，可能在此处发生破坏。如果淬硬层深度增加，如曲线 3 所示，此时材料各点强度均大于承载时应力值，故不会破坏。因此表面淬火淬硬层深度必须与承载相匹配。

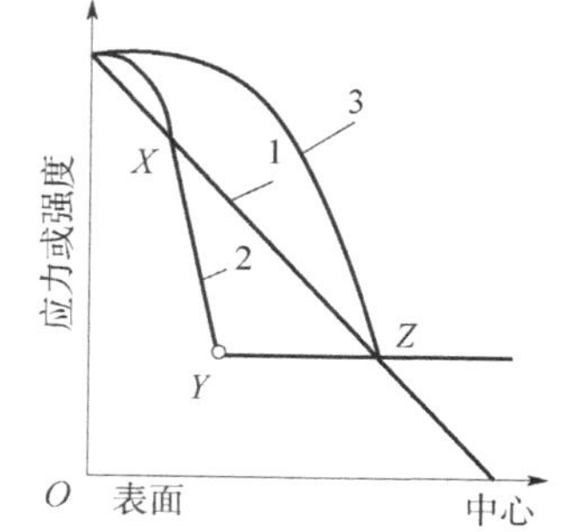

图 4-12　表面强化与承载应力匹配示意

1—工件负载时应力分布；2—浅层淬火时沿截面各点屈服强度；3—深层淬火时沿截面各点屈服强度

2. 表面淬硬层深度与工件内残余应力的关系

表面淬火时由于仅表面加热，仅表面发生胀缩，故表面将承受压应力。淬火冷却时表面热应力为拉应力，而表面组织应力为压应力，二者叠加结果，表面残余应力为压应力，如图 4-13 所示。这种内应力是由表面部分加热和冷却时的胀缩和组织转变时的比容变化所致，显然其应力大小及分布与淬硬层深度有关。

试验表明，在工件直径一定的情况下，随着硬化层深度的增厚，表面残余压应力先增大，达到一定值后，若再继续增加硬化层深度，表面残余压应力反而减小，如图 4-14 所示。

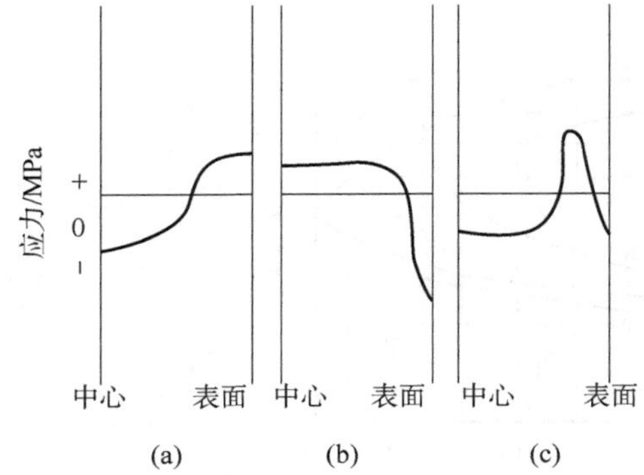

图 4-13　表面淬火时残余应力分布

（a）热应力；（b）组织应力；（c）合应力

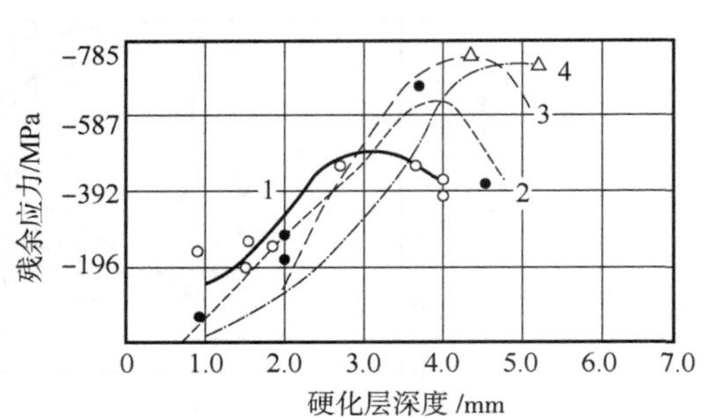

图 4-14　不同钢材硬化层深度与最大残余压应力的关系（中空试样，外径 66 mm，内径 49 mm）

1—45；2—18Cr2Ni4W；3—40CrMnMo；4—40CrNiMo

残余应力还与沿淬火层由表及里的硬度分布有关，即与马氏体层的深度、过渡区的宽度及工件截面尺寸之间的比例有关。图 4-15 为淬硬层（图中之 X_k）与非淬硬层交界处硬度降落的陡峭程度（直接影响过渡区宽度）与残余应力分布关系示意图。由图可见，过渡区硬度降落越陡，表面压应力虽较大，但紧靠过渡区的张应力峰值也最大；过渡区硬度降落越平缓，过渡区越宽，张应力峰值内移且减小，但残余压应力也减小。张应力峰值过大，不仅可能引起残余变形，而且当工件承载时，与负载所引起的相同符号应力叠加后导致破坏，因此要充分注意。

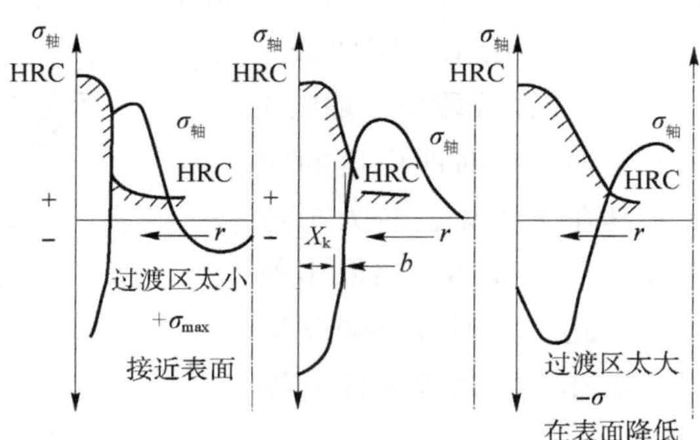

图 4-15　残余应力与过渡区宽度的关系

残余应力的分布还和钢中碳含量有关。因为碳含量越高，马氏体比容越大，组织应力越显著，在表面淬火条件下，残余压应力越大。

可见，对每一个具体零件来说，都有一个合适的淬硬层深度及过渡区宽度。这时在静载荷下，不至于有局部地区的屈服强度低于零件工作应力，表面有足够大的残余压应力，而又不至于有太靠近表面的过高张应力峰值。对高频表面淬火而言，中、小尺寸零件淬硬层深度为工件半径的 10%～20%，而过渡区的宽度为淬硬层深度的 25%～30%，实践证明较为合适。

3. 硬化层分布对工件承载能力的影响

当工件进行局部表面淬火时，存在着淬火区段与非淬火区段间的过渡问题。图 4-16 为直径 65 mm 圆柱经局部表面淬火后的硬度和残余应力分布。由图可见，在离淬硬层一定距离外存在着拉应力峰值，若和外加载荷所产生的应力叠加，特别是在截面突变区，很可能导致工件破坏。为了避免这种现象发生，要尽量避免在危险断面处出现淬硬层的过渡。如图 4-17 所示两种淬硬层的分布，正确者应采用图 4-17（b）的淬硬层分布。

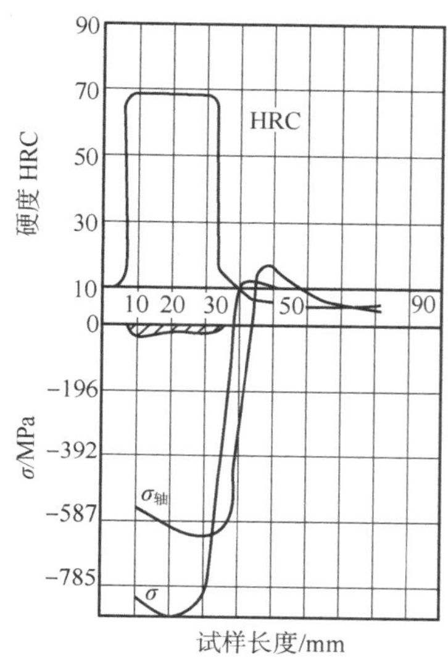

图 4-16　局部淬火的圆柱形工件表面上的硬度和残余应力分布

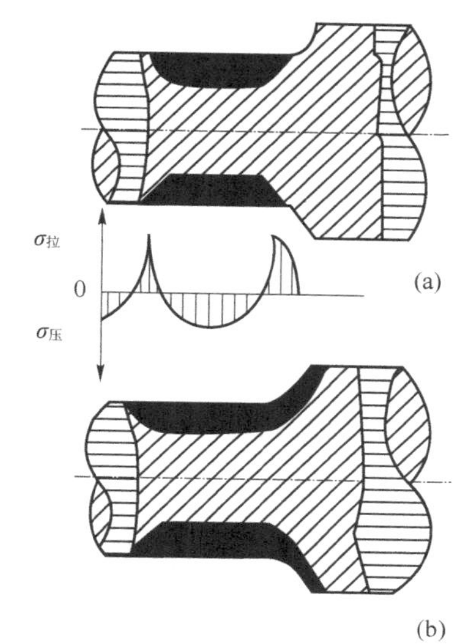

图 4-17　轴径表面淬火后淬硬层及应力分布

（a）轴肩未硬化；（b）轴肩已硬化

4.4　感应加热表面淬火

感应加热是最常用的表面加热淬火方法，具有工艺简单、工件变形小、生产效率高、节能、环境污染少、工艺过程易于实现机械化和自动化等优点。

感应加热设备可按电源频率分为工频、中频、高频和超声频，以及超高频脉冲各频率范围和加热的功率密度见表 4-1。

表 4-1　感应加热方法的分类

加热方法	工频	中频	高频、超声频	超高频脉冲
频率	50 Hz	<10 kHz	20~1 000 kHz	27 120 kHz
功率密度/(10^2 W · cm^{-2})	0.1~1	<5	2~10	100~300

4.4.1　感应加热基本原理

感应加热的主要依据是电磁感应、“集肤效应”和热传导三项基本原理。

1. **感应加热原理**

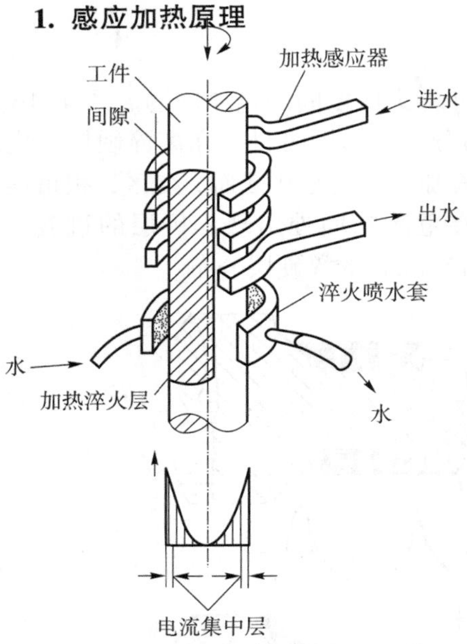

图 4-18　感应加热表面淬火示意

感应加热表面淬火是利用电磁感应原理，在工件表面层产生密度很高的感应电流，由此产生的热量将工作表层迅速加热至奥氏体状态，随后快速冷却得到马氏体组织的淬火方法，如图 4-18 所示。当感应圈中通过一定频率的交流电时，在其内外将产生与电流变化频率相同的交变磁场。金属工件放入感应圈内，在磁场作用下，工件内就会产生与感应圈频率相同而方向相反的感应电流。由于感应电流沿工件表面形成封闭回路，故通常称为涡流。此涡流将电能变成热能，将工件的表面迅速加热。由于“集肤效应”，涡流主要分布于工件表面，工件内部几乎没有电流通过。感应加热就是利用“集肤效应”，依靠电流热效应把工件表面迅速加热到淬火温度的。感应圈用紫铜管制作，内通冷却水。当工件表面在感应圈内加热到一定温度时，立即喷水冷却，使表面层获得马氏体组织。

图 4-18 中，在交变电流所产生的交变磁场作用下将产生感应电动势，其瞬时值为

$$e=-\frac{\mathrm{d}\Phi}{\mathrm{d}t} \tag{4-1}$$

式中　e——瞬时感应电动势，V；

Φ——零件上感应电流回路所包围面积的总磁通量，其数值随感应器中的电流强度和零件材料的磁导率的增加而增大，并与零件和感应器之间的间隙有关；

$\mathrm{d}\Phi/\mathrm{d}t$——磁通变化率，其绝对值等于感应电动势。电流频率越高，磁通变化率越大，感应电动势 e 相应也就越大。式中的负号表示感应电动势的方向与磁通变化方向相反。

零件中感应出来的涡流的方向，在每一瞬时和感应器中的电流方向相反，涡流强度取决于感应电动势及零件内涡流回路的电抗，可表示为

$$I_{\mathrm{f}}=\frac{e}{Z}=\frac{e}{\sqrt{R^2+X_{\mathrm{L}}^2}} \tag{4-2}$$

式中　I_{f}——涡流电流强度，A；

Z——自感电抗，Ω；

R——零件电阻，Ω；

X_{L}——感抗，Ω。

由于 Z 值很小，所以 I 值很大。根据楞次定律，涡流转换成的热能为

$$Q=0.24I_{\mathrm{f}}^2Rt \tag{4-3}$$

式中　Q——热能，J；

t——通电时间，s。

感应加热就是利用热能 Q 来加热工件。

在铁磁材料（如钢铁）中，除涡流产生的热效应外，还有“磁滞现象”所引起的热效应，即由于钢铁零件等硬磁材料具有很大的剩磁，在交变磁场中，零件的磁极方向随感应器磁场方向的改变而改变。在交变磁场的作用下，磁分子因磁场方向的迅速改变将发生激烈的摩擦发热，因而也对零件加热起一定作用，这就是磁滞热效应。但这部分热量比涡流加热的热效应小得多，可以忽略不计。

2. 集肤效应

交变电流在导体截面上分布是不均匀的，越靠近表面，电流密度越大，越靠近心部，电流密度越小。电流强度从表面向心部呈指数规律衰减，这种现象即所谓交变电流的集肤效应，也称表面效应。电流频率越高，集肤效应越明显。集肤效应使工件表层感应加热淬火成为可能。

零件感应加热时，其感应电流在零件中的分布从表面向中心呈指数衰减，可表示为

$$I_x = I_0 e^{\frac{-x}{\Delta}} \tag{4-4}$$

式中 I_x——距零件表面某一距离的电流（涡流）强度，A；

I_0——零件表面最大的电流（涡流）强度，A；

x——到零件表面的距离，cm；

$\Delta=\frac{c}{2\pi}\sqrt{\rho/\mu f}$（光速 c 的值为 3×10^{10} cm/s）。

由式（4-4）可知：当 $x=0$ 时，$I_x=I_0$；当 $x>0$ 时，$I_x<I_0$；当 $x=\Delta$ 时，$I_x=\frac{I_0}{e}=0.368I_0$。工程上规定，涡流强度由表向内降低至 I_0/e（I_0 为表面处的涡流强度，e=2.718）处的深度，为电流透入深度。电流透入深度用 δ（单位为 mm）表示，可以用经验公式求出：

$$\delta = 50\ 300\sqrt{\frac{\rho}{\mu f}} \tag{4-5}$$

式中 ρ—— 工件材料的电阻率，Ω · cm；

μ ——工件材料的磁导率，H/m；

f ——交变电流的频率，Hz。

可见，电流透入深度随着工件材料的电阻率的增加而增加，随工件材料的磁导率及电流频率的增加而减小。随温度提高，电阻率和磁导率会发生变化，如图 4-19 所示。电阻率 ρ 随着温度的升高而增大，在 800~900 ℃时，各类钢的电阻率基本不变，约为 10^{-4} Ω · cm；磁导率 μ 在温度低于磁性转变点 A_2（768 ℃）时基本不变，而超过 A_2 则急剧下降。可见当工件加热温度超过钢的磁性转变点 A_2 时，电流透入深度将急剧增加。此外，感应电流频率越高，电流透入深度越小，工件加热层越薄。因此，感应加热透入工件表层的深度主要取决于电流频率。

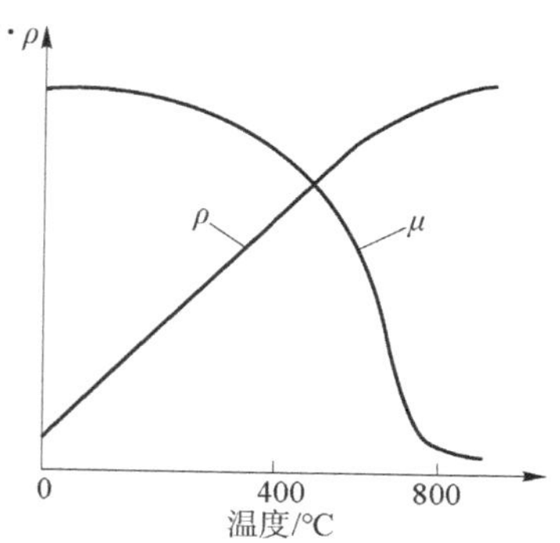

图 4-19　钢的磁导率、电阻率与加热温度的关系

将钢在 800 ℃及在室温 20 ℃下的 ρ 和 μ 分别代入式（4-5），得到电流透入深度（单位为 mm）的 δ_{800} 和

δ_{20}与电流频率f（单位为 Hz）之间分别有以下关系：

$$\delta_{800} = \frac{500}{\sqrt{f}} \tag{4-6}$$

$$\delta_{20} = \frac{20}{\sqrt{f}} \tag{4-7}$$

可见，感应电流频率f越高，电流透入深度δ越小，工件加热层也就越薄。还可看出，δ_{800}比δ_{20}大几十倍，即当工件加热温度超过钢的磁性转变点A_2时，电流透入深度将急剧增大。通常将δ_{800}称为热态电流透入深度，δ_{20}称为冷态电流透入深度。热态下整个电流透入层中的电流密度迅速下降，从而使表层加热速度变慢，并导致温度沿断面的分布趋于平缓。这种温度分布是十分有利的，它既可保证零件有一定的淬硬层深度，又不易造成表层过热。

4.4.2 感应加热的物理过程

感应加热开始时，工件处于室温，电流透入深度很小，仅在此薄层内进行加热。电流及温度分布如图 4-20 所示的“冷态”。随着时间的延长，表面温度升高，薄层有一定深度，且温度超过磁性转变点A_2温度（或转变成奥氏体）时，此薄层变为顺磁体，磁导率μ值急剧下降，交变电流产生的磁力线移向与之毗连的内侧铁磁体处，涡流移向内侧铁磁体处，如图 4-20 所示的“过渡态”。由于表面电流密度下降，而在紧靠顺磁体层的铁磁体处，电流密度剧增，此处迅速被加热，温度也很快升高。此时工件截面内最大密度的涡流由表面向心部逐渐推移，同时自表面向心部依次加热，这种加热方式称为透入式加热。当变成顺磁体的高温层的厚度超过热态电流进入的深度后，涡流不再向内部推移，而按着热态特性分布，继续加热时，电能只在热态电流透入层范围内变成热量，此层的温度继续升高，如图 4-20 中所示的“热态”。与此同时，由于热传导的作用，热量向工件内部传递，加热层厚度增厚，这时工件内部的加热和普通加热相同，称为传导式加热。

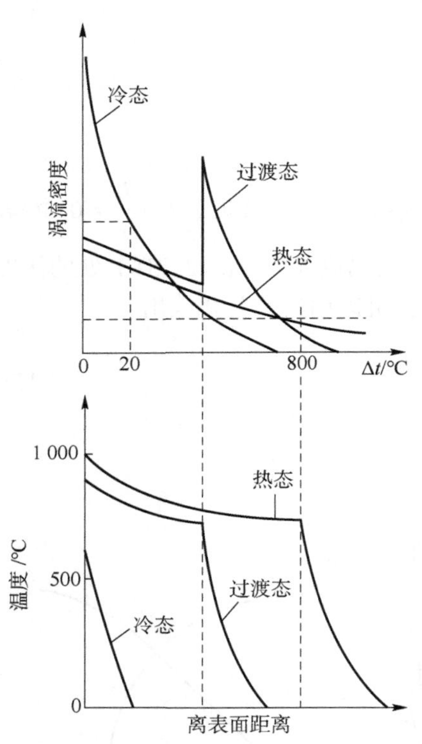

图 4-20 高频加热时工件表面涡流密度与温度的变化

透入式加热较传导式加热有以下特点。

（1）表面的温度超过磁性转变点A_2点以后，表层的加热速度变慢，因而表面不易产生过热，而传导式加热，表面持续加热，容易过热。

（2）加热迅速，热损失小，热效率较大。

（3）热量分布较陡，淬火后过渡层较窄，使表面压应力提高，有助于提高工件表面的疲劳强度。

4.4.3　感应加热表面淬火工艺

1. 根据零件尺寸及硬化层深度的要求，合理选择设备

1）设备频率的选择

设备频率主要根据硬化层的深度要求来选择。一般采用透入式加热，频率应符合

$$f < \frac{2\ 500}{\delta_x^2} \tag{4-8}$$

式中　δ_x——要求的硬化层深度，cm。

频率的选择也不宜过低，否则需要相当大的比功率才能获得所要求的硬化层深度，且无功损耗太大。当感应器单位损耗大于 0.4 kW/cm^2 时，在一般冷却条件下会烧坏感应器，因此，硬化层深度不小于热态电流透入深度的 1/4，即所选频率下限应满足

$$f > \frac{150}{\delta_x^2} \tag{4-9}$$

当硬化层深度为热态电流透入深度的 40%~50%时，总效率最高，符合此条件的最佳频率为

$$f > \frac{600}{\delta_x^2} \tag{4-10}$$

感应加热时工件的硬化层深度主要取决于电流频率。生产上根据零件尺寸及硬化层深度的要求选择不同的电流频率。根据电流频率的不同，可将感应加热表面淬火分为三类。

高频感应加热表面淬火：常用电流频率为 80~1 000 kHz，可获得的表面硬化层深度为 0.5~2 mm，主要用于中小模数齿轮和小尺寸轴类的表面淬火。

中频感应加热表面淬火：常用电流频率为 2 500~8 000 Hz，可获得的表面硬化层深度为 3~6 mm，主要用于要求淬硬层较深的零件，如发动机曲轴、凸轮轴、大模数齿轮、较大尺寸的轴和钢轨的表面淬火。

工频感应加热表面淬火：常用电流频率为 50 Hz，可获得 10~15 mm 以上的硬化层深度，适用于大直径钢材的穿透加热及要求淬硬层深的大尺寸工件的表面淬火。

2）比功率的选择

比功率（ΔP）是指感应加热时工件单位面积上所吸收的电功率（单位为 kW/cm^2）。当频率一定时，比功率越大，加热速度越快，工件表面能够达到的温度也越高。当比功率一定时，频率越低，电流透入深度越深，加热速度越慢。

比功率大小的选择一般由工件尺寸、硬化层深度和设备的频率决定。在实际生产中还受设备输出功率的限制。在频率一定时，硬化层较浅的，选择较大的比功率（透入式加热）；在层深相同的情况下，设备频率较低的可选用较大的比功率。

工件上获得的比功率很难测定，故常用设备比功率来表示。设备比功率为设备输出功率与零件同时被加热的面积比，即

$$\Delta P_{设} = \frac{P_{设}}{A} \tag{4-11}$$

式中　$P_{设}$——设备输出功率，kW；

A——同时被加热工件的面积，cm^2；

工件比功率与设备比功率的关系是

$$\Delta P_{工} = \frac{P_{设} \cdot \eta}{A} = \Delta P_{设} \cdot \eta \tag{4-12}$$

式中　η——设备总效率，一般为0.4~0.6。

在实际生产中，比功率要结合工件尺寸大小、加热方式以及试淬后的组织、硬度和硬化层分布等做出最后的调整。

2. 淬火加热温度和加热方式的选择

感应加热淬火温度与加热速度和淬火前原始组织有关。由于感应加热速度快，奥氏体转变在较高温度下进行，奥氏体起始晶粒较细，且一般不进行保温，为了在加热过程中能使先共析铁素体（对亚共析钢）等游离的第二相充分溶解，这些都允许并要求感应加热表面淬火采用较高的淬火加热温度。一般高频加热淬火温度可比普通加热淬火温度高30~200 ℃，加热速度较快的，采用较高的温度。

淬火前的原始组织不同，也可适当地调整淬火加热温度，调质处理的组织比正火的均匀，可采用较低的温度。

当综合考虑表面淬火前的原始组织和加热速度的影响时，每种钢都有最佳加热规范，可参见有关手册。

常用感应加热有两种方式：一种为同时加热法，即对工件需淬火表面同时加热，一般在设备功率足够、生产批量比较大的情况下采用；另一种为连续加热法，即对工件需淬火部位中的一部分进行加热，通过感应器与工件之间的相对运动，把已加热部位逐渐移到冷却位置冷却，待加热部位移至感应器中加热，如此连续进行，直至需硬化的全部部位淬火完毕。如果工件是较长的圆柱形，为了使加热均匀，还可使工件绕其本身轴线旋转。一般在单件、小批量生产中，轴类、杆类及尺寸较大的平面加热，采用连续加热法。

通常借控制加热时间来控制加热温度。在用同时加热法时，控制一次加热时间，在大批量生产条件下可用设备上的时间继电器自动控制。在连续加热条件下，通过控制工件与感应圈相对位移速度来实现。

3. 冷却方式和冷却介质的选择

最常用的冷却方式是喷射冷却法和浸液冷却法。喷射冷却法即当感应加热终了时把工件置于喷射器之中，向工件喷射淬火介质进行淬火冷却。其冷却速度可以通过调节液体压力、温度及喷射时间来控制。浸液冷却法即当工件加热终了时，浸入淬火介质中进行冷却。

对细、薄工件或合金钢齿轮，为减少变形、开裂，可将感应器与工件同时放入油槽中加热，断电后冷却，这种方法称为埋油淬火法。

常用的淬火介质有水、聚乙烯醇水溶液、聚丙烯醇水溶液、乳化液和油。

4.4.4 感应加热表面淬火前后的热处理

1. 预备热处理

表面淬火前的预备热处理不仅是为淬火做准备，更是为了保证整个截面尤其是心部具备优良的性能。表面淬火前的预备热处理一般是调质或正火，对性能要求较高的工件采用调质处理，对要求低的工件采用正火处理。预备热处理一定要严格控制表面脱碳，以免降低表面淬火硬度。

2. 回火工艺

感应加热淬火后一般只进行低温回火。其目的是降低残余应力和脆性，而又不致降低硬度，一般采用的回火方式有炉中回火、自回火和感应加热回火。

（1）炉中回火：将工件放到加热炉内进行的回火。回火温度较低，一般为 150~180 ℃，时间为1~2 h。

（2）自回火：利用缩短喷射冷却时间，使硬化层内层的残余热量传到硬化层的回火。由于自回火时间短，在达到同样硬度条件下回火温度比炉中回火温度要高 80 ℃左右。自回火不仅简化了工艺，而且对防止淬火裂纹也很有效。自回火的主要缺点是工艺不易掌握。

（3）感应加热回火：淬火后用回火感应器进行回火加热。为了降低过渡层的拉应力，加热层的深度应比硬化层深一些，故常用中频或工频加热回火。感应加热回火比炉中回火温度高、加热时间短，显微组织中碳化物弥散度大，因此，耐磨性高，冲击韧性较好，而且容易在流水线上生产。感应加热回火要求加热速度小于 15~20 ℃/s。

4.4.5　感应加热淬火常见质量问题及返修

感应加热热处理常见的质量问题有开裂、表面硬度过高或过低、表面硬度不均、硬化层过深或过浅等。归纳其造成的原因如表 4-2 所示。

表 4-2　感应加热热处理常见的质量问题及原因

缺陷种类	造成原因
开裂	加热温度过高、温度不均；冷却过急且不均；淬火冷却介质及温度选择不当；回火不及时且回火不足；材料淬透性偏高，成分偏析，有缺陷，含过量夹杂物；零件设计不合理，技术要求不当
硬化层过深或过浅	加热功率过大或过小；电源频率过低或过高；加热时间过长或过短；材料淬透性过高或过低；淬火冷却介质不合适
表面硬度过高或过低	材料碳含量偏高或偏低，表面脱碳，加热温度低；回火温度或保温时间不当；淬火冷却介质不合适
表面硬度不均	感应器结构不合理；加热不均；冷却不均；材料组织不良（带状组织偏析，局部脱碳）
表面熔化	感应器结构不合理；零件有尖角、孔、槽等；加热时间过长；材料表面有裂纹缺陷

感应加热热处理零件有下列情况时允许返修处理：硬度低或有大片软点；硬化区范围、硬化层深度不符合技术要求；温度不足造成金相组织不合格等。返修件的处理方法可按下述两种办法进行。

（1）返修件经感应加热到 700~750 ℃后在空气中冷透，然后按该零件淬火规范进行第二次淬火。

（2）返修零件经炉内加热到 550~600 ℃，保温 60~90 min，然后在水中或空气中冷却，再按原淬火规范进行第二次淬火。

4.5 其他表面淬火法

4.5.1 火焰加热表面淬火

1. 火焰加热表面淬火的特点

火焰加热表面淬火是利用氧—乙炔气体或其他可燃气体（如天然气、焦炉煤气、石油气等）以一定比例混合进行燃烧，形成强烈的高温火焰，将零件表层迅速加热至淬火温度，然后急速冷却（冷却介质最常用的是水，也可以用乳化液），使表面获得要求的硬度和一定的硬化层深度，而中心保持原有组织的一种表面淬火方法，如图 4-21 所示。

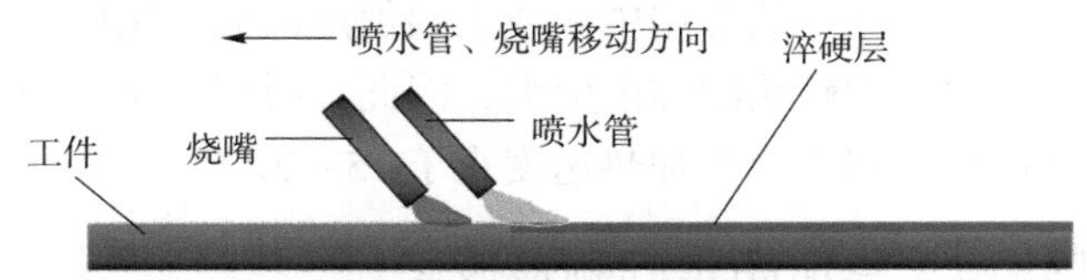

图 4-21　火焰加热表面淬火示意

火焰加热表面淬火的特点如下。

（1）火焰加热的设备简单，使用方便，设备投资少；

（2）设备体积小，可以灵活搬动，使用非常方便，不受被加热零件体积大小的限制；

（3）操作简便，既可以用于小型零件，又可以用于大型零件；既可以用于单一品种的热处理，又可以用于多品种批量生产的热处理。特别是局部表面淬火的零件，使用火焰加热表面淬火，操作工艺容易掌握，成本低，生产效率高；

（4）火焰加热温度高、加热快、所需加热时间短，因而热量由表面向内部传播的深度浅，所以适合处理硬化层较浅的零件，但零件容易过热，故操作时必须加以注意；

（5）淬火后表面清洁，无氧化、脱碳现象，同时零件的变形也较小；

（6）火焰加热时，表面温度不易测量，同时表面淬火过程硬化层深度不易控制；

（7）火焰加热表面淬火的质量有许多影响因素，难以控制，因此被处理的零件质量不稳定。

2. 火焰加热方法

1）同时加热淬火法

被处理工件与喷嘴都不动，零件放在淬火工作台上加热到淬火温度后，关闭气体，移开火焰喷嘴，喷冷却液立即冷却。这种方法适用于较大批量生产和淬火部位不大的零件的局部表面淬火，喷嘴尺寸应与零件局部淬火形状相配合，便于实现自动化，如图 4-22（a）所示。

2）旋转火焰淬火法

利用一个或两个不移动的火焰喷嘴，对以一定速度绕轴旋转的零件表面加热，达到淬火温度后，关闭气体，喷水冷却。此法适用于处理宽度和直径不太大的圆柱和圆盘形零件，如小型的曲轴轴颈和模数 $m<4$ mm 的齿轮表面淬火，如图 4-22（b）所示。

3）摆动火焰淬火

零件放在淬火台架上，喷嘴在需要加热的零件表面上来回摆动，使其加热到淬火温度，采用与同时加热淬火法一样的冷却方式淬火。此法适用于淬硬层面积较大、淬硬层深度较深的工件，如图 4-22（c）所示。

4）连续移动火焰淬火法（推进式淬火法）

火焰喷嘴和喷液器沿着工件表面需要淬火的部位，以一定速度（60~300 mm/min）移动，火焰喷嘴加热表面，接着喷液器进行喷液冷却。此法能获得一条淬火带，适用于处理硬化区大的零件，如长形平面零件，导轨、机床床身的滑动槽等，如图 4-22（d）所示。

5）旋转连续淬火法

利用火焰喷嘴与喷液器相对被淬火零件的中心做平行直线运动，零件以一定速度（75~150 r/min）绕轴旋转，连续进行加热和冷却。这种方法适用于处理直径与长度大的零件，如长轴类零件的表面淬火，如图 4-22（e）所示。

（6）周边连续淬火法

利用火焰喷嘴与喷液器沿着淬火零件的周边做曲线运动来加热和冷却零件。这种方法适用于处理大型曲面盘等零件的表面淬火，如图 4-22（f）所示。

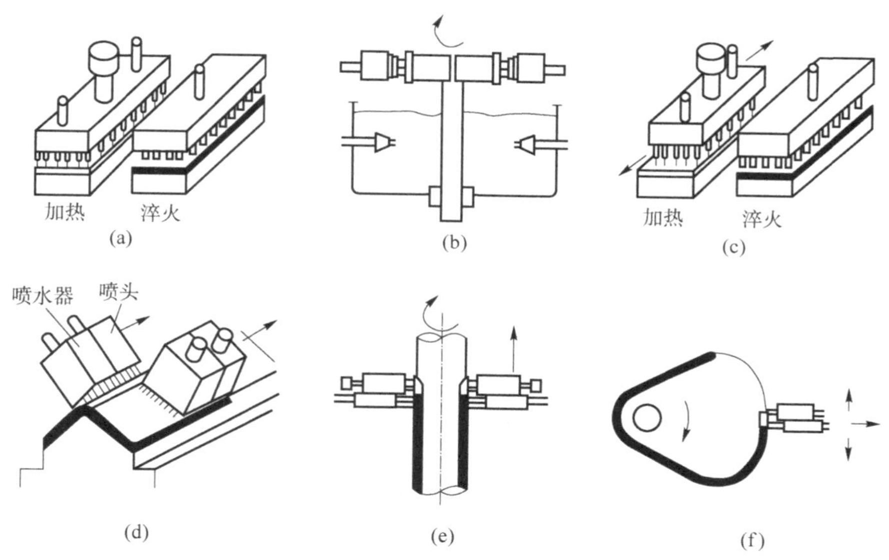

图 4-22 火焰表面淬火操作方法

（a）同时加热淬火；（b）旋转火焰淬火；（c）摆动火焰淬火；
（d）推进式淬火；（e）旋转连续淬火；（f）周边连续淬火

3. 火焰加热表面淬火工艺规范

火焰加热表面淬火加热速度比较快，奥氏体化温度向高温方向推移。但火焰加热工件内部温度分布曲线比较平缓，这是由热传导所决定的（不同于感应加热）。因此，对于规定淬火深度的火焰加热表面淬火，工件表面加热温度应该高一些。不同材料的火焰加热淬火温度要比普通淬火温度高 20~30 ℃。火焰加热表面淬火适用的钢种比感应加热表面淬火更为广泛。

由于火焰加热表面淬火具有较快的加热速度，因此对工件最好是先进行正火或调质处理，以获得细粒状或细片状珠光体。

在加热深度较大的情况下，急热又急冷易引起火焰淬火过程中工件发生开裂。进行预热可以缓和急速加热并利用工件内部残留热量减慢冷却速度，这对防止缺陷具有良好的效果。对于连续法，可采取在加热烧嘴前加预热烧嘴的方法。

在加热过程中，工件表面与烧嘴之间的距离应保持固定，以保证加热温度的均匀，火焰最高温度区在距焰心顶 2~3 mm 处，工件表面离这个部位的远近直接影响工件表面的加热速度。火焰喷嘴与零件之间的距离一般保持在 6~8 mm，当工件的截面大、碳含量低时，这个距离可适当减小；若工件的截面小、碳含量高，这个距离则适当增加。

采用连续加热淬火时，根据钢的淬透性，烧嘴孔与淬火喷水孔间的距离可在 10~25 mm 之间调整。为了使水花不溅在焰心处，喷出的水柱应后倾 10°~30°，烧嘴孔与喷水孔间应设挡板。

影响火焰加热表面淬火质量的因素。

（1）火焰形状与喷嘴结构有关，为了使加热区温度均匀，通常采用多头喷嘴以达到淬火表面温度合理分布，确定火焰最佳形式。

（2）火焰喷嘴与零件表面距离要适当。过大则加热温度不足，过小则会造成过热。

（3）火焰喷嘴与零件相对移动速度。硬化层深度要求较深，则相对移动速度应小；反之，相对移动速度应大，通常在 50~300 mm/min。

（4）火焰喷嘴与喷液器间的距离。火焰喷嘴与喷液器间的距离太近，有可能喷到火焰上，造成火焰熄灭，影响加热；距离太远，零件加热可能不足。

4.5.2 激光加热表面淬火

激光加热表面淬火是利用激光将材料表面加热到相变点以上，随着材料自身冷却，奥氏体转变为马氏体，从而使材料表面硬化的淬火技术。

激光是波长大于 X 射线而小于无线电波的电磁波，是原子从高能级向低能级跃迁时辐射产生的，是一种新型光源。激光淬火装置主要是 CO_2 气体激光器，它所发生的激光波长 10.6 μm，此波长具有很好的大气透过率，很多物质对此波长的辐射线具有一定的吸收率；它具有输出功率大（20~100 kW）、效率高（可达 20%~40%）、持续时间长等优点。

1. 激光的主要特点

（1）高方向性：光束的发散角小到 0.1 mrad，可认为基本上是平行的。

（2）高亮度性（高功率密度）：从激光器发出的光束可通过聚焦使其汇聚到一个极小的范围之内，可以获得很高的功率密度。

（3）高单色性：从激光器发出光的频率范围很窄，相干性非常好。

如将发射角为 θ(rad) 的激光束用焦距为 f(cm) 的透镜聚焦，则焦点平面上的光斑直径 d(cm) 可表示为

$$d = f\theta \tag{4-13}$$

高功率的激光，θ 为 $10^{-2} \sim 10^{-3}$ rad，用焦距为数厘米的透镜聚焦时，光斑直径 d 仅为几十到几百微米。集束光的强度，即功率密度 j_P，可用激光输出功率 P 除以光斑面积来表示，即

$$j_P = 4P/\pi d^2 \tag{4-14}$$

表 4-3 比较了几种热源的功率密度，激光和电子束的功率密度可以高达 10^9 W/cm^2。

表 4-3　几种热源功率密度的比较

热源	氧—乙炔火焰	太阳光	电子束	激光
光斑面积/cm^2	10^{-2}	10^{-3}	10^{-7}	10^{-5}
功率密度/(W·cm^{-2})	10^4	10^5	10^9	10^9

2. 激光与金属的相互作用

激光束照射到材料表面，材料吸收光子的能量而转化为热量。由于光子穿透金属的能力极低，这一光一热转换仅在金属表面极薄的一层内进行，使其被快速加热至相变温度之上，发生固态相变。

用激光进行表面加热淬火时，为了获得较厚的淬硬层深度，表面加热温度应该高一些。但为了避免因表面过热、熔化或烧损而受到损伤，其最高温度一般不应超过 1 200 ℃，并规定最大淬硬层深度是从表面到温度为 900 ℃处。因此，可以根据被加热金属的某些物理参数和相应的计算公式，估算出所需激光器的容量、淬硬层深度和加热时间等。一般来说，当功率密度大时，加热时间短，淬硬层深度浅；功率密度小时，加热时间长，淬硬层深度大。但前者温度梯度大，获得局部加热状态的倾向更大。

激光照射到金属表面后，一部分被反射掉，另一部分被吸收，而且只有被吸收的那一部分激光的能量才起到加热的作用。除激光本身因素外，金属种类、性质、表面状态（颜色、粗糙度等）都对激光吸收有很大影响。如果被加热零件的表面粗糙、无光泽、表面氧化或颜色很深，则反射率低，吸收的能量大；反之，如果零件表面很光亮，则反射率高，吸收的能量小。因此，在激光热处理前需对零件表面进行“黑化处理”（如氧化、磷化、涂石墨等），使其反射率接近于零。

反射率的这种影响可以被利用来进行零件表面的选择性图案硬化，即在光亮的零件表面上将需硬化的部分进行黑化处理，以实现硬化。

3. 激光加热表面淬火工艺及特点

激光加热表面淬火的原理与普通热处理相同，但其加热时间很短（在千分之几到十分之几秒的范围），区域很小，冷却极快，即利用激光作为热源使金属表面的一个小的区域迅速加热奥氏体化，随后激冷使其淬火强化。理论和实践均证实，表面温度和热穿透深度都与激光照射持续时间的平方根成正比。因此，适当地调节光斑尺寸、扫描速度和激光功率，其表面温度和热穿透深度是能够控制的。当激光束移开加热表面后，该处的热量便迅速传导至表面上的其余冷态部分，即相当于自行激冷淬火，而无须采取别的急冷措施。在进行激光束扫描时，还可通过改变光束摆动的振幅和频率来调节功率密度，从而控制淬硬层深度和覆盖面积。

由于激光光斑或光束摆动的幅度很小，所以只能通过光束在零件表面上逐条扫描来进行加热。为了不致因后一条扫描带边缘的热量把前一条已淬硬的部分回火软化，应设法使光束或摆动面边缘的能量分布尽可能陡峭。这一点可利用光栅来达到。

与感应加热表面淬火相似，一般钢铁材料激光表面淬火后的组织也分为表层完全淬火区（硬化区）、次层不完全淬火区（过渡区）和心部未淬火区。

与普通热处理相比，激光加热表面淬火具有以下特点。

(1) 加热速度极快，工件热变形极小。由于激光功率密度很高，加热速度可达 1 010 ℃/s，因而热影响区小，工件热变形小。

(2) 冷却速度很高，在工件有足够质量的前提下，冷速可达 1 023 ℃/s；无须冷却介质，靠热量由表向内的传导自冷淬火。

(3) 工件经激光淬火后表面获得细小的马氏体组织，其表面硬度高（比普通淬火硬度值高 15%~20%）、疲劳强度高（表面具有 4 000 MPa 以上的残余压应力）。

(4) 由于激光束扫描（加热）面积很小，可十分精确地对形状复杂的工件（如有小槽、盲孔、小孔、薄壁零件等）进行处理或局部处理，也可根据需要在同一零件的不同部位进行不同的处理。

(5) 不需要加热介质，不会排出气体污染环境，有利于保护环境。

(6) 节省能源，并且工件表面清洁，处理后无须修磨，可作为工件精机械加工的最后一道工序。

激光加热表面淬火最大的不足是激光发生器价格昂贵。

因为激光加热表面淬火具备以上优点，因此虽然开发时间较短，但进展较快，已在一些机械产品的生产中获得成功应用，如变速箱齿轮、发动机气缸套、轴承圈和导轨等。

4.5.3 电子束加热表面淬火

电子束加热表面淬火是将工件放置在高能密度的电子枪下，保持一定的真空度，用电子束流轰击工件的表面，在极短的时间内，使其表面加热，靠工件自身快速冷却进行淬火。

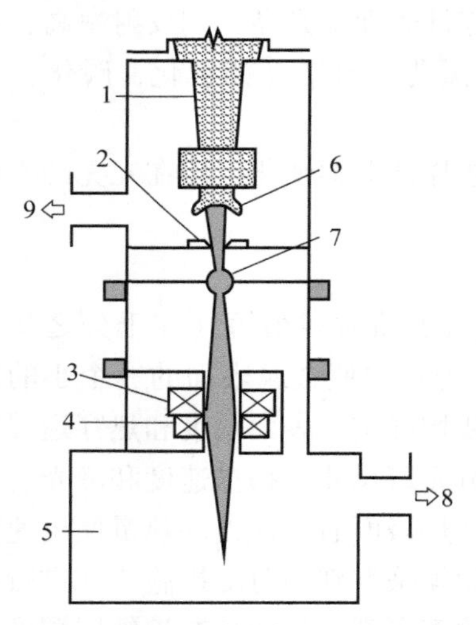

图 4-23 电子束表面淬火装置示意

1—高压绝缘件；2—阳极；3—磁透镜；4—偏转线圈；5—工作室；6—电子束；7—圆柱阀；8—局部真空；9—真空

电子束加热表面淬火的淬火装置如图 4-23 所示。这种装置的主要部件是电子束。电子束和零件装在真空容器内，而被处理的工件处于空气或惰性气体的工作室内。高能量的电子束撞击工件表面，在与金属原子碰撞时，电子释放出大量的能量，被撞击的工件表面被迅速加热。穿透速度取决于电子束的能量和电子束轰击工件表面的时间。

电子束加热表面淬火的工艺参数。

(1) 能量密度：电子束光点的能量密度可以用电磁方法调整电子束焦距来控制。电子束光点越小，能量密度越大。散焦的电子束使零件表面迅速加热，加热的温度由电子束扫描速度决定。如果停留时间太长，除非热量能以某种方式传出去，否则将会使被射击的零件表面发生熔化。实际生产中电子束光点的能量密度一般为 30~120 kW/cm^2。

(2) 入射角：对处理工件孔内表面加热来说，加热受到限制，需要有一定的入射角，入射角一般选择 25°~30°，可以照射到零件内径原来看不见的地方，使零件被加热。对这类零件加热时间略有延长，但不超过几秒钟。采用偏转线圈能使电子束转向 45°~90°，以照射那些根本照射不到的表面。

（3）聚焦点的直径：电子束采用“微聚焦”，并以高速扫射加热表面，使工件表面产生预期的均匀分布能量。用于电子束加热表面淬火时，聚焦点直径一般不大于 2 mm。

（4）扫描速度。电子束的扫描速度对工件的加热速度与加热深度有很大的影响。扫描速度一般为 10~500 m/s。

电子束加热表面淬火的特点。

（1）加热速度极快，消耗能量少。

（2）无氧化、无脱碳，不影响零件表面粗糙度，处理后的工件表面呈白色。

（3）变形小，处理后不需要再进行精加工，可以直接装配使用。

（4）零件局部淬火部分的形状不受限制，即使是深孔底部和狭小的沟槽内部也能进行表面淬火。

（5）不需要冷却和加热介质，有利于环境保护。

（6）操作简单，可在生产线上应用。

电子束加热表面淬火也存在不足，淬火装置比较复杂，设备成本较高。

4.5.4　太阳能加热表面淬火

能源短缺是当今世界性的问题。太阳能是“取之不尽、用之不竭”的能源，将太阳能作为能源是今后世界各国的应用趋势。

太阳能加热表面淬火是将零件放在太阳炉焦点处，利用焦点上的集中热流对工件表面进行局部快速加热，随后靠钢件自身的导热将工件冷却，实现表面淬火的目的。

太阳能加热表面淬火设备也叫高温太阳炉，如图 4-24 所示，其主要参数及特性为：聚光器直径 1.5 m；焦距 663 m；半收集角度 60°；理论焦斑直径 6.2 mm；理论聚光率 34.6%；理论最高加热温度 3 495 ℃；实测最高加热温度可达 3 000 ℃，跟踪精度为焦斑漂移不超过±0.25 mm/h。

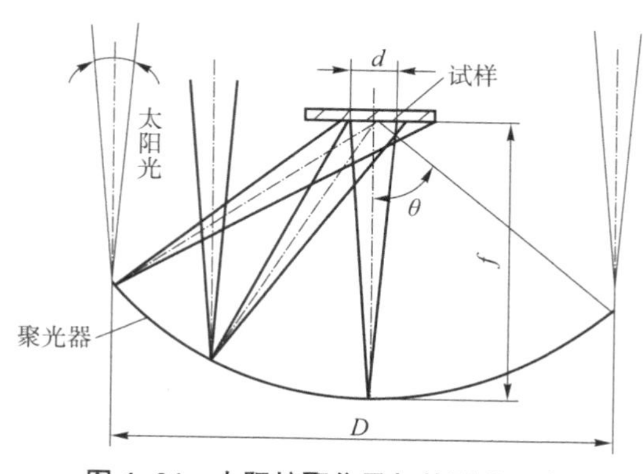

图 4-24　太阳炉聚焦及加热原理示意

太阳能表面淬火的优点有以下五点。

（1）节省常规能源（如油、煤、电等）；

（2）无公害；

（3）表面质量好，硬度高，组织细，变形小（一般可以省去淬火后的磨削）；

（4）工艺简单，操作容易；

（5）设备简单，造价低廉。

太阳能加热表面淬火的缺点有以下两点。

（1）太阳能加热表面淬火的操作受天气条件限制；

（2）需要大面积淬火时，存在软带或软化区。

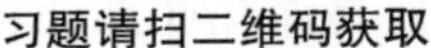

习题请扫二维码获取

习题答案

第5章 钢的化学热处理

金属的化学热处理是通过改变金属表面化学成分及随后热处理的方法来获得工件心部和表面不同的性能要求，以提高工件的使用性能的。化学热处理是一项既传统又不断创新的表面改性技术，在整个热处理技术中占有相当大的比重。

本章将从化学热处理基本原理出发，分析化学热处理的基本过程，并对碳势控制与钢中气体渗碳工艺参数的确定、渗碳后热处理以及渗氮原理与工艺方法等进行具体阐述。

5.1 化学热处理基本概念

化学热处理是将工件在特定的活性介质中加热、保温，使介质中的某些元素渗入工件表层，以改变其表层化学成分和组织，获得与心部不同性能的热处理工艺。

工业技术的发展，对机械零件提出了各式各样的要求。例如，发动机上的齿轮和轴，不仅要求齿面和轴颈的表面硬而耐磨，还必须能够传递很大的转矩和承受相当大的冲击负荷；在高温燃气下工作的涡轮叶片，不仅要求表面能抵抗高温氧化和热腐蚀，还必须有足够的高温强度等。这类零件对表面和心部性能要求不同，采用同一种材料并经过同一种热处理是难以达到要求的。而通过改变表面化学成分和随后的热处理，就可以在同一种材料的工件上使表面和心部获得不同的性能，满足上述要求。

化学热处理与一般热处理的区别在于：前者有表面化学成分的改变，而后者没有表面化学成分的变化。化学热处理后渗层与金属基体之间无明显的分界面，由表面向内部其成分、组织与性能是连续过渡的。

根据不同元素在金属中的作用，金属表面渗入不同元素后，可以获得不同的性能。因此，金属的化学热处理常以渗入的元素来命名。常用化学热处理方法及其作用见表5-1。

表5-1 常用化学热处理方法及其作用

处理方法	渗入元素	作用
渗碳及碳氮共渗	C或C、N	提高工件的耐磨性、硬度及疲劳强度
渗氮及氮碳共渗	N或N、C	提高工件的表面硬度、耐磨性、抗咬合能力及耐蚀性
渗硫	S	提高工件的减摩性及抗咬合能力
硫氮及硫氮碳共渗	S、N或S、N、C	提高工件的耐磨性、减摩性及抗疲劳、抗咬合能力
渗硼	B	提高工件的表面硬度、耐磨性及红硬性

续表

处理方法	渗入元素	作用
渗硅	Si	提高表面硬度、耐蚀性和抗氧化能力
渗锌	Zn	提高工件抗大气腐蚀能力
渗铝	Al	提高工件抗高温氧化及在含硫介质中的耐蚀性
渗铬	Cr	提高工件抗高温氧化能力、耐磨及耐蚀性
渗钒	V	提高工件表面硬度、耐磨性及抗咬合能力
硼铝共渗	B、Al	提高工件耐磨、耐蚀性及抗高温氧化能力，表面脆性及抗剥落能力优于渗硼
铬铝共渗	Cr、Al	具有比单一渗铬或渗铝更优的耐热性能
铬铝硅共渗	Cr、Al、Si	提高工件的高温性能

5.2 化学热处理原理

化学热处理的过程比较复杂，一般常将其看成由渗剂中反应，渗剂中扩散，渗剂与被渗金属表面的界面反应，被渗元素在钢件中由表面向内部的扩散和扩散中的相变等过程所构成。简言之，化学热处理过程分为分解、吸收和扩散。这些过程相互交叉进行，其中界面反应和被渗元素在金属中的扩散是主要过程。

5.2.1 渗剂的分解与扩散

化学热处理的渗剂一般由含有欲渗元素的物质组成，有时还须按一定比例加入一种催渗剂，以便从渗剂中分解出含有被渗元素的活性物质。但不是所有含有被渗元素的物质均可作为渗剂，而作为渗剂的物质应该具有一定的活性。所谓渗剂的活性，就是在相界面反应中易于分解出被渗元素原子的能力。例如，普通气体渗氮就不能用 N_2 作为渗氮剂，因为 N_2 在普通渗氮温度不能分解出活性氮原子。

催化剂是促进含有被渗元素的物质分解或产生出活性原子的物质，它仅是一种中间介质，本身不产生被渗元素的活性原子。例如，固体渗碳时，除炭粒外，还须加碳酸钡和碳酸钠，这里的碳酸钡和碳酸钠就是催渗剂，固体渗碳过程的基本反应是

在渗碳温度时 $$Na_2CO_3 \xlongequal{\triangle} Na_2O+CO_2$$

$$BaCO_3 \xlongequal{\triangle} BaO+CO_2$$

分解出的 CO_2 与炭粒表面作用

$$CO_2+C \xlongequal{} 2CO$$

生成 CO 至钢件表面发生界面反应

$$2CO \xlongequal{} CO_2+[C]$$

C 渗入 γ-Fe 中

在冷却时 $$Na_2O+CO_2 \xlongequal{} Na_2CO_3$$

$$BaO+CO_2 \xlongequal{} BaCO_3$$

显然，碳酸钡和碳酸钠在渗碳前后没有变化，仅在渗碳过程中把炭粒变成活性物质 CO。

渗剂的分解是指在一定温度下，工件周围的渗剂将发生一系列的分解反应，产生渗入元素活性原子的过程。化学热处理时分解出活性原子的化学反应有如下几类。

（1）分解反应。

热裂解：如 $C_nH_{2n+2} \xlongequal{} (n+1)H_2+n[C]$（渗 C）

热分解：如 $2CO \xlongequal{} CO_2+[C]$（渗 C）

$CH_4 \xlongequal{} 2H_2+[C]$（渗 C）

$NH_3 \xlongequal{} 3/2H_2+[N]$（渗 N）

（2）置换反应：如 $MeCl_x+Fe \longrightarrow FeCl_3+Me$（渗 Me）

（3）还原反应：如 $MeCl_x+H_2 \longrightarrow HCl+Me$（渗 Me）

不论何种反应，其分解出被渗元素的能力均可根据质量作用定律确定。根据质量作用定律，每一反应的平衡常数，在常压下，取决于温度。而当温度一定时，平衡常数也一定，则主要取决于参加反应物质的浓度（液态反应）或分压（气态反应）。因此，影响渗剂活性的因素首先是渗剂本身的性质。在渗剂一定的条件下，则影响渗剂活性的因素是温度和分解反应前后参与反应物质的浓度或分压。

化学热处理基本上都是在流体介质（气体或液体）中进行的，在一般化学热处理条件下，流体介质中的各组分只能实现部分混合。在部分混合的情况下，流体介质流经固体表面时，将出现一个流动方向与表面基本保持平行的层流层，称为“界面层”。在界面层内，物质的输送不能靠介质本身的流动来进行，只能通过扩散实现物质的传递。而与物质对流传递相比，扩散传递速度是缓慢的，这就造成在邻近工件表面的界面层内界面反应物的贫乏和生成物的富集，因此在界面层中出现了介质中不同组分的浓度差异。由于浓度差的存在导致扩散过程的产生，此扩散因其方向与工件表面垂直，又产生于工件表面外的介质中，故习惯上称为外扩散。

渗剂分解产物的外扩散是化学热处理过程中必不可少的，正因为有了外扩散，工件表面上的界面反应才得以持续进行，因而其对化学热处理的渗速和均匀性有一定的影响。外扩散在流体介质中进行，与在工件内部进行的内扩散相比，速度要快很多，所以在一般条件下，外扩散不会成为整个化学热处理过程的制约因素。但在某些特定的情况下，外扩散也可能成为化学热处理的关键所在。例如，在气体渗碳时，直径不大的深孔内壁，尤其是盲孔内壁，由于孔内的气体介质接近静止状态，外扩散速度减慢，致使内孔壁的表面碳浓度明显降低，同时渗碳层厚度也明显减小。

5.2.2 活性原子在工件表面的吸附

固体物质能自动把周围气体或液体分子、离子或活性原子吸引到固体表面上，这种现象称为固体的吸附。固体表面存在空位、位错、不饱和键力和范德瓦尔斯力，处于能量较高的状态。当气体或液体分子、离子或活性原子碰撞到固体表面时，就会被表面原子所吸附。吸附的结果降低了表面自由能，使体系处于较低的能量状态，所以吸附是自发过程。

介质中的组分通过界面层扩散与工件表面直接接触时，就有可能被工件表面所吸附，进而在工件表面上发生各种界面反应，产生渗入元素的活性原子和其他产物。渗入元素的活性原子被工件表面吸附溶入或形成化合物，其他产物发生解吸，离开表面，通过界面层重新进入介质中。

现以 CO 在钢表面的相界面反应为例，来说明这一问题。

作热运动的 CO 分子不断冲刷钢件表面，当具有一定能量的 CO 分子冲入到 Fe 晶格表面原子的引力场范围之内时，将被铁表面晶格捕获而发生吸附。碳原子和氧原子均与 Fe 原子发生电子交互作用，这是一种化学吸附。但是 Fe 晶格中 Fe 原子间距（0.228 nm）几乎比 CO 分子中、氧原子间距（0.115 nm）大一倍，一旦化学吸附发生，C 和 O 原子间距被拉大，C-O 被强烈变形，从而削弱了 C 和 O 间原有的结合力，为破坏 C-O 键提供了有利条件。当气相中的 CO 分子碰撞在已被吸附在铁表面上的 CO 分子中的氧原子时，被吸附而变形的 CO 分子就很容易与气相中的 CO 作用，成为 CO_2 和［C］，吸附的［C］侵入铁的晶格而溶解于铁中。因为这种反应是可逆的，即还有 Fe 中的 C 与 CO 作用形成 CO_2，这两个正反过程进行直至平衡，对应的 Fe 表面有一平衡碳浓度，反映在该反应的平衡常数中为该状态下碳在 Fe 中的活度。

一般固体表面对气相的吸附分成两类，即物理吸附和化学吸附。物理吸附是固体表面对气体分子的凝聚作用，吸附速度快，达到平衡也快。吸附大多数为多分子层，固体晶格与气体分子间没有电子的转移和化学键的生成。随着温度的升高，吸附在固体表面上的分子离开固体表面（即解吸现象）增多。化学吸附则不同，它在吸附过程中的结合力类似化学键力，而且有明显选择性。化学吸附只能是单分子层，吸附的发生需要活化能，吸附速度随着温度的提高而增大。一般化学热处理的吸附过程为化学吸附。

吸附能力还与工件表面活性有关。所谓工件表面活性，就是吸附和吸收被渗活性原子能力的大小。

工件表面粗糙度越大，吸附和吸收被渗原子的表面越大，活性越大。

工件表面越新鲜，即工件表面既没有氧化也没有被沾污，则表面原子的自由键力场完全暴露，增加了捕获被渗元素气体分子的能力，因而增大了表面活性。例如，钢件表面存在氧化铁或油污，就会阻止铁对渗碳气体中 CO 的吸附。洁净表面还可以是界面反应的催化剂。例如，用氨对钢件进行渗氮时，洁净的表面对氨分解起催化作用，氨在铁的催化下分解速度为不催化的 1×10^{13} 倍。离子氮化进一步说明了洁净的表面对氮化进程的重要性。在离子氮化时，被离解的氢离子在电场的作用下高速轰击工件（阴极）表面。在轰击时，离子的部分能量转化为热能，对工件表面加热。同时在离子的高速轰击下，钢件表面的原子不断被击出，形成阴极溅射，有效地除去了工件表面的氧化膜等惰性表面层。另外，氢离子在阴极表面放电后形成原子氢，它具有强烈的还原性，也能去除工件的惰性表面层。因此，由于阴极溅射和氢的还原作用，使工件表面保持洁净，促进了活性氮原子的溶解与化合，加快了氮化的进程。

目前化学热处理常采用卤化物作为净化物，在化学热处理过程中靠其对工件表面的轻微侵蚀作用，除去工件表面氧化膜等沾污物，增大工作表面粗糙度，以提高表面活性，促进化学热处理过程。

表面吸附与界面反应从性质上来说是不同的，但又相互关联。表面吸附与界面反应是渗入元素由介质进入工件的开端，任何化学热处理都不可能没有这些过程。

5.2.3　渗入元素由工件表面向里扩散

表面吸附及界面反应的结果使渗入元素在工件表面的浓度增高，于是在工件表面与心部之间出现了浓度差，促使渗入元素的原子不断向工件的纵深迁移。为了区别于工件表面以外介质中的外扩散，将这种扩散称为内扩散，习惯上称为扩散。当渗入元素的数量超过其在基体中的溶解度极限时，将发生反应扩散，形成新相。

在化学热处理中发生的扩散现象一般有纯扩散与反应扩散。

1. 纯扩散

渗入元素原子在母相金属中形成固溶体，在扩散过程中不发生相变或化合物的形成和分解，这种扩散过程称为纯扩散。这种扩散现象多数发生在化学热处理过程的初期，或发生在渗剂活性不足以使渗入元素在工件表面达到钢中饱和浓度的场合，如一般碳钢的渗碳。一般碳钢渗碳温度取 930 ℃，根据铁碳状态图，930 ℃时碳在奥氏体中溶解度极限约为 1.2%。而一般渗碳层表面碳浓度为 0.9%～1.0%，因而渗碳过程为碳在奥氏体中的扩散，不发生相变。

在化学热处理中，渗入元素原子在金属中形成的固溶体有两种。

（1）C、N、B 与铁形成间隙固溶体；

（2）Cr、Al、Si 等渗入奥氏体中形成置换式固溶体。

在化学热处理中的扩散过程是一个不稳定的扩散过程，因为渗层内各区域的浓度随时间的延长而变化，沿扩散方向的浓度梯度也不相等，因而其扩散过程只能用扩散第二定律来描述。在扩散系数 D 与浓度 C 无关时，有

$$\frac{\partial C}{\partial \tau} = D\frac{\partial^2 C}{\partial X^2} \tag{5-1}$$

式中　$\frac{\partial C}{\partial \tau}$——浓度变化速率；

$\frac{\partial C}{\partial X}$——在 X 方向的浓度梯度；

D——扩散系数。

在化学热处理时，有以下两种情况。

（1）一种是被渗元素渗入很快，表面浓度很快达到界面反应平衡浓度，这时化学热处理过程主要取决于扩散过程，称为扩散控制型。此时渗入元素在工件表面的浓度 C_x 保持恒定，且工件的原始成分为 C_0 时，化学热处理可按半无限长棒的扩散过程来处理，有以下初始条件和边界条件：

$$\begin{array}{lll} C=0 & \tau=0 & x=0 \\ C=0 & \tau=0 & x=\infty \\ C=C_0 & \tau=\tau & x=0 \\ C=0 & \tau=\tau & x=\infty \end{array}$$

代入式（5-1），则微分方程（5-1）有解为

$$\frac{C(x,\ t)-C_0}{C_x-C_0}=\left[1-\operatorname{erf}\left(\frac{x}{2\sqrt{D\tau}}\right)\right] \tag{5-2}$$

式中 $\text{erf}\left(\dfrac{x}{2\sqrt{D\tau}}\right)$——高斯误差积分函数。

$C(x,\ t)$ ——经过时间 t 后距离表面为 x 处的浓度。

由式（5-2）可以推算：

①渗层深度与扩散时间的关系

$$\delta^2 = K_1\tau \tag{5-3}$$

式中 δ——渗层深度；

K_1——常数；

τ——扩散时间。

这是在化学热处理时，扩散时间对渗层深度的影响规律，即所谓抛物线定律。

②渗层深度与温度的关系

$$\delta^2 = K_2 e^{-\frac{Q}{RT}} \tag{5-4}$$

式中 K_2——常数；

Q——被渗元素的扩散激活能；

R——气体常数；

T——绝对温度。

可见渗层深度与温度呈指数关系，因而温度对渗层深度的影响，远比时间的影响强烈。因此，在制定热处理工艺时，宜尽可能选择较高的温度。

③表面浓度 C 越高，在相同扩散时间条件下，渗层深度越深。

（2）另一种情况是化学热处理过程中表面不能马上达到平衡浓度。此时渗层的增长速度取决于界面反应速度（即溶于表面被渗元素原子的速度）和金属中该元素的扩散速度。这种化学热处理过程称为混合控制型。此时的初始条件和边界条件为

$$C = C_0 \qquad \tau = 0 \qquad x > 0$$

$$-D\frac{\partial C}{\partial x} = \beta(C_\infty - C) \qquad x = 0$$

式中 β——比例常数，又叫“传递系数”；

C_∞——界面反应平衡时，被渗元素在金属表面的浓度，在气体渗碳时即为气体介质的碳势；

C——被渗元素在金属表面的浓度。

则方程（5-1）有解

$$\frac{C - C_0}{C_\infty - C_0} = \text{erfc}\left(\frac{x}{2\sqrt{D\tau}}\right) - [\exp(hx + h^2D\tau)] \cdot \text{erfc}\left(\frac{x}{2\sqrt{D\tau}} + h\sqrt{D\tau}\right) \tag{5-5}$$

式中 $h=B \cdot D$；

erfc——补误差函数，erfc = 1−erfu。

2. 反应扩散

渗入元素渗入工件基体后，其在表面浓度的增加，伴随着形成新相的扩散称为反应扩散或相变扩散。为了讲述上的方便，把带来相变的扩散和反应扩散统称为反应扩散。

当渗剂的活性高，与之平衡的渗入元素浓度大于该温度下的饱和极限时，可能出现以下几种情况。

一种是发生相变，即由溶解度较低的固溶体转变成溶解度较高的固溶体，如铁的渗铬过程，这种扩散称为带来相变的扩散。图 5-1（a）为 Fe-Cr 二元相图，Cr 是封闭 γ 区的元素。在1 050 ℃进行渗 Cr 时，若渗剂能提供充足的 Cr 原子，而且若渗入 Fe 表面的 Cr 原子数大于 Cr 原子向里扩散，则随扩散时间的延长，最初 Fe 在该温度下为具有面心立方晶格的 γ-Fe，Cr 溶入于 γ-Fe 中，表面 Cr 在 γ 相中的浓度不断提高，直至 c'，达到了 Cr 在 γ 相中的溶解度极限。继续提高其浓度，则在表面发生 γ→α 的相变，在铁的表面出现了 α 相。随着扩散过程的进行，Fe 表面 Cr 的浓度继续提高，同时 α 相长大。γ→α 转变也是成核和长大过程。表面 α 晶粒彼此相遇后，则随着 Cr 原子向内部扩散，相界面向内部推移，在表面形成了 α 相的柱状晶体。图 5-1（b）为渗铬后的渗铬层 Cr 的浓度分布曲线，$a'→b'$曲线代表相当于相的柱状晶体层的沿层深的 Cr 浓度分布，该区域在冷却时没有同素异构转变，α 相柱状晶体在冷却过程中不发生相变（由 Fe-Cr 相图可以看出，若在比这更高温度渗铬时，毗邻 γ 固溶体的 α 固溶体在冷却过程中将发生 α→γ→α 的二次同素异构转变）。

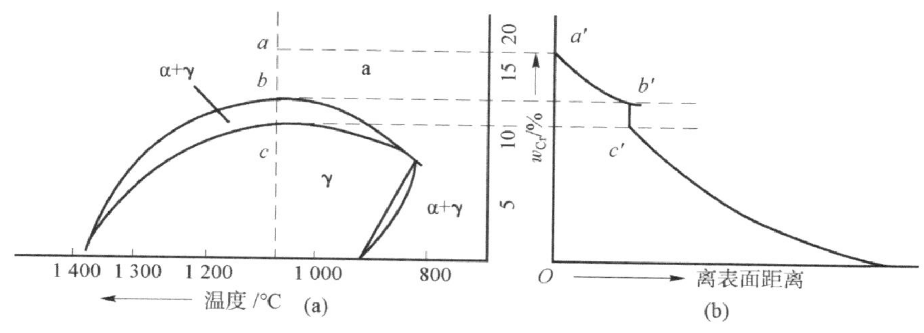

图 5-1　Fe-Cr 二元相图及渗层 Cr 浓度分布曲线

反应扩散的基本特征之一是反应扩散时在两个相区内都存在着浓度梯度，高浓度新相是在低浓度相达到饱和浓度之后才能形成的，在相界面上浓度突变，界面处各相的浓度对应于相图中相的平衡浓度。反应扩散的另一特征是在二元系扩散过程中，扩散层中不会出现两相区。例如，当纯铁渗铬时，在扩散过程中不可能出现 α+γ 的双相区。因为根据相律，在双相层的固溶体中，各固溶体内的浓度应该严格不变，在每一固溶体中浓度梯度都应该等于零。因此通过双相层的扩散是不可能的。所以，按照 Fe-Cr 相图，在 1 100 ℃渗铬时，虽有 α+γ 双相区，但在渗层中不出现该双相区，而在浓度分布曲线中有相当于 b'至 c'的浓度突变。

与渗剂平衡的浓度高于该温度固溶体的饱和极限时的另一种情况是由溶解度较低的固溶体转变成浓度更高的化合物，这种扩散称为反应扩散。在反应扩散中，新相形成的过程有两种情形：一种是在扩散温度下金属表面与介质组分直接发生化学反应而形成化合物，而新相的形成是反应元素相互间化学键力作用的结果，它可以较快地在金属表面形成极薄的化合物层。该化合物层将活性原子与工件基体隔开，新相长大使活性原子扩散通过所形成的化合物层。另一种情形是渗入元素首先要达到在固溶体中的极限溶解度，然后再形成新的化合物相，该相在相图中与饱和的固溶体处于平衡状态。例如，钢的渗氮形成的 ε 相氮化物、钢的渗碳形成的渗碳体、钢的渗硼形成的 Fe_2B 或 FeB 都属于这一类。

反应扩散时新相的长大速度不仅取决于渗入元素在新相中的扩散，而且取决于渗入元素在与其毗邻的相中的扩散。

5.2.4 化学热处理的质量控制

化学热处理后质量指标包括表面渗入原子浓度、层深、沿层深浓度分布和渗层组织等。

1. 影响化学热处理工件表面渗入元素浓度的因素

化学热处理后的工件的表面浓度主要取决于介质中渗入元素的化学势、加热温度和时间、工件的表面状态等因素。

1）介质中渗入元素的化学势

化学热处理可以看作是恒温、恒压过程，介质中某一组元之所以能够通过工件表面渗入工件内部，是因为该组元在介质中的化学势大于它在工件表面内的化学势。一旦该组元在介质中和在工件表面的化学势相等，过程就达到动态平衡。但介质中过高的化学势往往是不必要的，甚至是有害的，会引起渗层出现不正常的组织。例如，在过高的碳势下渗碳后，会使工件表面碳浓度太高，出现网状或粗块状碳化物，同时淬火后会出现过量的残余奥氏体使硬度低于正常值。介质中某元素的化学势取决于介质的组成和温度；工件表面上某元素的化学势则取决于其化学成分和温度。

2）处理温度

化学热处理中工件表面渗入元素浓度的改变是通过该元素的渗入实现的，同时渗入元素的活性原子又是通过介质在工件表面的催化作用下所进行的界面反应形成的，而温度对反应速率的影响很大。温度对渗入元素的原子由表面向心部的扩散也会产生影响。当由介质进入工件表面的渗入元素原子数量恒定时，扩散速度的大小会影响工件表面渗入元素的浓度。

3）工件的表面状态

工件表面是否有锈、油污、氧化膜，或是否进行过其他表面处理，即表面是否洁净或活化等都会影响表面对化学反应的催化或产生机械阻碍作用。

2. 工艺参数对层深及渗入元素沿层深分布的影响

化学热处理过程中渗剂的分解、吸收和扩散三个基本过程既互相联系又彼此制约。这几个过程对化学热处理整体速度的影响不是等同的，一般取决于其中最慢的一个过程，这个过程称为化学热处理过程的“控制因子”。当“控制因子”不同时，对渗层厚度和浓度分布起决定性影响的工艺参数也不同。当界面反应是控制因素时，则表面浓度和层深主要受界面反应速度影响，而界面反应速度取决于介质的化学组分和介质中渗入元素的化学势。如果过程主要由扩散控制，则层深及浓度分布主要受渗入元素在工件中扩散速度的影响。扩散速度取决于渗入元素在工件中的扩散系数、处理温度和工件的几何形状等。

3. 加速化学热处理的途径

1）适当提高工艺温度

物质的扩散系数与温度呈指数关系增长，然而温度的提高是受限制的，因为工艺温度的选择首先要满足产品的质量要求和设备的承受能力。例如，钢渗碳时，温度高，加之时间长，钢的晶粒粗大，使零件的脆性增大，渗碳后热处理工艺复杂，还会降低设备的使用寿命。

2）采用多元共渗工艺

目前生产中广泛使用共渗工艺，某些共渗工艺不仅可以提高渗层的形成速度，而且可以改善或提高渗层的性能。例如，氮碳共渗与单一渗氮比较，具有渗速快和渗层脆性小的优点；铬铝共渗与单一渗铬比较，具有渗速快和渗层厚且不易剥落的优点。

3）化学催渗

化学催渗法是在渗剂中加入催渗剂，促使渗剂分解，活化工件表面，提高渗入元素的渗入能力。例如，在渗氮时先向炉内添加少量的 NH_4Cl，其分解产物可清除零件表面的钝化膜，使零件表面活化。再如采用 NH_3 进行气体渗氮时，向炉气中添加适量的氧气或空气，由于氧和氨分解气中的氢结合成水蒸气，有效地降低了氢气的分压或相对提高了炉气中活性氮原子的分压，即提高了渗氮炉气的活性，从而加速了渗氮过程。

4）物理催渗

物理催渗是工件放在特定的物理场中（如真空、等离子场、机械能、高频电磁场、高温、高压、电场、磁场、辐照、超声波等）进行化学热处理，可加速化学热处理过程，提高渗速。

例如，等离子态化学热处理，即利用等离子物理技术发展起来的辉光离子渗氮、渗碳、碳氮共渗等工艺，在提高渗速和渗层质量方面已获得良好的结果。

真空化学热处理是在真空作用下，工件表面净化，吸附于工件表面的活性原子浓度大为提高，从而增加了浓度梯度，提高了扩散速度。例如，真空渗碳提高生产率 1~2 倍，渗层深度可达 7 mm。

5.3　钢的渗碳

钢的渗碳就是将低碳钢工件放入有渗碳介质的炉中进行加热和保温，使活性碳原子渗入工件表面，从而提高表面含碳量并且由表及里获得一定碳浓度梯度的工艺。

钢的渗碳是机器制造中应用最广泛的一种化学热处理工艺。渗碳的目的是使机器零件获得高的表面硬度、耐磨性及高的接触疲劳强度和弯曲疲劳强度，同时心部具有足够的强度和韧性，亦即“表硬心韧”。

根据所用渗碳剂在渗碳过程中聚集状态的不同，渗碳方法可以分为固体渗碳法、液体渗碳法及气体渗碳法三种。其中最常见的是气体渗碳法。

渗碳主要适用于承受磨损、交变接触应力或弯曲应力和冲击载荷的机器零件，如轴、活塞销、齿轮、凸轮轴等。亦即表面要求有很高的硬度及心部要求有足够的强度和韧性。

渗碳钢通常为含碳 0.1%~0.3%的低碳钢或低碳合金钢，可分为低、中、高淬透性渗碳钢。常用的渗碳钢有以下几种。

低淬透性渗碳钢：20、20Cr、20CrV、20Mn、15、15Cr。

中淬透性渗碳钢：20CrMnTi、20CrMn、20Mn2B、20MnVB。

高淬透性渗碳钢：12Cr2N4A、18CrNi4WA、20Cr2Ni4。

多数渗碳钢碳的质量分数均在 0.2%左右，这是因为若碳含量太高，对心部韧性不利；若太低，则心部强度偏低。钢中合金元素的作用主要是避免在高温、长时间渗碳中（通常为 5~7 h）奥氏体晶粒粗化，并增大淬透性。

渗碳件最终为淬火加低温回火状态，因而不能在较高温度条件下工作。

5.3.1 渗碳工件对渗层的技术要求

渗碳工件在经淬火和回火后，其组织和性能满足技术要求的前提是必须使工件具有合适的表面碳浓度、渗层深度和碳浓度梯度。

1. 表面碳含量

渗碳工件的表面碳含量通常控制在0.7%~1.05%以内。若含量过高，则表面形成大块或网状碳化物，造成渗层的脆性增大而易在工作中发生剥落，同时残留奥氏体量增加，降低了工件的疲劳强度；若表面碳含量过低，则会使淬火后表面硬度不足，回火得到了硬度较低的回火马氏体，达不到所要求的高硬度和高耐磨性。为了综合考虑表面碳含量对渗碳工件力学性能的影响，渗碳时将其控制在一定范围内。一般情况下低碳钢为0.9%~1.05%，镍铬钢为0.7%~0.8%，低合金钢0.8%~0.9%。

渗碳层的碳含量对疲劳强度的影响见表5-2。可以看出，疲劳强度随碳含量的增加而升高，在0.93%附近具有最大值，随后随碳含量的增加而降低。

表5-2 18CrMnMo钢渗碳层中不同碳含量对疲劳强度的影响

渗碳层碳含量/%	0.8	0.93	1.15	1.42
疲劳强度/MPa	853	921	823	666

2. 渗碳层深度

工程上的渗碳层深度指表面至规定碳含量处（一般为$w_C=0.4\%$）的垂直距离。渗碳层中碳含量由表及里逐渐降低，渗碳层深度对工件的力学性能有很大影响。渗碳层深度的增加会使渗碳时间延长。当气氛控制不稳定时，层深的增加往往伴随着表面碳含量的增加，对表层组织和性能会产生不良影响，同时对内应力的分布也会产生不利的影响，故渗碳层深度必须选择适当。在实际生产中综合考虑各种性能，总结出渗碳层深度（渗碳层总深度）和零件的断面尺寸有一定比例关系：

$$\delta=(0.1\sim0.2)R \tag{5-6}$$

$$\delta=(0.2\sim0.3)m \tag{5-7}$$

式中 δ——渗碳层厚度；

R——零件半径；

m——齿轮模数。

同时，某些零件的最佳渗碳层深度，可通过多次试验找出规律。渗碳层深度应根据工件的尺寸、工作条件件和渗碳钢的化学成分决定，通常制定工艺的原则为：大工件渗碳层2~3 mm，小截面及薄壁零件的渗碳层厚度小于其零件截面尺寸的20%。但对于特殊工件不受此限制，如大型滚动轴承渗碳层深度为4~10 mm。渗层太薄、脆性大会引起表面压陷和剥落；渗层太厚会影响零件的抗冲击能力。图5-2为Cr-Mn-Mo钢的冲击值随渗碳层深度的增加而下降。渗

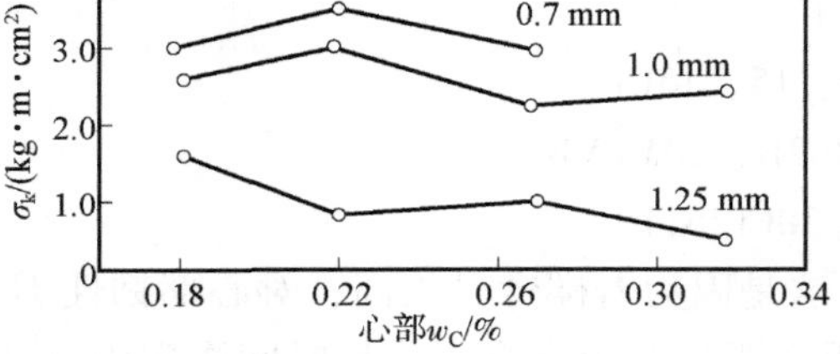

图5-2 渗碳层深度对Cr-Mn-Mo钢冲击值影响

层深度对疲劳性能也有影响，如图 5-3 所示，疲劳强度随渗层深度增加而提高，但渗层过深又会使疲劳强度下降。

3. 渗碳层碳浓度梯度

渗碳层碳含量分布图 5-4 是常见的三种渗碳层碳含量分布曲线。其中，曲线 a 碳含量分布较平缓，即碳含量梯度较小，而曲线 c 则较陡，碳含量梯度较大。通常希望获得曲线 a 所示的碳含量分布曲线，因为渗层碳含量下降得越平缓，则渗层与心部的结合越牢固，淬火后渗层的硬度梯度才不致过陡。曲线 c 由于渗层碳含量梯度过大，渗层与心部结合强度较低，对齿轮件易造成早期接触疲劳剥落。曲线 b（因表面脱碳所致）会使表面由压应力变为拉应力，降低弯曲疲劳强度。为使渗层碳含量分布平缓，通常对过共析+共析层厚度进行控制，如碳钢规定此层厚度不小于总层深的 75%。

渗层碳含量梯度可利用剥层化学分析法测试，但此法较麻烦，通常只在新钢种或新渗碳工艺试验时使用。

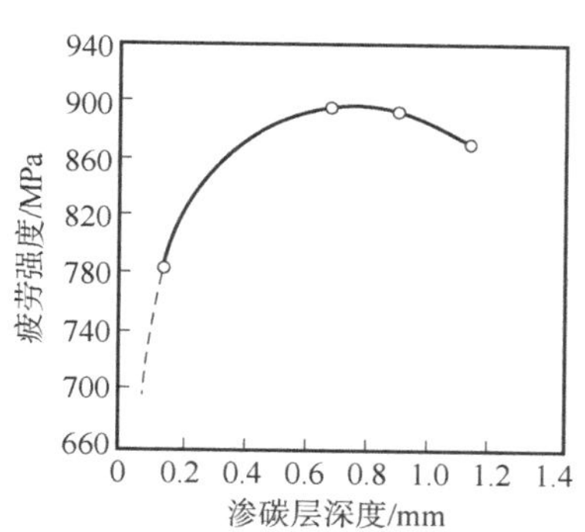

图 5-3　渗层深度对疲劳强度的影响

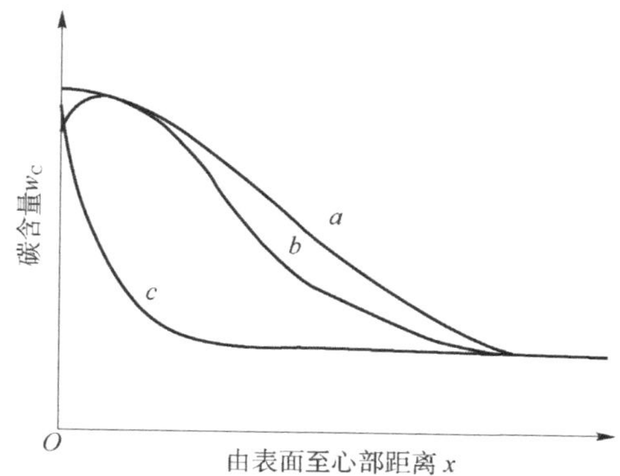

图 5-4　渗碳层碳含量分布曲线

a—合理的分布曲线；b，c—不合理的分布曲线

5.3.2　气体渗碳

气体渗碳是工件在气体介质中进行碳的渗入过程的方法。渗碳气体可以用碳氢化合物有机液体，如煤油、丙酮、乙醇等直接滴入炉内，裂解出渗碳组分（如 CH_4、CO 等）进行渗碳；也可以将事先制备好的一定成分的气体（如吸热式渗碳气氛、氮基渗碳气氛等）通入炉内，在渗碳温度下分解出活性碳原子渗入工件表面来进行渗碳。图 5-5 为气体渗碳装置示意图。

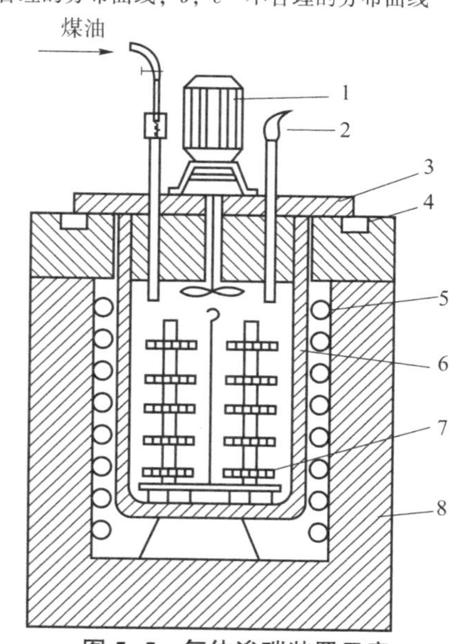

图 5-5　气体渗碳装置示意

1—风扇电动机；2—废气火焰；3—炉盖；4—砂封；5—电阻丝；6—耐热罐；7—工件；8—炉体

气体渗碳是目前应用最广泛的一种渗碳方法，不仅渗层可控，而且生产过程可采用计算机群控。渗碳工艺上正在发展节能的气体渗碳法，尽量使渗剂简单，不仅在制备过程中节省

能源，而且尽量节省石油气体的消耗，如采用氮基气氛的渗碳。

气体渗碳的主要优点如下。

（1）气氛的配比基本稳定在一个范围内，并可实现气氛控制，产品质量稳定；

（2）渗碳速度较快（0.2 mm/h），生产周期短，约为固体渗碳时间的1/2；

（3）适用于大批量生产，既适用于贯通式连续作业炉（如振底式、旋转罐式、输送带式、推杆式、转底式等），又适用于周期式渗碳炉（如井式、卧式和旋转罐式），可实现连续生产及渗碳作业的机械化和自动化。

渗碳件的各项性能与渗层的浓度分布及组织结构有密切的关系，不同的零件服役条件各异，对性能的要求不一，通过试验确定每一种零件各自最佳的渗层浓度分布和渗层组织，就有可能大幅度提高渗碳零件的使用寿命。现代工业对零件性能的要求越来越高，这就要求在渗碳过程中需实现精确的碳势控制并做出合理的渗后热处理。

1. 气体渗碳常用渗碳剂

1）渗碳剂的选用原则（以滴注渗碳剂为例）

（1）渗碳能力强：渗碳能力常用碳当量和碳氧比表示。碳当量是指产生1 mol活性碳原子所需该物质的质量；碳氧比指渗碳剂中所含碳原子与氧原子之比。碳当量越小，碳氧比越高，该渗碳剂渗碳能力越强。如丙酮（CH_3COCH_3），C/O=3，是强渗碳剂；甲醇（CH_3OH），C/O=1，是弱渗碳剂。常用渗碳剂的碳氧原子比、碳当量见表5-3。

（2）产气量大：产气量指常压下每毫升液体产生气体的体积。产气量高的渗碳剂，可在较短时间将炉内空气排出。常用滴注渗碳剂的产气量见表5-3。

表5-3　常用渗碳剂的碳氧原子比、碳当量及产气量

名称	分子式	碳氧原子比	碳当量/($g \cdot mol^{-1}$)	产气量/($L \cdot mL^{-1}$)	用途
甲醇	CH_3OH	1	64	1.66	稀释剂
乙醇	C_2H_5OH	2	46	1.55	渗碳剂
丙酮	CH_3COCH_3	3	29	1.23	强渗碳剂
煤油	$C_{11}H_{24} \sim C_{17}H_{36}$	—	28.3	0.73	强渗碳剂
异丙醇	C_3H_7OH	3	30	1.49	强渗碳剂
乙酸乙酯	$CH_3COOC_2H_5$	2	44	1.24	渗碳剂

（3）生成的气体成分稳定：这主要指气体中CO与H_2的成分要稳定，以便于对碳势进行控制。当用CO_2红外仪或露点仪进行碳势控制时，是基于炉气中CO和H_2的成分不变这一前提。在滴注式可控气氛渗碳时，也是基于同一原理，利用红外仪或露点仪进行碳势控制。因此，当用甲醇作为稀释剂，并用其他碳氧比大于1的有机液体作为渗碳剂，在改变二者之间滴入比以改变炉气碳势时，炉气中的CO和H_2成分应尽可能维持不变。图5-6为不同渗碳剂与甲醇以不同比例混合时对CO含量的影响。由图可以看出，如用异丙醇和甲醇作为滴注剂，则随着它们配比的改变，气氛中CO含量也随之改变；相反，改用乙酸乙酯或用乙酸甲酯与丙酮的混合液作为渗碳剂，改变与甲醇的配比，炉气中CO含量基本不变。这样，在实际生产中易于调整和控制渗碳气氛。

（4）形成炭黑的倾向小：渗碳时，渗碳剂（如煤油）分解产物中如烷烃和烯烃含量高，则会分解出大量的活性碳原子，由于工件吸收活性碳原子的能力有限，多余的碳原子将结合成碳分子沉积在工件表面，形成炭黑。炭黑沉积在工件表面会阻碍活性碳原子的渗入；附在碳势测量仪器的传感元件上，容易使之失灵；附在炉罐上，使炉罐导热性降低；附在电热元件上，容易引起短路，故应严防炭黑的形成。使用中可加入稀释剂或采取其他工艺措施避免形成炭黑。

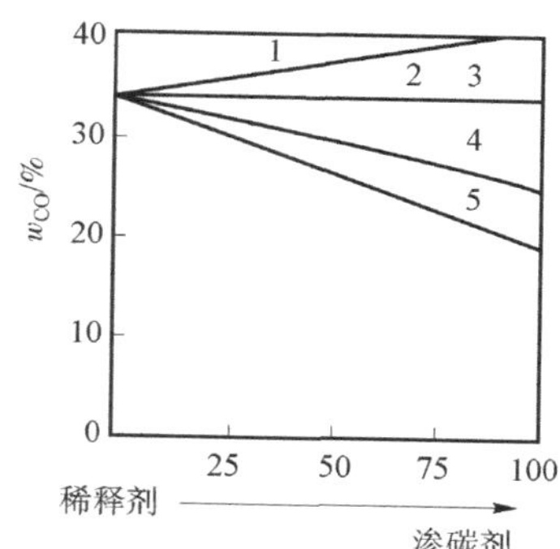

图 5-6　不同渗碳剂与甲醇按不同比例混合时对 CO 含量的影响

1—乙酸甲酯；2—乙酸乙酯；3—乙酸甲酯+丙酮；4—丙酮；5—异丙醇

（5）杂质少：特别是含硫量要低（主要针对煤油而言），因为硫原子渗入电热元件、炉罐和料筐，会与镍形成低熔点共晶体（645 ℃），显著缩短其使用寿命；且硫渗入工件后，会阻碍碳原子渗入。一般规定，渗碳煤油中硫的质量分数要低于 0.04%。

（6）安全、经济、环保，供应有保证。

以上渗碳剂选用原则中，除第（2）点外，其他对气态、固态渗碳剂都适用。

2）气体渗碳常用渗碳剂及特性

目前，生产中广泛应用的气体渗碳方式主要有滴注式、吸热式和氮基气氛三种，表 5-4 给出了这三种气体渗碳常用渗碳剂的成分及特点。

表 5-4　气体渗碳常用渗碳剂成分及特点

类别	渗碳剂名称	主要成分及特点
液体	煤油 （$C_{11}H_{24}$~$C_{17}H_{36}$）	煤油是多种烃类混合物。煤油碳当量为 28.3 g/mol，是强渗碳剂。在 850 ℃以下裂解不充分，低分子的烷烃、烯烃较多，容易产生炭黑和结焦。应在 900~950 ℃使用，高温下理论分解式：$n_1(C_{11}H_{24} \sim C_{17}H_{36}) \longrightarrow n_2CH_4 + n_2[C] + n_3H_2$。煤油中硫的质量分数必须小于 0.04%。煤油价格低廉，供应充足，应用较为普遍。不同牌号的煤油成分有区别
	甲醇 （CH_3OH）	无色透明液体，有毒，高温下易分解。甲醇 C/O=1，渗碳能力很弱，常作为稀释剂或载气①，渗碳时常与渗碳能力强的渗碳剂搭配使用，以调整气氛碳势。分解反应式：$CH_3OH \longrightarrow CO+2H_2$
	丙酮 （CH_3COCH_3）	易挥发，易燃烧，高温下易分解，成分较稳定。在分解不完全时，总含有 CH_4；丙酮 C/O=3，是强渗碳剂，常与甲醇配合使用。分解反应式：$CH_3COCH_3 \longrightarrow 2[C]+CO+3H_2$
	乙醇 （C_2H_5OH）	工业酒精是 95.6%（质量分数）的乙醇水溶液。在分解不完全时，含有 CH_4，渗碳能力一般。分解反应式：$C_2H_5OH \longrightarrow [C]+CO+3H_2$
	乙酸乙酯 （$CH_3COOC_2H_5$）	无色液体，高温下易分解，形成炭黑少，渗碳能力较强。分解产物成分稳定，与甲醇配合使用，易实现可控渗碳，价格较贵。分解反应式：$CH_3COOC_2H_5 = 2[C]+2CO+4H_2$

续表

类别	渗碳剂名称	主要成分及特点
气体	天然气	主要成分为甲烷（体积分数为 90%～95%），还有少量乙烷、丙烷、丁烷等。由于甲烷渗碳能力极强，如直接用其渗碳，会形成大量炭黑，故一般与渗碳能力弱的气体配合使用
	液化石油气	主要成分为丙烷（C_3H_8）及少量丁烷（C_4H_{10}），是炼油厂副产品，较便宜，储运方便，应用广泛，渗碳能力强，一般与渗碳能力弱的气体（如吸热式气氛）配合使用
	吸热式气氛	其主要成分是 CO、H_2 和 N_2，还有微量的 CH_4、CO_2 和 H_2O 等气体。吸热式气氛渗碳能力较弱，通常还需添加少量富化气②（如丙烷、甲烷等）
	氮基气氛	氮基气氛渗碳的气氛类型较多，较有代表性的是氮气 40%+甲醇分解气 60%（体积分数）的混合气，另加少量天然气（CH_4）或丙烷（C_3H_8）作为富化气，也可采用丙酮等的裂解气作为富化气

注：① 载气是指化学热处理中载运活性组分的稀释气体，其作用是稀释炉气，运载渗碳活性组分，排除炉内空气，并在炉内形成正压。

② 富化气是指为提高炉内碳势而加入的富碳气体（或滴入可在高温裂解的有机液体）。

2. 炉气成分及主要化学反应

1）常用渗碳剂分解后的组分及作用

试验表明，渗碳剂（除煤油外）与吸热式气氛、氮基气氛在炉内分解后，主要组分都是 CO、H_2、CH_4、CO_2、H_2O、O_2、N_2。煤油是混合物，在 925 ℃裂解后的炉气成分中，除上述组分外，还含有 C_nH_{2n+2}（绝大部分是甲烷）、C_nH_{2n}，这些组分按其在渗碳时所起的作用可分为以下几种情况。

（1）渗碳组分：烷类碳氢化合物 C_nH_{2n+2}（如甲烷、乙烷、丙烷等，其中甲烷占绝大部分）、烯类碳氢化合物和一氧化碳是渗碳组分。渗碳时，它们分别按下列反应析出活性碳原子：

烷类碳氢化合物的反应为 $C_nH_{2n+2} \rightleftharpoons n[C]+(n+1)H_2$

烯类碳氢化合物的反应为 $C_nH_{2n} \rightleftharpoons n[C]+nH_2$

CO 反应为 $CO \rightleftharpoons [C]+\frac{1}{2}O_2$

前两个反应是吸热反应，温度越高，析出的活性碳原子越多。烷类碳氢化合物渗碳能力很强，炉气中若含量过高，则析出的活性碳原子过多，易形成炭黑，故炉气中不允许其含量太高（甲烷体积分数通常限制在 1.2%以下）。烯类碳氢化合物性质较活泼，在高温下容易发生聚合而形成焦油，进而形成炭黑、结焦，阻碍渗碳过程进行，故其在炉气中含量越少越好（一般体积分数控制在 0.5%以下）。CO 分解反应是放热反应，温度越高，CO 析出的活性碳原子越少，CO 是一个弱渗碳组分。

渗碳时，CH_4、CO 等渗碳组分吸附到工件表面并发生化学反应析出活性碳原子，活性碳原子溶入工件表层并向内部扩散，即形成渗碳层。

（2）脱碳组分：CO_2、H_2O、O_2 是脱碳组分，可与渗碳组分 CH_4、CO 等发生以下反应：

$$CO_2+CH_4 \rightleftharpoons 2CO+2H_2$$

$$H_2O+CH_4 \rightleftharpoons CO+3H_2$$
$$O_2+2CO \rightleftharpoons 2CO_2$$

使 CH_4、CO 含量迅速下降，导致炉内气氛提供活性碳原子的能力降低，甚至发生脱碳现象，故需严格限制其进入炉内（CO_2、H_2O 体积分数通常控制在 0.5%以下）。H_2 虽也有脱碳作用，但在高温下 H_2 的脱碳作用较弱，且 H_2 含量较高时还有阻碍炭黑形成的作用。通常认为 H_2 主要起稀释、还原作用。

（3）中性组分：N_2 是中性组分，只起稀释和保护作用。

在滴注渗碳剂种类、压力一定时，影响炉气成分的主要因素如下。

① 温度：温度越高，滴注剂分解越充分，分解气氛中 CO、H_2 含量越高，CO_2、H_2O、CH_4、C_mH_n 含量越少；温度越低，则与此相反。

② 滴量：其他条件不变时，加大渗碳剂滴量，分解率降低，CH_4 增多。由于 CH_4 等易形成炭黑，故渗碳时必须对渗碳剂滴量进行严格控制。

③ 催化剂：加入催化剂可使分解率增大。

2）炉内气体的主要化学反应

如前所述，气体渗碳时，不论采用什么渗碳剂（除煤油外），在渗碳温度下（925 ℃左右），渗碳炉内气体主要组分都是 CO、H_2、CH_4、CO_2、H_2O、O_2、N_2 等。炉气的渗碳能力取决于这些组分的综合作用。在炉内发生的化学反应很多（有人统计可达 180 余种），但与渗碳有关的独立反应只有四个，这四个反应可写成以下形式（也可写成其他形式）：

$$2CO \rightleftharpoons [C]+CO_2$$
$$CH_4 \rightleftharpoons [C]+2H_2$$
$$CO+H_2 \rightleftharpoons [C]+H_2O$$
$$CO \rightleftharpoons [C]+\frac{1}{2}O_2$$

式中 [C]——活性碳原子。

显然，当气氛中 CO、CH_4 增加（如增大渗碳剂滴量）时，将使反应向右进行，分解出更多活性碳原子，炉气的渗碳能力增强；而 H_2O、CO_2、O_2 增加（如炉子漏气）时，将使反应向左进行，使活性碳原子减少，炉气的渗碳能力减弱甚至引起脱碳。

3. 碳势的测量

1）碳势的概念及意义

渗碳应在奥氏体状态下进行，为了控制渗碳层的碳含量，发展了“碳势控制”技术。“碳势”是指与气相平衡的钢中的碳含量。炉气的碳势是表征炉内含碳气氛在一定温度下改变工件表面碳含量能力的参数，通常用低碳碳素钢箔片在含碳气氛中的平衡碳含量来表示。将一片极薄的 08 钢箔（0.1 mm）置于充有渗碳气氛的渗碳炉内，在渗碳温度（<930 ℃）下保温 30~45 min，使钢箔均匀渗透（即达到平衡）且无炭黑形成，然后取出并迅速冷至室温，测得的钢箔碳含量就表示该温度下炉内渗碳气氛的碳势（此法实际是一种直接测量碳势的方法）。碳势越高，则该气氛能提供的活性碳原子越多，即渗碳能力越强。在渗碳温度下，若气氛碳势高于碳钢件的碳含量，则可使工件表层被渗碳；反之，则可使其脱碳。例如，碳势为 0.9%的渗碳气氛，可使碳的质量分数低于 0.9%的碳钢件渗碳（具体渗碳程度还与工件在该温度下的停留时间有关，但最多渗到 0.9%）。若工件碳的质量分数高于

0.9%，则不但不能对其渗碳，反而会使其表层脱碳（但最多脱到0.9%）。对于合金钢，由于合金元素改变了原子间相互作用力，渗碳后，工件表面的碳含量可能与气氛碳势有所不同，但偏差通常不会太大。

采用称重法计算碳势的公式为

$$w_C = (w_2 - w_1)/w_2 \cdot 100\% + w_{C_0} \tag{5-8}$$

式中 w_C——钢箔渗碳后的平衡碳含量，即炉气碳势；

w_{C_0}——钢箔原始碳含量；

w_1——钢箔渗碳前质量；

w_2——钢箔渗碳后质量。

2）碳势测量方法

炉气中上述渗碳、脱碳组分中（CH_4、CO_2、H_2O、O_2、CO、H_2），每个组分的含量变化，都会引起碳势变化，但当炉气各组分间及气氛与工件间的反应达到平衡时，各组分的含量就确定不变。依据炉气中的反应，有以下四种不同的方法可对碳势进行连续测量。

（1）红外仪法：红外仪法的原理是利用多原子气体对红外线进行选择性吸收，并且选择吸收程度和该气体浓度及气层厚度有关的特点，来测量炉气中某多原子组分（如CO_2、CH_4）的含量，进而测出碳势。根据对炉气中CO_2含量的测量结果，调整富化气或稀释气体的供量，就可调控碳势。红外仪反应速度较快（约40 s），碳势测量精度为±0.05%。其缺点是成本高，维护麻烦。

（2）氧探头法：氧探头是20世纪70年代中期首先在美国采用的（20世纪80年代在我国逐渐推广），其测量原理如下：由于O_2与CO_2、H_2O之间存在如下关系，$2CO+O_2 \rightleftharpoons 2CO_2$，$2H_2+O_2 \rightleftharpoons 2H_2O$，测出$O_2$含量，就可确定平衡时的$CO_2$、$H_2O$含量，从而确定碳势。氧探头法的优点是直接插入炉内测试，而红外仪和露点仪（见后面第四种方法）都需将炉气抽出后再进行测试，测量精度高为±0.03%，方便，反应速度快（<1 s），较红外仪经济。缺点是高温下较脆，怕振动，并且表面沉积炭黑后会引起测量误差。

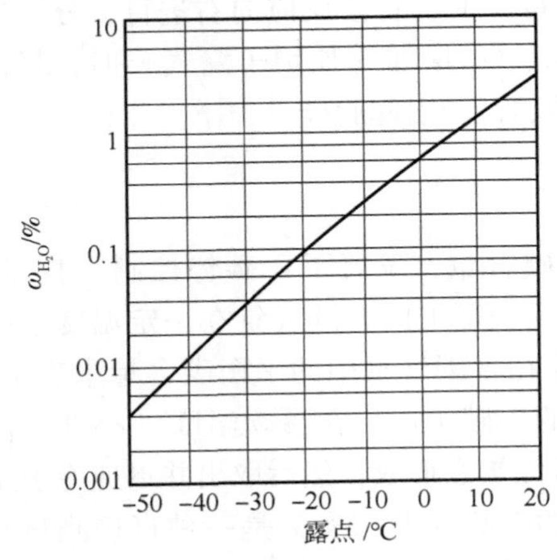

图5-7 气氛露点与含H_2O量的关系

（3）电阻法：是将细低碳钢丝（或铁镍合金丝，直径0.1 mm）作为探头放入炉内，利用其电阻与碳含量关系成正比的特点测量碳势（渗入细铁丝的碳原子越多，其电阻值越大）。这种方法反应速度较快（10～20 s），精度为±0.05%，较经济，适于在碳势≤1.15%的条件下测量。缺点是细铁丝被渗到高碳含量时易脆断，怕振动，寿命较短。

（4）露点仪法：露点仪是利用露点与炉气中H_2O含量的关系，如图5-7所示，由测得的露点值推出炉气中H_2O含量，进而求得碳势。炉气露点越高，表明H_2O含量越高，相应碳势则越低。露点仪测量精度较低（±1%），反应速度较慢（约100 s），现使用渐少。

红外仪、氧探头和露点仪都是利用某气体组分与碳势的关系推出碳势，因而都属于间接测量法。而电阻法和前述的钢箔法则是直接测量法。

4. 渗碳件加工工艺路线

渗碳件的加工工艺路线通常为：锻造→正火→机械粗加工、半精加工→渗碳→淬火→低温回火→精磨→装配。因渗碳件淬火后硬度很高，切削加工困难，在渗碳前，切削加工应基本完成，淬火、回火后通常只进行精磨等微量加工。渗碳钢大多是低碳钢或低碳合金钢，故机械加工前多采用正火，以便于加工的进行。有的渗碳钢（如 20Cr2N4A 等）淬透性极好，空冷即可获得马氏体，使机械加工困难，正火后还需进行高温回火来调整硬度和组织。如零件上某些部位不允许渗碳（以避免渗碳后的淬火使之变硬、变脆），则需对该部位镀铜或刷防渗涂料，防止其渗碳；也可对该部位预留加工余量，待渗碳后、淬火前，切削掉该处的渗碳层（这样，淬火、回火后该处的硬度就较低，而韧性却较好）。

5. 气体渗碳工艺参数

1）渗碳温度

气体渗碳温度通常选择 900~950 ℃。这是因为：

（1）该温度下，工件位于奥氏体单相区，奥氏体对碳原子溶解度较大，可使较多的碳原子渗入表层，形成较大的浓度梯度，加快扩散（$J=-DdC/dx$）。

（2）由扩散系数与温度的关系式 $D=D_0\cdot\exp(-Q/RT)$ 可知，提高温度，可使碳原子扩散系数显著增大。在渗碳的三个基本过程中，分解、吸收相对较容易，而扩散则困难得多，如能使原子扩散系数显著增大，则渗碳速度将大大加快。试验表明，渗碳温度每提高 55 ℃，则获得同样渗碳层深度所需时间缩短一半，故应尽量选较高温度渗碳。图 5-8 为温度对渗层深度和碳质量分数的影响。由图可见，925 ℃渗碳 3 h，$w_C>0.4\%$的渗层深度只有 0.8 mm，而 1 000 ℃可达 1.3 mm，并且温度越高，碳含量梯度越平缓。

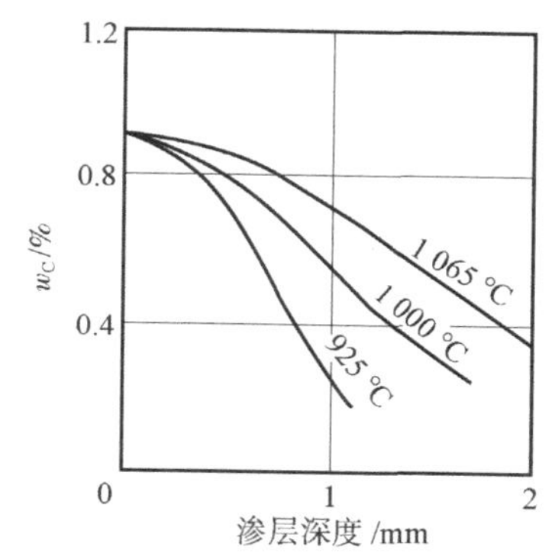

图 5-8　温度对渗层深度和碳质量分数的影响（碳势为 0.90%~0.95%，渗碳 3 h）

（3）大多数钢在此温度渗碳，奥氏体晶粒不会明显长大，且炉子寿命基本不受影响。但若温度过高，将使奥氏体晶粒粗化，工件畸变增大，设备使用寿命缩短。对于薄层渗碳，可取 880~900 ℃，因为较低的温度便于对渗层深度进行控制，同时变形也较小。

2）渗碳时间

渗碳层深度与时间的关系可用下式表示

$$\delta=k\cdot\tau^{\frac{1}{2}}\tag{5-9}$$

式中　δ——渗碳层深度，mm；

τ——渗碳时间，h；

k——与温度有关的常数，在 875 ℃、900 ℃、920 ℃、930 ℃时，k 分别为 0.45、0.54、0.63、0.65。

由图 5-9 可见，在同一温度下，渗碳层的增厚总是先快后慢。由此可知，在渗碳后期，虽通过延长渗碳时间仍可使渗层增厚，但其增速趋缓，渗碳效率明显下降。

实际生产中，常根据渗碳平均速度来估算渗碳保温大致时间。例如，在井式渗碳炉 920 ℃

下用煤油对 20CrMnTi 钢渗碳，其保温时间可按 0. 25 mm/h 来估算。不同介质、碳势、炉型、温度、装炉量下的准确渗碳时间，应通过工艺试验来确定。

应当指出，以上介绍的关于渗碳温度和时间参数的选择，对固体、液体渗碳也适用。

3）渗碳剂流量

实践表明，在渗碳不同阶段，所需渗碳剂流量不同。这主要是由于在渗碳不同阶段，工件对碳原子的吸收能力不同。如图 5-10 所示，在渗碳初期，工件表面对碳原子的吸收能力较大，此后，表面对碳的吸收能力下降。如果这时仍采用初期的流量，则会在表面堆积大量活性碳原子，产生大量炭黑而阻碍渗碳的正常进行，同时也造成浪费，故渗碳剂的流量应随时间延长相应减少。

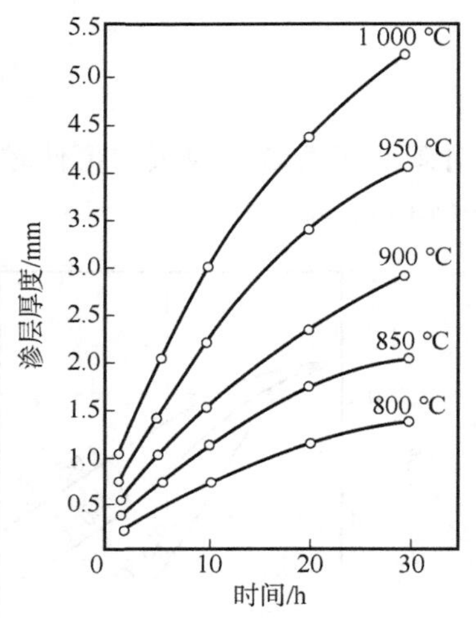

图 5-9　渗碳时间和温度对渗碳层深度的影响

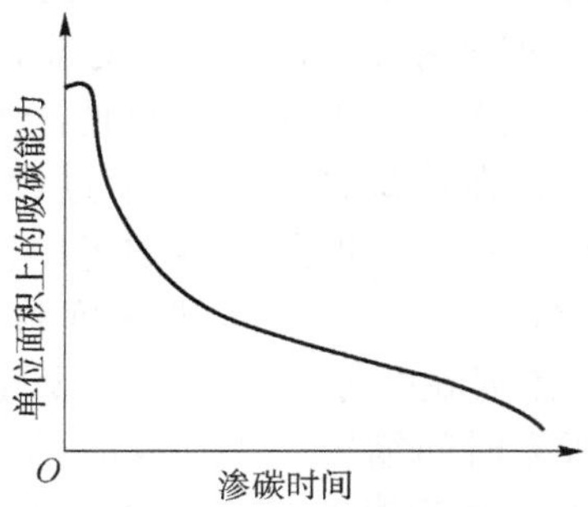

图 5-10　单位面积上吸碳能力与渗碳时间的关系

渗碳剂的流量，一般需考虑以下几方面因素。

(1) 装炉量大小：渗剂流量与零件总的有效渗碳面积有关，渗碳面积越大，渗剂的流量应越大。

(2) 碳势：要求的碳势越高，渗碳剂的流量应越大。

(3) 渗碳罐及工装的状况：新的炉罐、工装，碳含量往往很低，渗碳时会吸收大量的碳原子。初次使用时应进行预渗碳，以免在渗碳过程中影响炉内碳势。

(4) 炉罐的容积：容积增大，渗碳剂的流量要相应增大。

(5) 渗碳剂的种类：产气量大、活性强的渗碳剂，所需流量较小；反之则较大。

此外，渗剂的流量还与钢种、渗碳工艺等因素有关。生产中应根据具体情况灵活掌握。

4）炉压：通常炉内应维持正压（98~392 Pa），以防止空气进入炉内，同时有利于炉内废气的排除。炉压大小，也会影响有机滴液的分解和吸收，增大炉压，有利于反应向气体分子数减少的方向进行。

6. 滴注式气体渗碳工艺

1）滴注式分段渗碳法

早期滴注式渗碳过程中，滴量始终不变（此法也称固定碳势渗碳法）。由于工件表层对碳的吸收率是初期大、后期小，如在渗碳后期仍采用大滴量，会造成工件表面沉积炭黑，阻碍表面对碳原子的进一步吸收，并且造成渗剂浪费。目前，固定碳势渗碳法已基本被分段渗碳法（也称变碳势渗碳法）取代。分段渗碳法把渗碳工艺过程分成如图 5-11 所示的排气、强渗、扩散和降温出炉四个阶段，各阶段采用不同滴量和碳势。滴注式分段渗碳法未采用碳势测控仪器对碳势进行控制，常用滴注渗碳剂为煤油、甲醇+煤油、甲醇+丙酮等，所用设备多为井式炉。

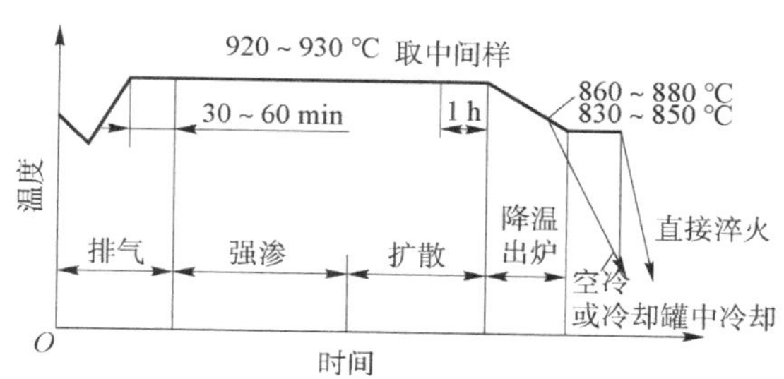

图 5-11　分段渗碳工艺曲线

（1）排气阶段：工件入炉时，炉温应超过 880 ℃，否则会因在炉内氧化性组分较多的环境中升温时间太长，造成工件氧化。由于装炉时会引起炉温下降，同时炉内也带进大量空气，因此为避免氧化，装炉后应尽快把氧化性气体排出炉外。生产上在 900 ℃以下常用大滴量甲醇或大滴量甲醇+小滴量煤油排气，待炉温升到 900 ℃以上，改用煤油或增大煤油滴量。因为 850 ℃以下煤油分解率较低，烯类碳氢化合物（乙烯、丙烯）含量较多，容易产生炭黑和结焦。如只用煤油排气，应待炉温升到 900 ℃以上再增大煤油滴量。

排气结束后（也可在装炉后），从试样孔放入中检试样（此试样用于炉前检查渗碳层深度，以确定扩散阶段结束时间）并封好试样孔。当炉温升至渗碳温度后，继续排气 30～60 min，以使炉内气氛碳势达到要求（CO_2 和 O_2 小于 0.5%），然后转入强渗（强烈渗碳）阶段。

（2）强渗阶段：强渗阶段是指工件在高碳势气氛条件下进行渗碳，使其迅速达到高碳含量的阶段。此阶段在不出现炭黑和网状或大块状碳化物的前提下，尽量采用大滴量煤油，以造成炉内较高碳势，使工件表面的碳含量高于所要求碳含量，从而增大碳含量梯度，提高碳原子的扩散速度。渗碳剂滴量应根据炉型、工件材料和渗碳的总表面积由工艺试验确定，炉压保持为 147～196 Pa。

强渗阶段的时间主要取决于所要求渗层深度，通常中间试样的渗层深度达到所要求渗层深度的 2/3 左右时，便可转入扩散阶段（也可按 0.15～0.2 mm/h 估算强渗时间，准确时间由工艺试验确定）

渗碳过程中，通常可借助观察排出废气的火苗，判断炉气气氛：正常火苗呈浅黄色，无黑烟和白亮火束（或火星），火苗长 100～200 mm，炉压 200～300 Pa。火苗中存在火星，表明炉内炭黑过多；火苗过长且尖端外缘呈亮白色，表明渗剂供给量过大；火苗过短且呈浅蓝色、有透明感，表明渗碳剂供给量不足或炉罐漏气。一般应每半小时检查一次炉温、渗碳剂滴量及炉压等。

（3）扩散阶段：扩散阶段是指强渗阶段结束后，特意降低气氛碳势使由富碳表层向内扩

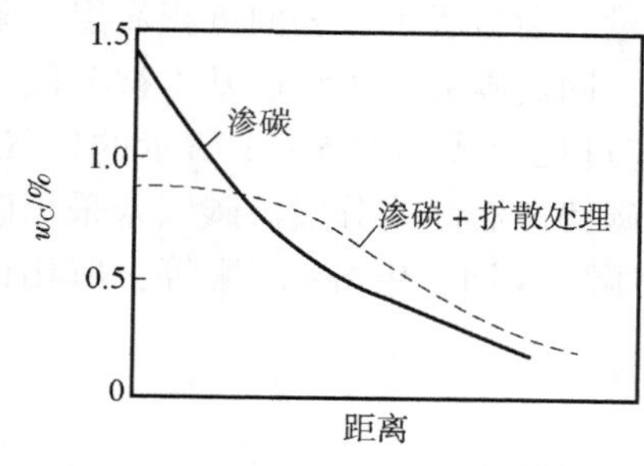

图 5-12　强渗阶段结束和扩散阶段结束时碳含量分布曲线

散的碳含量超过介质传递给表面的碳含量，从而使渗层碳含量梯度趋于平缓的阶段。经强烈渗碳后，工件表面碳含量高于技术规定的碳含量，故在扩散阶段要适当减少渗碳剂滴量，以使工件表面碳含量降低至规定值，并使碳含量梯度趋于平缓，渗层厚度进一步加深（当有效硬化层厚度小于1 mm 时，也可不设扩散阶段）。图 5-12 比较了强渗阶段结束时与扩散阶段结束时的碳含量分布曲线。由图可见，增加了扩散阶段，表面碳含量降低，分布曲线变得较平缓。扩散阶段结束时间通常根据试样渗层深度（若有条件还应测一下表面碳含量）确定。

（4）降温和出炉：当渗层深度达到技术要求时，即可结束扩散过程（通常在扩散阶段）结束前约 1 h 取出中检试样，确定扩散阶段结束时间，开始随炉降温（降温及随后的保温过程中，实际仍在发生着扩散）。随炉降温预冷的目的是让渗层析出部分碳化物，减少奥氏体中碳含量，从而减少淬火后残留奥氏体量，并减少脱碳、畸变；析出的碳化物对钢的耐磨性也有好处。在降温及随后的保温过程中，为防止表面脱碳，需继续滴注适量甲醇或煤油，炉压控制在 49～98 Pa。保温温度和时间由工艺试验确定。保温结束后，根据具体钢种，按工艺要求进行直接淬火或采用其他的冷却方式。渗碳后常用的冷却方式见表 5-5。

表 5-5　渗碳后常用的冷却方式

冷却方式	适用范围
直接淬火	20CrMnTi 等渗碳后晶粒未粗化的钢，预冷至淬火温度直接淬火
随炉预冷后出炉空冷	气体渗碳、盐浴渗碳后，进行一次淬火的工件，通常预冷至 860 ℃出炉空冷，以减小脱碳程度。出炉后应将工件摊开或吹风、喷雾，以加快冷却，减少脱碳、畸变
在缓冷坑中冷却或油淬	20CrMnMo、20CrNi3 等渗碳后空冷易裂的工件，随炉冷至 550 ℃左右可出炉空冷
在冷却井中冷却	为避免氧化、脱碳，某些要求高的工件需在四周盘有冷却管的冷却井中进行，冷却井应加盖并通入适量甲醇或乙醇（最好预先在冷却井中倒入适量甲醇）。一般冷至 350 ℃可出炉空冷
随罐冷却	多用于固体渗碳件

滴注式分段渗碳工艺举例。

某汽车后桥主动弧齿锥齿轮，材料 20CrMnTi，技术要求为：表面碳的质量分数 0.8%～1.05%；渗碳层深度 1.2～1.6 mm；齿面及直径 34 mm 处硬度 58～64HRC，心部、花键处 33～48HRC，螺纹处≤38HRC；D_1、D_2 处径向圆跳动≤0.05 mm。图 5-13 是该齿轮在井式炉用煤油进行滴注式分段渗碳的工艺曲线及工件简图。该齿轮的加工路线为：锻造→预备热处理→机械加工→渗碳、淬火及回火→喷丸→精加工→涂油包装。预备热处理采用（960±10）℃正火，正火后硬度 156～207HBW。

渗碳前，用汽油对工件进行清洗（或在 80～90 ℃的质量分数为 10%的 Na_2CO_3 水溶液

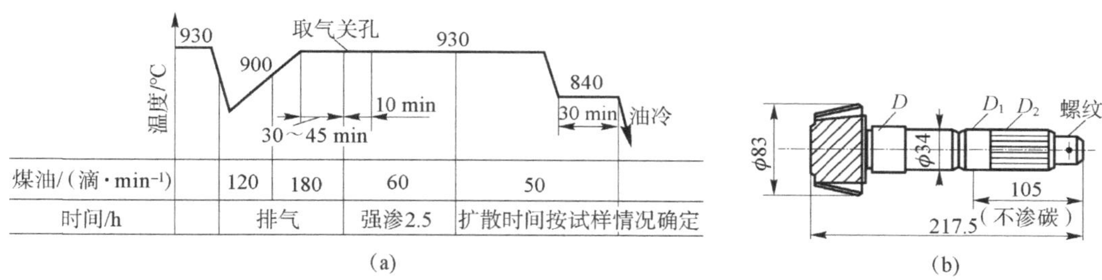

图 5-13　某汽车后桥主动弧齿锥齿轮井式炉滴注式分段渗碳的工艺曲线及工件简图

（a）工艺曲线；（b）工件简图

中保持 3~5 min)，去除工件表面的油污、锈斑，然后对无须渗碳的花键处刷防渗涂料（也可预留加工余量，待渗碳后去除不需渗碳处的渗层）。工件装炉采用专用吊具，垂直均匀放置，以保证炉气良好循环，减少畸变。装炉时放入与齿轮材料批号、热处理状态相同的三个最终检验试样（分上、中、下三个位置放置。最终检验试样用于淬火、回火后金相组织、脱碳程度等的检验）。

排气初期（850~900 ℃），煤油用小滴量（60~120 滴/min），以防形成炭黑，达 900 ℃后增至 180 滴/min，以加快排气，到温后，继续排气 30~45 min。排气结束后，放入中检试样，然后关闭试样孔。强渗阶段煤油滴量约为 60 滴/min，用时约 150 min，压力为 147~245 Pa。扩散阶段滴量减为 50 滴/min，压力保持在 49~147 Pa。扩散阶段结束时间根据中检试样渗层深度确定，达到要求即可转入降温阶段。为防止脱碳，预冷降温及随后等温时应继续滴入煤油，滴量与扩散阶段基本相同。等温 30 min 后，入油淬火。

由以上可知，滴注式分段渗碳是通过在不同阶段采用不同滴注渗碳剂、滴量及温度的方法来控制渗碳质量的，其滴注渗碳剂、滴量及温度的调整，通常靠人工操作。这种控制方法较为粗糙，渗碳质量不高，但经济、简单、易行，在不具备可控气氛渗碳条件的企业仍在广泛使用。

2）滴注式可控气氛渗碳

可控气氛渗碳利用碳势自动测控装置控制炉气成分，从而控制渗碳质量。与分段式渗碳相比，可控气氛渗碳具有渗碳质量好、质量稳定、渗速较快等优点。

（1）滴注式可控气氛渗碳滴注剂。

滴注式可控气氛渗碳滴注剂主要有如下三种。

① 甲醇—乙酸乙酯。用甲醇—乙酸乙酯渗碳时，甲醇形成稀释气，乙酸乙酯形成富化气。二者在渗碳温度下可按下式分解

$$CH_3OH \rightleftharpoons 2H_2+CO \qquad CH_3COOC_2H_5 \rightleftharpoons 4H_2+2CO+2[C]$$

由于二者分解产物中 H_2 和 CO 的比例都是 2∶1，故渗碳时，无论这两种滴液的相对量如何变化，炉气中 CO 和 H_2 比例都是恒定的。这样，由前述碳势控制原理，只要测出并控制住 CO_2、H_2O、CH_4 中任一个的含量（或分压），即可控制炉气成分，从而控制住碳势。利用红外线气体分析仪测出 CH_4 或 CO_2（或利用露点仪测出 H_2O）并配备自动调节装置，对两种滴注渗碳剂的滴量进行调控，即可控制炉气的碳势。此滴注渗碳剂的优点是采用单参

数碳势控制时，控制较准确。

② 甲醇—丙酮。图 5-6 表示不同滴注渗碳剂与甲醇混合时，对炉气中 CO 含量的影响。由图可见，以甲醇作为稀释剂时，以乙酸乙酯作为滴注渗碳剂最为理想，即乙酸乙酯滴量变化时，CO 的含量基本不变；甲醇与丙酮以适当比例混合，也可达到较好的效果。

甲醇—丙酮的另一优点是：丙酮裂解性能优于乙酸乙酯，而且采用红外仪控制时优于乙酸乙酯。

③ 甲醇—煤油。煤油渗碳能力强，且价格较便宜，供应方便，但如果单用煤油，由于煤油裂解后产生大量 CH_4 和［C］，炉内积炭严重，且炉气成分不稳定，不易控制，单个煤油实际不适于进行可控气氛渗碳。将甲醇与煤油按适当比例混合使用（甲醇裂解产物中的 H_2O、CO_2 等可与 CH_4 和［C］等发生氧化反应，使之含量显著减少），则炭黑显著减少。目前，甲醇—煤油滴注渗碳剂在国内中小企业应用仍较多。

用甲醇+煤油作为滴注渗碳剂时，通常甲醇采用大滴量，并在整个渗碳过程中甲醇滴量基本不变；煤油采用小滴量（煤油体积分数一般为 15%~30%），且煤油滴量随工件表层吸碳能力的变化而改变。当炉气中成分趋于稳定，CO_2 含量达到预先设定值时（即碳势达到预定碳势），接通红外仪和自动控制装置即可对炉气碳势进行控制。

甲醇—煤油滴注渗碳剂的主要优点是经济，缺点是炉气中除 CO_2 外，CO、H_2O、CH_4 等的含量不够稳定，甲烷含量也往往较多（体积分数>12%），如只对 CO_2 等进行单参数控制，忽略其他组分的控制，则碳势控制精度较低。

（2）滴注式可控气氛渗碳系统。

在图 5-14 所示的井式气体渗碳装置碳势控制系统中，由抽气泵抽出的炉气样品，经干燥器、过滤器除去水分和灰尘后，由流量控制器进行流量控制，并导入红外仪。红外仪对炉气中 CO_2 进行连续自动测定，并由记录仪指示、记录。同时，红外仪将测定的炉气中的 CO_2 含量值送往调节器，调节器将此值与工艺设定的 CO_2 含量值比较，得出偏差信号，利用此偏差信号控制电磁阀开启、闭合时间，从而控制碳势。

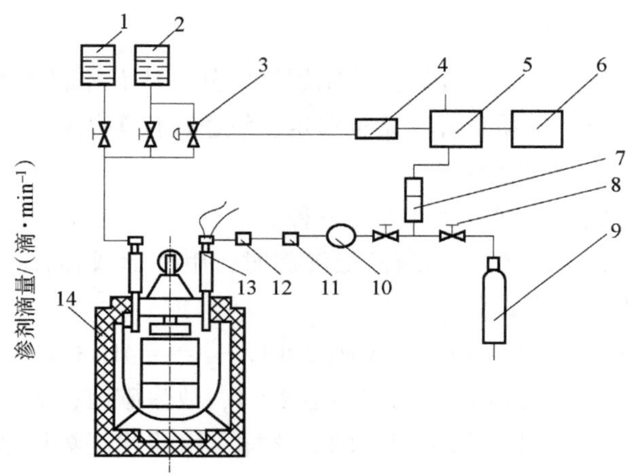

图 5-14　井式气体渗碳装置碳势控制系统示意

1—甲醇；2—煤油；3—电磁阀；4—调节器；5—红外仪；6—记录仪；7—流量计；8—开关；9—标准气瓶（1% CO_2）；10—取样泵；11—过滤器；12—干燥器；13—冷却器；14—井式渗碳炉

（3）滴注式可控气氛渗碳工艺。

滴注式可控气氛渗碳工艺过程与分段式非可控气氛渗碳类似，即一般也包括排气、强渗、扩散、降温出炉四个阶段。下面通过实例来说明滴注式可控气氛渗碳工艺过程。

某 20CrMnTi 汽车变速器五速齿轮，采用甲醇—煤油滴注式可控气氛渗碳，渗层深度 0.9~1.3 mm，设备为 RJ-75-9T，图 5-15 是其工艺曲线。在该工艺中，当炉温低于 900 ℃时，用大滴量甲醇排气（150~180 滴/min）；炉温大于 870 ℃时旁路滴入煤油（90~120 滴/min）以加速排气；大于 900 ℃时，将甲醇滴量减小至 60~80 滴/min，同时煤油滴量增至 120~150 滴/min，继续排气并使炉内气氛尽快达到预定碳势。

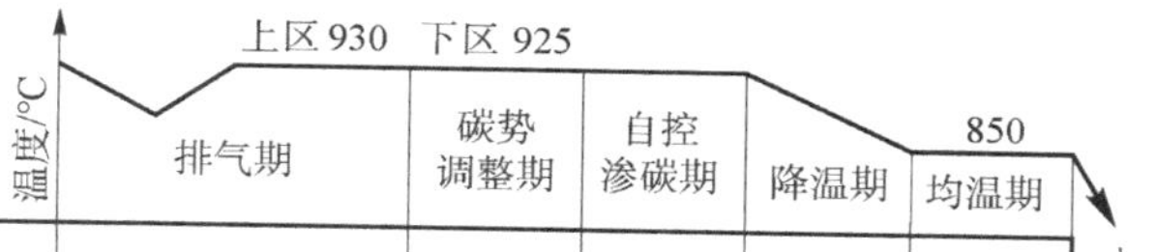

上区 930　下区 925　850　入油

温度/°C				排气期	碳势调整期	自控渗碳期	降温期	均温期
时间/h				1~1.2	0.4~0.5	2.5	1.5	0.5
渗剂滴量/(滴·min^{-1})	甲醇	<900 °C	150~180		150~180	150~180	120~150	120~150
	甲醇	>900 °C	60~80					
	煤油	>870 °C	旁路 90~120		电磁阀针阀开度 60~80	电磁阀针阀开度 60~80		旁路 8~10
	煤油	>900 °C	旁路 120~150					
CO_2 给定值/%					0.5→0.3	0.3	0.3→0.8	0.8
炉压/Pa					200~300	200~300	150~200	150~200

图 5-15　20CrMnTi 汽车变速齿轮滴注式可控气氛渗碳工艺曲线

当 CO_2 含量达到预先设定值 0.5%（体积分数，后同）时，进入碳势调整期，接通红外仪对煤油滴量进行控制（60~80 滴/min）。当 CO_2 调整为 0.3%时（碳势相应上升），调整期结束。此后进入碳势自动控制期，红外仪对碳势进行自动调控：当 CO_2 含量高于设定值 0.3%时（即碳势偏低），则电磁阀开启，增加煤油滴量，使碳势上升；当低于 0.3%（碳势偏高）时，则电磁阀关闭，减少煤油滴量，经过一段渗碳，碳势就会降低，CO_2 量恢复到 0.3%。降温和均温期甲醇滴量减至 120~150 滴/min，不滴或滴入少量煤油（CO_2 由 0.3%调整为 0.8%，碳势相应下降），均温期关闭电磁阀，煤油滴量控制在 8~10 滴/min，均温结束后，入油淬火冷却。其中，强渗实际在碳势调整后期即已开始，以前意义上的扩散阶段主要发生于降温开始之后。

（4）碳势单参数控制存在的问题。

在碳势控制中，只对一种气体成分的控制，属于单参数控制。对吸热式气氛及某些特定滴注渗碳剂（如甲醇+乙酸乙酯等），在渗碳剂加入量变化时，H_2 与 CO 含量基本不变，故只需再控制渗、脱碳组分中的一个，即可控制碳势。但对其他渗碳剂，滴量变化时，CO、H_2 含量变化较大。这时，如仍按 CO、H_2 基本不变来处理，误差较大（所以单参数渗碳，渗碳剂选择很重要）。此外，由于渗碳时间较短等原因，炉内气氛达不到平衡（在渗碳温度下，一般约需 20 h 才可达到平衡），除 CO_2 外，其他组分含量也存在波动，甲烷含量也往往较多。如只进行单参数控制，碳势控制精度则较低。

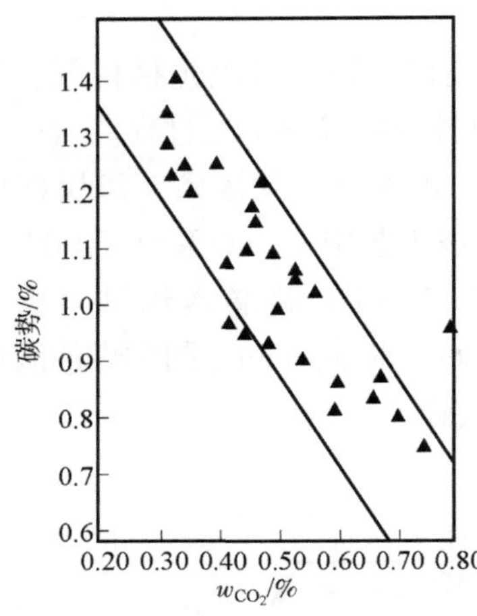

图 5-16　滴注式渗碳时 CO_2 含量与碳势的关系

图 5-16 是用甲醇和丙酮作为滴注渗碳剂在 920 ℃渗碳时，炉气中 CO_2 含量与碳势的关系。由图可见，总的趋势是随 CO_2 增多，碳势降低。但二者之间并非一一对应，而是在一个较宽的带内波动，这表明除了 CO_2，还有其他组分在影响碳势。这时，需测出相应的修正因子对原公式进行修正，并进行多参数控制（即对 CO_2、CH_4、O_2 等的含量也进行测控），才能对亚平衡状态下的碳势进行精确的测控。

5.3.3　固体、液体渗碳

1. 固体渗碳

固体渗碳法是把渗碳工件装入有固体渗剂的密封箱内（一般采用黄泥或耐火黏土密封），在渗碳温度下加热渗碳如图 5-17 所示。固体渗碳剂主要由一定大小的固体炭粒和起催渗作用的碳酸盐（$BaCO_3$、$NaCO_3$、$CaCO_3$ 等）组成。常用固体渗碳温度为 900～930 ℃。

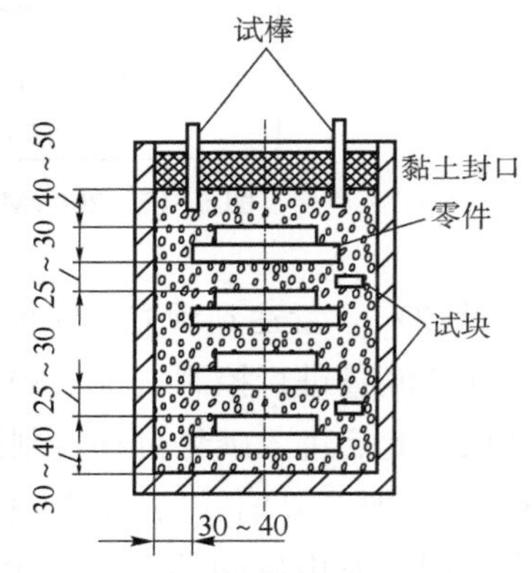

图 5-17　固体渗碳工件装箱示意

扩散速度与温度的关系表现为温度越高，扩散速度越快。按道理可以采取比上述更高的温度进行渗碳，但温度过高，奥氏体晶粒要发生长大，因而将降低渗碳件的力学性能。同时，渗碳温度过高，将降低加热炉及渗碳箱的寿命，也将增加工件的挠曲变形。

固体渗碳时，由于固体渗碳剂的导热系数很小，传热很慢，也由于渗碳箱尺寸往往不相同，即使尺寸相同，工件大小及装箱情况（渗碳剂的密实度，工件间的距离等）也不全相同，因而渗碳加热时间对渗层深度的影响不能完全确定。在生产中常用试棒来检查其渗碳效果。一般规定渗碳试棒直径应大于 10 mm，长度应大于直径。固体渗碳时，渗碳温度、渗碳时间和渗层深度间的经验数据可在有关热处理手册中查到。但这些数据只能作为制定渗碳工艺时参考，实际生产时应通过试验进行修正。在渗碳温度（930±10）℃下，渗层深度为 0.8～1.5 mm 内，可按渗碳速度为 0.10～0.15 mm/h 估算渗碳保温时间，并由中间试棒检查结果，决定能否出炉。出炉后随箱冷却至 300 ℃左右开箱，然后重新加热淬火。

固体渗碳的优点是不需专用渗碳设备，适应性强，生产成本低廉；缺点是加热时间长，生产效率低，劳动条件差，渗碳质量不易控制等，渗碳后很难进行直接淬火。

2. 液体渗碳

液体渗碳是在能析出活性碳原子的盐浴中进行的渗碳方法。渗碳盐浴一般由三部分组成：第一部分是加热介质，通常用 NaC1 和 $BaCl_2$ 或 NaC1 和 KCl 混合盐；第二部分是活性碳原子提供物质，常用的是剧毒的 NaCN 或 KCN，我国有的地区采用“603”渗碳剂，其配方是粒度为 100 目的木炭粉，5%NaCl，10%KCl，15%$NaCO_3$ 和 20%（NH_2）CO_2，达到原料无毒，但反应产物仍有毒；第三部分是催渗剂，常用的是占盐浴总量 5%～30%的碳酸盐（Na_2CO_3 或 $BaCO_3$）。催渗剂的作用是促进盐浴渗碳反应，产生更多的活性碳原子。

过去采用氰盐作为渗碳剂的液体渗碳（也称液体氰化），由于氰盐有剧毒，被淘汰后采用低氰盐浴渗碳和无毒液体渗碳，但其反应产物中仍含有毒的 NaCN（约含 0.5%），其使用受到限制。

液体渗碳速度和工件表面碳含量取决于盐浴温度及盐浴的活性。对于渗层薄及变形要求小的工件，可采用较低的渗碳温度（如 850～900 ℃）；渗层厚的，可采用 910～940 ℃渗碳。渗碳保温时间由渗碳层深度决定。液体渗碳速度较快，如 20CrMnTi 在 920～940 ℃渗碳时，保温 2～3 h，渗层深度可达到 1.0～1.5 mm。

由于渗碳过程中盐浴的渗碳活性逐渐降低，加之高温下挥发和工件淬火时带出部分盐使盐浴中的渗碳盐在工作过程中不断消耗，因此，在渗碳过程中应定期分析盐浴成分，补充新盐，及时捞渣，以保证盐浴的活性。液体渗碳工件在渗碳冷却或淬火后，应清除盐渍，以防止表面腐蚀。

液体渗碳的优点是加热均匀，速度快，渗速快，便于直接淬火；缺点是成本高，渗碳盐浴多数有毒，盐浴成分不易调整，碳势不易精确控制，易腐蚀零件，渗碳后工件清洗麻烦，劳动条件较差。

5.3.4　渗碳后的热处理

渗碳只改变了工件表层的化学成分，要提高渗碳件的表层及心部性能，必须在渗碳后进行淬火和低温回火。生产中淬火方法主要有：直接淬火、一次淬火、两次淬火及高温回火后淬火等。

1. 直接淬火

直接淬火是指工件在渗碳后直接淬火冷却的工艺。如渗碳中奥氏体晶粒未发生明显长大，则可在渗碳后直接淬火。直接淬火时，通常要将工件随炉预冷至一定温度，然后再淬火冷却。渗碳后预冷的目的如下：

（1）让渗层奥氏体在预冷过程中析出一部分碳化物，以降低奥氏体中碳及合金元素的含量，使其 M_s、M_f 提高，从而减少渗层残留奥氏体，提高表面硬度。

（2）析出的碳化物还有利于提高渗层的耐磨性。

（3）在较低温度下淬火，可降低淬火内应力，减少淬火畸变。

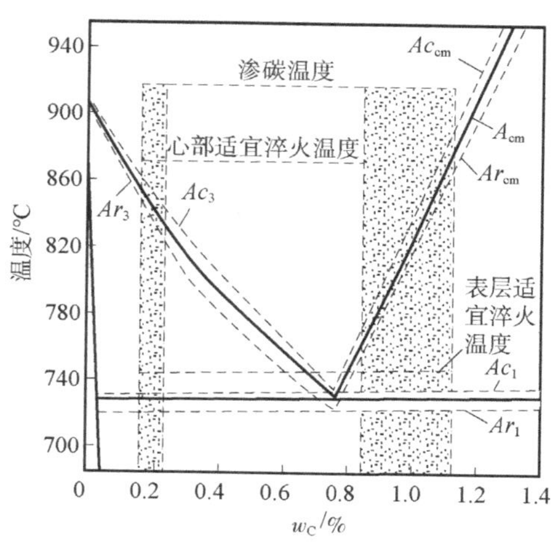

图 5-18　淬火加热温度选择

由于表层与心部碳含量不同，各自适宜的淬火温度自然也不同，淬火加热温度选择如图 5-18 所示。对碳钢而言，表层适合的预冷温度略高于 Ar_1，这可使表层组织、性能得到满足，变形也较小；但此温度对心部淬火就太低了，心部会析出大量铁素体，使强度降低。如果预冷到Ar_3以上，则心部适合，但对碳含量较高的表层（如阴影区内靠右）则偏高，由于表层未能析出碳化物，使奥氏体中碳含量偏高，淬火后残留奥氏体数量较多。这使预冷温度的选择成为两难的事情。

实际生产中，预冷温度应根据零件性能要求来确定。

（1）如果零件侧重要求表层硬度和耐磨性，而对心部性能要求不高，则预冷温度应主要考虑满足表层性能要求，即预冷温度略高于Ar_1（但不允许析出网状碳化物）。但这会使心部预冷中析出较多铁素体，降低其强度。

（2）如果零件对心部性能要求较高，而对表层要求不高，则应主要考虑满足心部性能要求，预冷温度应高于心部的Ar_3。当然，这对表层来说，温度偏高，其硬度会降低。

（3）实际中这两种极端情况较少，更多的是表层与心部性能要兼顾。这时要对零件心部和表层的成分、性能要求、淬透性及淬火方法等综合考虑后酌情而定。对于碳钢，预冷温度应为Ar_1~Ar_3。对于多数合金钢，通常预冷温度为820~860 ℃。

直接淬火法的优点是生产效率高，节能，变形小，氧化、脱碳程度轻，适于渗碳中晶粒未粗化的本质细晶粒钢，如20CrMnTi、20CrMnMoH等。如果晶粒明显粗化，则在预冷中并不能使奥氏体晶粒细化。如直接淬火，会导致马氏体粗大、性能变坏。对此，需空冷后重新加热，将奥氏体晶粒细化，再进行淬火冷却。

2. 一次淬火

一次淬火是将工件渗碳后空冷或坑冷至室温，然后重新加热淬火的工艺。与直接淬火类似，一次淬火温度同样应根据心部和表层的成分和性能要求等确定。对侧重要求表层高硬度、高耐磨性的工件，淬火加热温度应略高于表层的Ac_1，而侧重要求心部强度的工件，则淬火温度应略高于心部的Ac_3。如要兼顾心部和表层性能，对碳钢而言，淬火温度应为Ac_1~Ac_3（780~810 ℃，具体与成分等有关）。对一般合金渗碳钢，常采用稍高于Ac_3的温度（820~860 ℃）加热淬火。此时，奥氏体晶粒较细，表层残留碳化物尚未完全溶解，淬火后残留奥氏体量适中，表层硬度较高；而心部铁素体也较少，故强度也较高。

一次淬火法主要用于气体渗碳后晶粒发生粗化的钢（如15、20、20Cr等），或某些不便直接淬火的工件（如固体渗碳件、需用淬火压力机淬冷及渗碳后尚需机械加工的工件）。与直接淬火相比，一次淬火工艺较复杂，生产周期较长，费用高，氧化、脱碳及变形倾向较大。

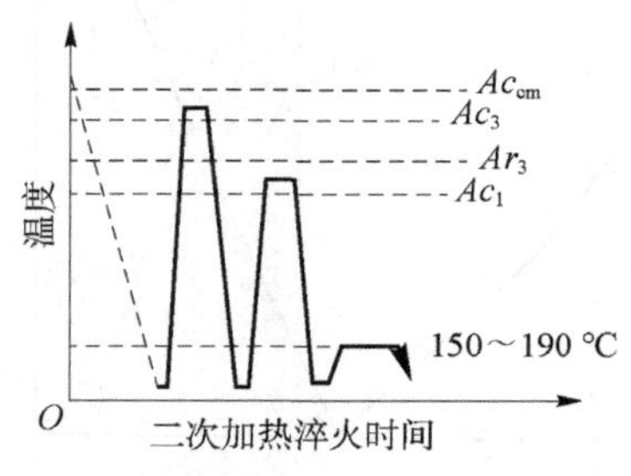

图 5-19　两次淬火工艺曲线

3. 两次淬火

工件渗碳冷却后，先在高于Ac_3的温度奥氏体化并淬冷以细化心部组织，随即在略高于Ac_1的温度奥氏体化以细化渗层组织的淬火称两次淬火。图 5-19 是两次淬火工艺曲线。

第一次淬火的加热温度应高于心部的Ac_3温度（碳钢常用880~900 ℃，合金钢常用850~870 ℃），其目的是细化心部组织，并消除表面网状渗碳体，为第二次淬火做准备。此温度对表层来说有些偏高，会使表层晶粒粗化。第一次淬火在油中冷却或在空气中冷却；第二次淬火主要是为细化表层组织，温度选择稍高于表层的Ac_1（要求心部强度高的工件为810~830 ℃）。两次淬火后心、表层组织明显细化，表层碳化物呈粒状，残留奥氏体较少，性能较好，尤其是疲劳强度明显提高。但两次淬火法生产周期长，工艺复杂，费用高，变形和氧化、脱碳严重，因此生产上很少使用，只对高温渗碳件及某些性能要求较高的零件（如航空业某些重要工件）才使用。

4. 高温回火后淬火

此热处理工艺主要应用于合金元素含量较高的高淬透性合金渗碳钢，如 12CrNi3A、20Cr2Ni4、18Cr2Ni4WA 等。这类钢由于渗碳时奥氏体中合金元素及碳含量较高，奥氏体十分稳定，M_s、M_f 较低（如 18Cr2Ni4WA 的 M_s、M_f 由渗碳前的 310 ℃、250 ℃变为 80 ℃和零下），淬火后，表层含有大量的残留奥氏体，淬火硬度只有 50~55HRC。为此，在淬火前须进行高温回火，如图 5-20 所示，以使残留奥氏体发生分解，碳化物充分析出和聚集、球化。如 20Cr2Ni4 在 600 ℃回火 2~3 h，而 18Cr2Ni4WA 采用三次 640~680 ℃的高温回火，每次 3 h，回火后空冷。高温回火后，在稍高于 Ac_1 温度（780~800 ℃）加热淬火。由于球状碳化物较稳定，加热时，只有部分碳化物溶于奥氏体，故 M_s、M_f 较高，淬火后渗层中残留奥氏体量显著减少。淬火后在 150~200 ℃回火，以消除淬火内应力。

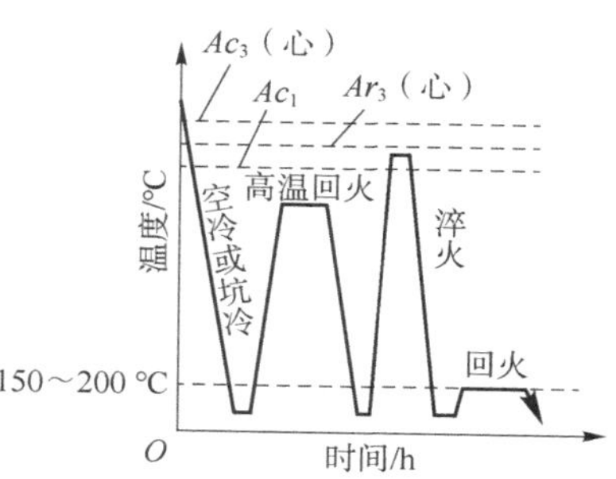

图 5-20 渗碳后高温回火+淬火和低温回火示意

对以上合金元素含量高的渗碳钢，除了采用淬火前高温回火的方法，还可采用淬火后冷处理的方式来消除残留奥氏体。

5. 回火

渗碳件淬火后尚需进行回火，其回火一般采用低温回火。回火温度通常为 150~190 ℃，以在保持高硬度、高耐磨性的同时，消除部分内应力，并改善磨削性能，降低对磨削裂纹的敏感性。

5.3.5 渗碳后钢的组织与性能

1. 渗碳层组织

如前所述，渗碳层碳的质量分数一般控制在 0.9%左右。碳钢渗后缓冷由表及里组织依次为：过共析层（$P+Fe_3C$）→共析层（P）→过渡区（亚共析层）（P+F，P 量由外向内逐渐减少）→心部（P+F）。

由于实际冷却较快，使渗碳层产生伪共析转变，因此共析层的实际碳含量有较宽的范围。例如，碳钢缓冷时，共析层碳的质量分数为 0.7%~0.9%；空冷时，共析层碳的质量分数为 0.6%~1.0%。合金钢渗碳时，由于合金元素的影响，其共析层碳含量偏差更大。正常淬火（$Ac_1 \sim A_{cm}$）后相应组织为

$$M_{针} + Fe_3C + A' \rightarrow M_{针} + A' \rightarrow M_{针+条} + A'(少量) \rightarrow 心部组织$$

心部具体组织与钢的淬透性、冷却方式及工件尺寸等有关。

马氏体以细针状为宜（一般宜低于 4 级），粗大的马氏体针使脆性增大，易在淬火和使用中产生裂纹。

残留奥氏体强度、硬度较低，是不稳定组织，过量的残留奥氏体还易造成磨削裂纹。一般认为，残留奥氏体量应小于 15%（体积分数，后同）。但研究表明，渗层中残留奥氏体也有有益作用：残留奥氏体硬度低，塑性好，可以通过自身的塑性变形松弛渗层所受应力，从而避

免或延缓渗层裂纹的形成与扩展。适量的残留奥氏体可提高渗层抗接触疲劳与抗弯曲疲劳的能力，如渗碳齿轮一般限制在3%以下。而要求组织稳定的渗碳活塞销等，则应限制在1%以下。

碳化物的数量、分布、大小、形状对渗层性能有重大影响。一般希望获得细小、弥散、均匀、球形的碳化物颗粒。若碳化物呈网状或粗大块状，将使工件抗疲劳能力及抗冲击性能变坏，并易造成磨削裂纹。如仅从提高接触疲劳强度角度考虑，齿轮、滚动轴承类零件渗层中不含碳化物为宜，但对低应力磨粒磨损耐磨性要求高的工件，希望获得足够数量的细小、球形、分布均匀的碳化物颗粒，以保证耐磨性。

渗碳件合适的心部组织应为板条马氏体，或板条马氏体+托氏体，但不允许有大块状或过量的铁素体，如心部铁素体数量过多，则工件心部强度偏低，承载时易出现心部塑性变形和渗层剥落。我国汽车、拖拉机齿轮心部硬度一般为33~48HRC。

2. 渗碳件的力学性能特点

(1) 渗碳层具有高硬度和耐磨性：渗碳层的高硬度（58~63HRC）、良好的耐磨性主要来自高硬度的高碳马氏体和足够数量细小、均匀、球形的碳化物。

(2) 疲劳强度高：已知交变拉应力或拉应力分量是造成疲劳裂纹扩展并最终疲劳断裂的力学原因。由于渗层强度较高，使疲劳裂纹形成与扩展阻力变大，并且渗碳层具有较高的残余压应力，这可部分抵消承载时的交变拉应力，使工件表层实际所受拉应力减轻，故渗碳件疲劳强度和使用寿命显著提高。

(3) 接触疲劳强度高：承受交变压应力的齿轮、滚动轴承等零件，在接触压应力作用下，会产生交变切应力，交变切应力的最大值在渗碳层以下一定深度处，且交变切应力随外载荷增大而增大。这类零件的一个主要失效形式就是因交变切应力反复作用导致渗层出现深浅、大小不同的剥落（如麻点剥落、浅层和深层剥落）。实践表明，表面强度、硬度相同时，渗层越厚，接触疲劳强度和使用寿命越高。渗碳件由于强度较高且渗层较其他化学热处理厚，故接触疲劳强度较高，适于承受重载荷。

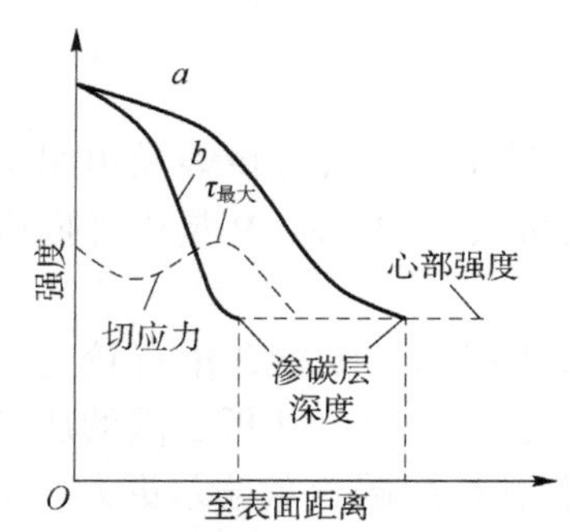

图 5-21　渗碳层深度与表面抗剪强度（即接触疲劳抗力）的关系

图5-21表示渗碳层深度与表面抗剪强度（即接触疲劳抗力）的关系。由图可见，较厚的渗碳层（曲线 a），其抗剪强度大于最大切应力，从而具有较高的接触疲劳抗力和寿命；而较薄渗碳层（曲线 b）抗剪强度低于最大切应力，故其接触疲劳抗力低、寿命短。此外，渗碳层的残余压应力也对提高接触疲劳强度有利。研究表明，碳化物（尤其是呈网状、大块状碳化物）与基体交界处是容易萌生接触疲劳裂纹的地方，故从接触疲劳角度看，组织中不希望出现碳化物，即以抗接触疲劳为主的零件，渗碳层碳含量不宜过高。试验表明，滚动轴承马氏体碳的质量分数在0.5%左右时，接触疲劳寿命最长。

5.3.6　渗碳件常见缺陷及预防补救措施

渗碳经常出现的缺陷种类很多，其原因可能牵涉到渗碳前的原始组织，也可能是渗碳过程的问题，还可能是渗碳后的热处理问题。下面仅就渗碳过程中出现的缺陷组织进行介绍。

1. 渗碳层深度不均匀

渗碳层深度不均匀的成因很多。

(1) 炉温不均匀或温度过高;

(2) 零件表面的氧化皮、锈迹等没有清理干净,存在油污等;

(3) 零件的装炉方法不合理,工件之间距离太近,无气流通道,放置不当、循环不良或搅拌性差,局部有死角或气体供应渗碳不足;

(4) 固体渗碳时渗碳剂拌和不均匀,或渗碳箱的尺寸太大、温差过大,或碳势不均;

(5) 渗碳时炉气恢复太慢,或炉内气氛循环不良;

(6) 零件表面沉积炭黑。

缺陷产生后应分析其具体原因,采取相应预防措施。

(1) 改善炉温的均匀性和控制工艺温度,改进炉丝的分布;

(2) 渗碳前清理干净零件表面,确保表面清洁,渗剂滴量恰当;

(3) 装料合理,零件之间应有一定的距离,确保渗碳的正常进行;

(4) 渗碳剂搅拌均匀,控制渗碳箱的尺寸;

(5) 加大渗碳气氛的流量,进行气体的搅拌,确保碳势稳定;

(6) 降低碳势,或重新渗碳。

2. 表层贫碳或脱碳

其成因可能是炉体漏气,流量小,炉内压力小或出现负压,或扩散期炉内气氛碳势过低,或高温出炉后在空气中缓冷时氧化脱碳。

预防措施是提高渗碳炉的密封性,确保无空气进入。渗碳后的零件应以较快的速度冷却或进行直接淬火,改善冷却条件以及淬火时加热保护。补救办法是在碳势较高的渗碳介质中进行补渗。在脱碳层小于 0.02 mm 情况下可以采用磨去或喷丸等办法进行补救。

3. 粗大网状或大块状碳化物组织

出现粗大网状或大块状碳化物可能是由于渗碳剂活性太大、渗碳阶段温度过高、扩散阶段温度过低及渗碳时间过长引起。

预防措施是降低渗碳剂活性,或重新在低的渗碳气氛中扩散一段时间;渗碳结束后进行快速冷却。如果网状碳化物级别低于 2 级,则可在淬火前进行正火处理,否则报废。

4. 黑色组织

在含 Cr、Mn 及 Si 等合金元素的渗碳钢渗碳淬火后,在渗层表面组织中出现沿晶界呈断续网状的黑色组织。出现这种黑色组织的原因,可能是渗碳介质中的氧向钢的晶界扩散,形成 Cr、Mn 和 Si 等元素的氧化物,即“内氧化”;也可能是氧化使晶界上及晶界附近的合金元素贫化,淬透性降低,致使淬火后出现非马氏体组织。

预防黑色组织的措施是注意渗碳炉的密封性能,降低炉气中的含氧量,一旦工件上出现黑色组织,若其深度不超过 0.02 mm,则可以增加一道磨削工序将其磨去,或进行表面喷丸处理。

5. 反常组织

这种组织与前述过的共析钢退火组织缺陷中的反常组织一样。其特征是在先共析渗碳体周围出现铁素体层,在渗碳件中,常在钢中含氧量较高(如沸腾钢)的固体渗碳时看到,具有反常组织的钢经淬火后易出现软点。补救办法是,适当提高淬火温度或适当延长淬火加热的保温时间，使奥氏体均匀化，并采用较快的淬火冷却速度。

6. 表面腐蚀和氧化

渗碳剂不纯，含杂质多，如硫或硫酸盐的含量高，液体渗碳后零件表面粘有残盐，均会引起腐蚀。渗碳后零件出炉温度过高、等温盐浴或淬火加热盐浴脱氧不良，都可能引起表面氧化，应仔细控制渗碳剂盐浴成分，并对零件表面及时清洗。

5.3.7 先进气体渗碳技术

渗碳技术的发展，主要着力于开发节能、环保新工艺；提高渗碳质量，使渗碳过程的控制精确化；缩短渗碳时间等。下面对先进气体渗碳技术进行简单介绍。

1. 真空渗碳（低压渗碳）

真空渗碳是指在低于0.1 MPa条件下进行的渗碳工艺。渗碳温度多为980～1 100 ℃，渗碳时直接将丙烷、乙炔、甲烷等通入炉内渗碳，真空渗碳实质是在低于大气压力下进行的渗碳。

真空渗碳时，常采用脉冲式送气，其基本过程如下：送气渗碳→停气、抽真空→进行扩散→再送气渗碳。经过数次循环，渗碳过程即完成。脉冲式送气有利于带小孔或不通孔的工件得到均匀的渗碳层。渗碳结束后，将工件快速移至通入氮气的冷却室预冷后直接淬火（油淬或高压气淬）。如渗碳温度较高，晶粒被粗化，则降温到600 ℃左右，然后于真空条件下重新加热以细化晶粒，加热结束后，在具有氮气保护的冷却室中进行淬火冷却。

真空渗碳的优点是：渗碳时间大幅缩短（为普通气体渗碳的1/2～1/3），不脱碳，可避免内氧化现象；直接将丙烷、乙炔、甲烷等通入炉内渗碳，节省了气体制备设备；耗气量仅为普通渗碳的几分之一；节能，环保，工件表面洁净；对有深孔、窄缝等用普通气体渗碳效果不好的零件及不锈钢等，可以取得良好的渗碳效果。

真空渗碳渗速快的主要原因是：在高温下原子扩散速度大大加快；真空下工件表面的氧化物分解，剩余油脂及污物蒸发，使工件表面处于新鲜、洁净的良好活化状态，提高了工件表面对活性碳原子的吸收能力。

真空渗碳目前主要靠脉冲供气、调节炉压及合理安排渗碳和扩散时间来粗略控制碳势，但精确控制炉气碳势较困难。

2. 离子渗碳

离子渗碳是将工件装入真空室内（低于0.1 MPa），通入甲烷或丙烷，同时在工件（阴极）和阳极之间施加直流高电压，使气体激发，引起辉光放电，产生等离子体，生成的碳离子高速轰击工件表面而渗碳。离子渗碳的优点是：由于辉光放电及离子轰击的作用，离子态的碳活性更高，且工件表面形成大量微观缺陷，离子渗碳速度大大加快，比普通渗碳缩短约50%的时间；表面碳含量和渗层深度易控制；可消除晶界内氧化，畸变较小；节能、节气，无环境污染。

3. 流态床渗碳

流态床渗碳是在含碳的流态床中进行的渗碳。利用流态床对零件加热，通入碳氢化合物气体（CH_4、C_3H_8 等）或利用可供碳的微粒（如石墨颗粒）作为渗碳剂。如采用石墨颗粒作为加热介质时，它同时也作为供碳剂，空气中的 O_2 与石墨反应形成渗碳气氛CO，使零件渗碳。流态床渗碳的主要优点是：加热速度和渗碳速度快；由于流动粒子对零件表面的冲刷，零件表面不会沉积炭黑，可进行高浓度渗碳；渗层均匀。

4. 直生式气氛渗碳

直生式气氛渗碳是将富化气（或液体渗碳剂）与空气（或 CO_2）直接通入渗碳炉内形成渗碳气氛的一种渗碳工艺。

常用富化气为天然气、丙烷、丙酮等。直生式气氛是非平衡气氛，CO 含量不稳定，渗碳时需采用同时测量 CO 和 O_2 含量的多参数控制进行碳势控制。

直生式气氛渗碳的优点是：碳由气相向工件表面的传递速度快；与吸热式气氛渗碳相比，节省一套气体发生装置；碳势调整速度较吸热式和氮基气氛快；渗碳层均匀，重现性好；对炉子密封性要求不严；对原料气要求较低。随着计算机控制技术应用的不断成熟和完善，直生式气氛渗碳的可控性也不断提高，应用范围正逐步扩大。

5. 稀土渗碳

稀土渗碳是在煤油作为渗剂的气体渗碳中，将稀土氯化物溶于甲醇中滴入炉内。试验结果表明，与普通渗碳相比，稀土渗碳的优点是：渗速可提高 15%～25%；渗层深度增厚，渗层碳含量提高。此外，渗碳淬火后表层可形成很多弥散分布的碳化物细颗粒，同时马氏体和残留奥氏体细化，使渗层的弯曲疲劳强度、接触疲劳强度和耐磨性提高。

稀土元素应用于渗碳及其他化学热处理都有较好的效果，但稀土元素的催渗机理目前尚不完全清楚。

5.4 钢的渗氮

渗氮也常称氮化，是在一定温度下于一定介质中使氮原子渗入钢件表层，以提高其硬度、耐磨性、疲劳强度和耐蚀性能的一种化学热处理工艺。它的发展比渗碳晚，但如今也已获得十分广泛的应用，不但应用于传统的渗氮钢，还应用于不锈钢、工具钢和铸铁等。渗氮方法主要包括普通渗氮和离子渗氮两大类。普通渗氮又可分为气体渗氮、液体渗氮和固体渗氮三种。本节主要介绍渗氮层的组织和性能、气体渗氮工艺的制定方法，并简要介绍离子渗氮及其他渗氮方法，以及渗氮零件的质量检验等。

5.4.1 渗氮的特点

钢渗氮后具有以下优点。

（1）高的表面硬度及耐磨性。含 Al、Cr、Mo 等的合金钢渗氮后硬度可达 950～1 200HV（相当于 68HRC 以上），且渗氮层的硬度可以保持到 500 ℃左右。由于渗氮层硬度很高，故其耐磨性也很好。

（2）高的疲劳强度。渗氮层内的残余压应力比渗碳层大，故渗氮后可获得较高的疲劳强度，一般可提高 25%～30%。

（3）较好的抗咬合性能。咬合是由于短时间缺乏润滑并过热，在相对运动的两表面间产生的卡死、擦伤或焊合现象。渗氮层的高硬度和高温硬度，使之具有较好的抗咬合性能。

（4）较高的抗蚀性能。钢件渗氮表面能形成化学稳定性高而致密的化合物层，因而在大气、水分及弱碱性介质中具有较高的抗蚀性能。

（5）变形小且变形规律性强。渗氮温度较低，常在 480~570 ℃，是在铁素体状态下进行，渗氮过程中零件心部无相变；渗氮后一般随炉冷却，不再需要任何热处理，故变形很小。引起渗氮零件变形的基本原因只是渗氮层的体积膨胀，故变形规律也较强。因此适合精密零件的最终处理。

渗氮的主要缺点。

（1）生产周期太长，若渗层厚度为 0.5 mm，则气体渗氮需要 50 h 左右，渗速慢（一般渗氮速度为 0.01 mm/h）。

（2）生产效率低，劳动条件差。

为了克服渗氮化时间长的不足，进一步提高产品质量，人们又研究了许多渗氮方法，如离子氮化、感应加热气体氮化、镀钛氮化、催渗氮化等，在不同程度上提高了效率，降低了生产成本，同时也为渗氮技术的进一步推广和应用提供了保证。

镗床的主轴和主轴套、精密机床的丝杠、内燃机的曲轴、气缸套和气阀、各种精密齿轮和模具等，通常都采用渗氮处理。

渗氮工艺种类较多，按介质不同，可分为气体渗氮和液体渗氮。按渗氮目的不同，可分为强化渗氮和抗蚀渗氮。

5.4.2 渗氮层的组织与性能

1. Fe-N 相图与基本相

图 5-22 为 Fe-N 相图，整个相图共有五个单相区，其中包括两个间隙式固溶体 α、γ 和三个成分可变的间隙化合物 γ′、ε、ξ。

α 相：氮在 α-Fe 中的间隙固溶体，具有体心立方晶格，其中氮的质量分数在室温时不超过 0.001%，590 ℃时的最大溶解度为 0.1%。

γ 相：氮在 γ-Fe 中的间隙固溶体，面心立方晶格，温度高于 590 ℃时才稳定存在。共析成分为 2.35%，温度缓慢下降通过 590 ℃时，γ 相发生共析转变：γ→α+γ′。如在 γ 相区快速冷却，则会得到含氮马氏体（与含碳马氏体类似），硬度可达 650HV。

γ′相：一种成分可变的间隙相，面心立方晶格，其硬度大约为 550HV。450 ℃时氮的质量分数为 5.7%~6.1%，氮原子有序地占据间隙位置，当氮的质量分数为 5.9%时，其成分符合 Fe_4N，γ′相大约在 680 ℃以上发生分解并溶于 ε 相中。

ε 相：一种可变成分的氮化物间隙相，具有密排六方晶格，显微硬度约为 250HV。在一般氮化温度范围内 ε 相的成分大致为 Fe_2N~Fe_3N（相当于含氮 8.25%~11.0%）。随温度的降低，ε 相将析出 γ′相。

ξ 相：一种以 Fe_2N 为基的固溶体，具有斜方点阵，性脆，氮的质量分数为 11.0%~11.35%。当渗氮后氮浓度高到足以出现 ξ 相时，渗层的脆性和它有密切关系。渗氮层一般不允许出现 ξ 相。

由图 5-22 可以看到，Fe-N 相图中有两个共析反应，即在 590 ℃，氮的质量分数为 2.35%的 γ 相发生共析转变 γ→α+γ′，以及在 650 ℃，氮的质量分数为 4.55%的 ε 相发生另一共析转变 ε→γ+γ′。渗氮一般在 570 ℃以下进行，所以通常不会发生上述共析转变。

钢中加入合金元素能改变氮在 α 相中的溶解度。元素 W、Mo、Cr、Ti 和 V 是强氮化物形成元素，可提高氮在 α 相中的溶解度。例如，合金结构钢 38CrMoAl、35CrMo、

18Cr2Ni4WA 等渗氮时，氮在 α 相中的溶解度为 0.2%～0.5%，而在工业纯铁中仅为 0.1%。

合金钢渗氮时，在 γ′相和 ε 相中，部分合金元素原子置换铁原子，有些合金元素，如 Al、Si 和 Ti，在 γ′相中溶解度较大，并且扩大了 γ′相区。另外，合金元素的溶入提高了 ε 相的硬度和耐磨性。

2. 纯铁渗氮层的组织

纯铁渗氮层的成分、组织如图 5-23 所示。由 Fe-N 相图可知，纯铁在 500～590 ℃渗氮时，首先在表面形成含氮的 α 固溶体；随着氮的不断渗入，α 相达到饱和状态后引起 α→γ′转变；当 γ′相达到饱和溶解度后，就形成 ε 相，此时渗层由表面向内的相组成为ε→γ′→α 相（最外层也可能有 ξ 相）。

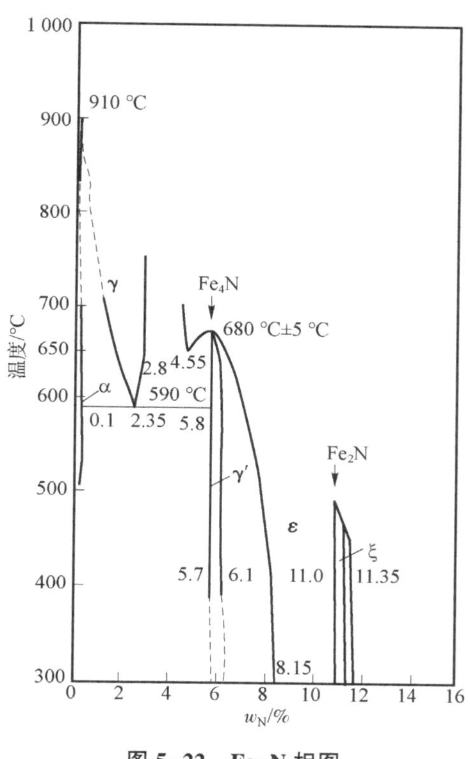

图 5-22　Fe-N 相图

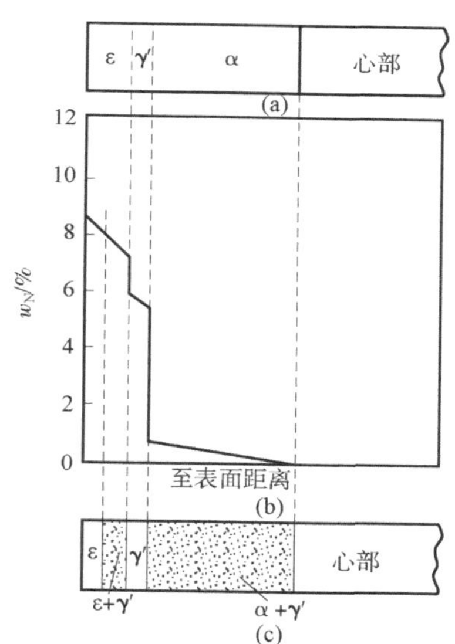

图 5-23　纯铁在 500～590 ℃渗氮后缓冷到室温的成分和组织示意

从渗氮温度快冷到室温时，渗氮温度下的相将被保留到室温而不发生变化。如果从渗氮温度慢冷到室温，则 ε 相及 α 相中均有针状 γ′相析出，渗氮层组织由外向内为：ε→ε+γ′→γ′→α+γ′→α。渗氮层外层的 ε 及 γ′称为化合物层，其耐蚀性很高，用硝酸酒精浸蚀，呈光亮的白亮层，又称白层；氮化物弥散分布于铁素体基体上的组织则称为扩散层。

3. 渗氮原理

现以气体渗氮为例，讨论渗氮原理。与其他化学热处理一样，气体渗氮过程也可分为三个基本过程，即渗氮介质分解形成活性氮原子、活性氮原子的吸收以及活性氮原子向内部的扩散。

1）渗氮介质分解形成活性氮原子

气体渗氮时一般使用无水氨气 NH_3 或 NH_3+H_2 作为渗氮介质。氨气在加热时很不稳定，将按下式发生分解形成活性氮原子：

$$NH_3 \rightleftharpoons [N]+\frac{3}{2}H_2$$

研究表明，在常用渗氮温度（500～540 ℃）下，如果时间足够，氨气的分解可以达到接近完全的程度。

图 5-24 给出了用（NH_3+H_2）混合气对纯铁渗氮时表面形成的各种相与 NH_3 含量的关系，此图可作为控制气体渗氮过程的基本依据。

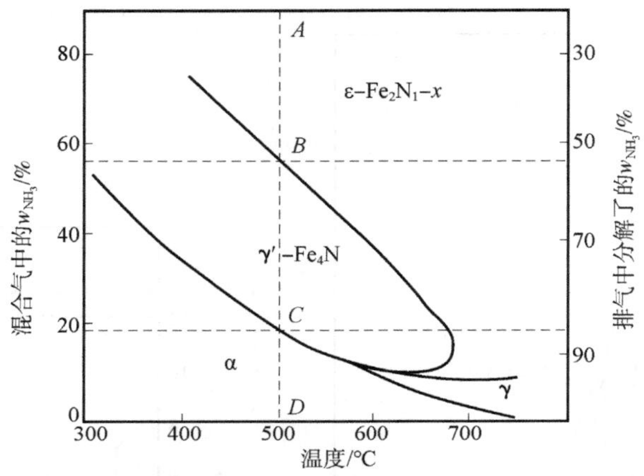

图 5-24　纯铁渗氮时表面形成的各种相与（NH_3+H_2）混合气平衡的条件

2）活性氮原子的吸收

氨气在渗氮温度下分解形成的活性氮原子，将被钢件表面吸收并向内部扩散。但是氨气分解形成的活性氮原子只有一部分能立即被钢件表面吸收，而多数活性氮原子则很快地互相结合形成氮分子。为了源源不断地提供活性氮原子，气氛必须有良好的循环，或者说，气氛中要保持较高浓度的未分解氨。

3）活性氮原子向内部的扩散

氮在铁中也以间隙方式扩散，其扩散系数可以用下式表示

$$D_N^{\alpha}=D_0\exp(-Q/RT) \tag{5-10}$$

式中　D_N^{α}——氮在 α-Fe 中的扩散系数；

D_0——扩散常数（0. 3 mm^2/s）；

R——摩尔气体常数；

Q——扩散激活能（76. 12 kJ/mol）。

由于氮的原子半径（0. 071 nm）比碳的（0. 077 nm）小，故氮的扩散系数要比碳的大。与渗碳时相似，渗氮层的深度也随时间呈抛物线关系增加，即符合 δ(层深) = ϕ(常数) × $\tau^{\frac{1}{2}}$(时间) 的关系。

4. 渗氮用钢及渗氮强化机理

由上述可知，纯铁渗氮后硬度并不高。普通碳钢渗氮也无法获得高硬度和高耐磨性，且

碳钢中所形成的氮化物很不稳定，加热到高温时将发生分解和聚集粗化。

为提高渗氮工件的表面硬度、耐磨性和疲劳强度，必须选用渗氮钢，这些钢中含有 Cr、Mo、Al 等合金元素，渗氮时形成硬度很高、弥散分布的合金氮化物，可使钢的表面硬度达到 1 100HV 左右，且这些合金氮化物热稳定性很高，加热到 500 ℃仍能保持高硬度。其中应用最普遍的渗氮钢是 38CrMoAl 钢。但使用中发现，38CrMoAl 钢的可加工性较差，淬火温度较高，易于脱碳，渗氮后的脆性也较大。为此，逐渐发展了无铝渗氮钢。目前渗氮钢包括多种含碳为 0.15%~0.45%的合金结构钢，如 20CrNiWA、40Cr、40CrV、42CrMo、38CrNi3MoA 等。此外，一些冷作模具钢、热作模具钢及高速钢等也适于渗氮处理。

Al、Cr、Mo 等合金元素之所以能显著提高渗氮层硬度，是因为氮原子向心部扩散在渗层中依次发生下述转变。

（1）氮和合金元素原子在 α 相中的偏聚，形成所谓混合 G-P 区（即原子偏聚区）；

（2）α''-$Fe_{16}N_2$ 型过渡氮化物的析出等组织变化。这些共格的偏聚区和过渡氮化物析出，会引起硬度的强烈提高。这一过程与固溶时效过程非常相似。

图 5-25 是渗氮过程中形成混合 G-P 区的示意图。G-P 区呈盘状，与基体共格，并引起较大的点阵畸变，从而使硬度显著提高。

随着渗氮时间延长或温度升高，偏聚区氮原子数量将发生变化，并进行有序化过程，使置换型或间隙型 G-P 区逐渐转变为 α''-$Fe_{16}N_2$ 型过渡相。在有 Mo、W 等合金元素存在的情况下，析出物可以表示为 $(Fe, Mo)_{16}N_2$ 或 $(Fe, W)_{16}N_2$ 等。由 α''向 γ'的转变是一种原位转变，即不需要重新形核，而只作成分调整（提高氮含量）。当含有合金元素（如 Mo）时，γ'相可以表示为 γ'-$(Fe, Mo)_4N$ 等。

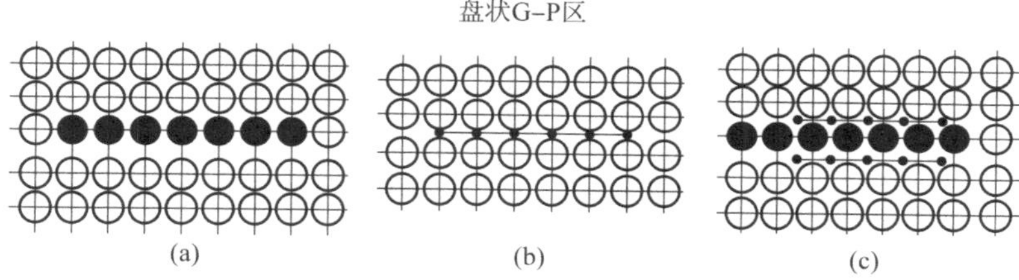

图 5-25　渗氮中形成置换型和间隙型两种原子的混合 G-P 区示意

（a）置换型；（b）间隙型；（c）置换—间隙型

●—合金元素原子；• —氮原子

由 γ'向更稳定的合金氮化物转变时，必须重新在晶界等部位形核并以不连续沉淀的方式进行。稳定的合金氮化物的尺寸较大，与基体相没有共格关系，其强化效果比过渡相要小。所以，它们的出现相当于过时效阶段。

5.4.3　气体渗氮

1. 渗氮前的热处理

渗氮与渗碳的强化机理不同，前者实质上是一种弥散强化，弥散相是在渗氮过程中形成的，所以渗氮后不需要进行热处理；而后者是依靠马氏体相变强化，所以渗碳后必须淬火。

渗碳后的淬火也同时改变心部的性能，而渗氮零件的心部性能是由渗氮前的热处理决定的。可见，渗氮前的热处理十分重要。

渗氮前的热处理一般都是调质处理。在确定调质工艺时，淬火温度根据钢的 Ac_3 决定；淬火介质由钢的淬透性决定；回火温度的选择不仅要考虑心部的硬度，而且必须考虑其对渗氮层性能的影响。一般说来，回火温度低，不仅心部硬度高，而且渗氮后氮化层硬度也高，因而有效渗层深度也会有所提高。另外，为了保证心部组织的稳定性，避免渗氮时心部性能发生变化，一般回火温度应比渗氮温度高 50 ℃左右。

2. 气体渗氮工艺参数

正确制定渗氮工艺，就是要选择好气氛氮势、渗氮温度和渗氮时间三个工艺参数。

1）气氛氮势的选择与控制

用 NH_3 或 NH_3+H_2 混合气体进行气体渗氮时通过反应生成活性氮原子。因此，工程上定义 $r=p_{NH_3}/(p_{H_2})^{\frac{3}{2}}$（$p_{NH_3}$ 和 p_{H_2} 分别表示炉内混合气体中 NH_3 和 H_2 的分压）为氮势。r 具有以下性质：r 值的大小只取决于气相的组成；在一定温度渗氮时，形成 γ' 相或 ε 相的临界氮势是一确定值。因此，r 可以作为衡量含 NH_3 气体供氮能力的参量。氮势的控制实质上是对炉气中 NH_3 和 H_2 分压的控制。

氮势 r 与氨分解率之间存在对应关系，所以氮势控制常采用氨分解率控制方法。氨分解率的测量通常使用氨分解率测量仪，即一个带有体积百分数刻度的玻璃容器。测量时先将炉气充满玻璃容器，然后在保持密封的条件下向此容器中注水。由于氨可以全部溶解（常温下 1 体积水可以溶解 700 体积氨），因此，所注入的水占有的空间就是炉气中含有的氨的体积，而剩下的空间则是 H_2 和 N_2 所占的体积，它与总体积之比$\left(\dfrac{V_{H_2}+V_{N_2}}{V_{H_2}+V_{N_2}+V_{NH_3}}\times100\%\right)$被定义为氨分解率 a，如图 5-26 所示。氮势 r 与氨分解率 a 之间存在下述对应关系

$$r=(1-a)\left(\frac{4}{3a}\right)^{\frac{3}{2}} \tag{5-11}$$

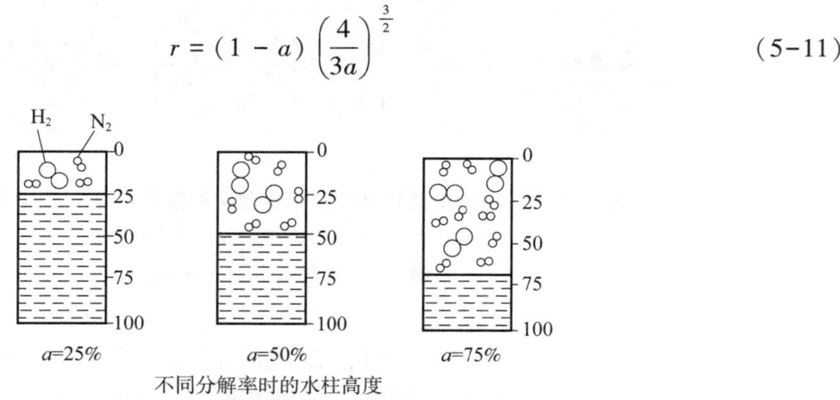

图 5-26　氨分解率的定义与测定原理示意

一般渗氮工艺中，采用控制氨分解率的方法来控制氮势，即通过改变氨流量来控制氨分解率，从而达到控制气氛渗氮能力的目的。其基本原则是：欲使气氛氮势提高，应加大气体流量，降低氨分解率；反之，则应减小气体流量，提高氨分解率。

为了减小渗氮层的脆性，需要正确控制渗氮层的氮含量，这促使人们研究了可控渗氮技

术。例如，Bell 等人在 NH_3、H_2 混合气体中进行可控渗氮，提出了在一定时间内不出现化合物层（白层）的临界氮势（门槛值）的概念，同时提出了氮势定值控制的可控渗氮工艺。图 5-27 表示在钢表面生成白层时 r 的门槛值。只要依据图 5-27 的曲线，找出不生成白层的门槛值，然后按此配好 NH_3+H_2 的混合气，在图示的温度下以足够大的流量送入炉中，以保证排气中 NH_3/H_2 比值恒定并维持在所需值，同时采用红外线氨气分析仪对排气中的 NH_3 量进行分析和控制即可。

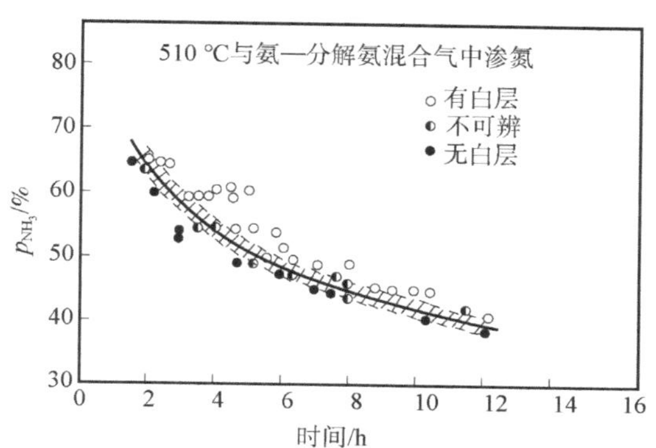

图 5-27　38CrMoAl 钢 510 ℃渗氮时生成白层的氮势 r 的门槛值

2）渗氮温度和时间

渗氮温度影响渗氮层深度和渗氮层硬度。图 5-28 表示渗氮温度对钢渗氮层深度和硬度梯度的影响。由图可见，在给定的渗氮温度范围内，温度越低，表面硬度越高，硬度梯度越陡，渗层深度越小；而且硬度梯度曲线上接近表面处有一个极大值，即最表面有一低硬度层，这一低硬度层估计是由于表面出现白层造成的。分析表明，渗氮层表面的白层是由 γ′-Fe_4N 和 ε-Fe_2N 组成，而 ε/γ′比值随至表面距离的增大而降低，到一定深度后便只由单相 γ′组成。这两种化合物的硬度都不如过渡合金氮化物时效强化所引起的硬度高，而脆性却很大，因此表面的硬度较低。

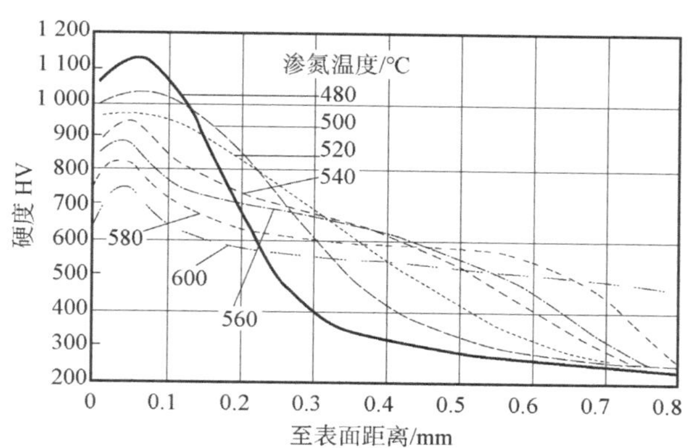

图 5-28　温度对 0.42C-1.0A1-1.65Cr-0.32Mo 钢渗氮层硬度和深度的影响（渗氮 60 h）

渗氮温度的选择主要应根据对零件表面硬度的要求而定，硬度高者，渗氮温度应适当降低。在此前提下，要考虑照顾渗氮前的回火温度，亦即照顾零件心部的性能要求，使渗氮温度低于回火温度 50 ℃左右。此外，还要考虑对层深（渗氮层较深者，渗氮温度不宜过低）及对金相组织的要求（渗氮温度越高，越容易出现白层和网状或波纹状氮化物）等。

渗氮时间主要影响层深。图 5-29 表示渗氮时间对钢渗层硬度和深度的影响。因此，渗氮时间主要依据所需的渗层深度，而在同一渗氮温度下长时间保温进行的渗氮称为等温渗氮。等温渗氮温度低、周期长，适用于渗氮层浅的工件。

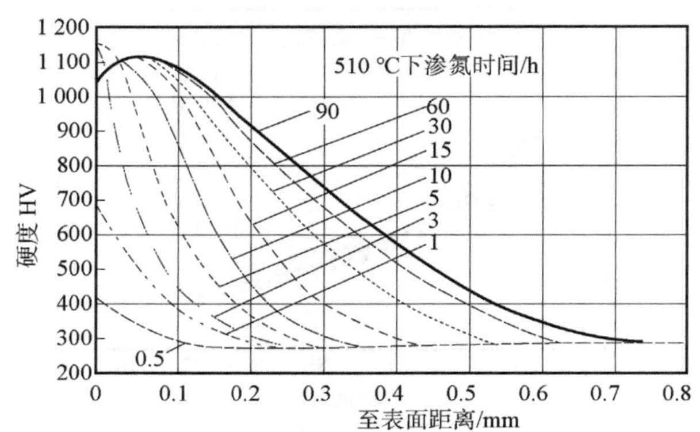

图 5-29　渗氮时间对 0. 42C-1. 0A1-1. 65Cr-0. 32Mo 钢渗氮层硬度和深度的影响

3. 气体渗氮工艺方法

1）表面强化渗氮

生产上常用的强化渗氮工艺有气体等温渗氮、气体二段渗氮以及气体三段渗氮等。

（1）气体等温渗氮。

气体等温渗氮又称气体一段渗氮，它是指在可提供活性氮原子的气氛（如 NH_3 与 N_2 的混合气体、氨分解气、氨气）中和一定温度及氮势下进行的渗氮。此工艺通常在温度（460~530 ℃）及氨分解率（20%~40%）均不变动的条件下进行。由于温度较低，故工件畸变小。但渗氮周期长，为得到 0. 6~1. 0 mm 的渗氮层，需要保温 50~120 h。

例如，38CrMoAl 钢制精密磨床主轴，要求渗氮层深度为 0. 4~0. 6 mm，表面硬度大于 900HV，其一段渗氮工艺曲线如图 5-30 所示。为了降低渗氮层的脆性，常在渗氮结束前2 h 进行退氮处理，以降低表面氮浓度并使表层氮原子向内扩散，增加渗层深度，可用较高的氨分解率，一般≥80%。

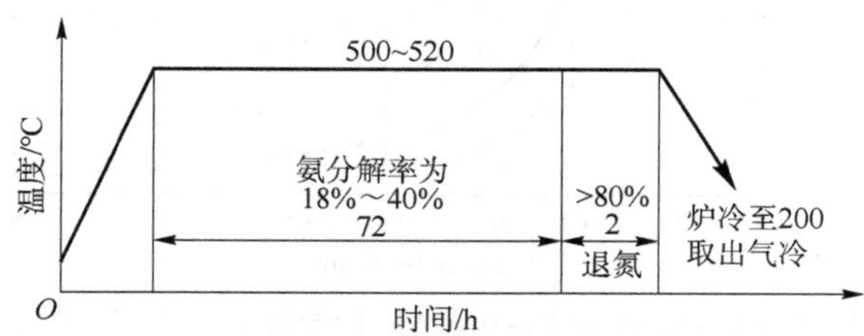

图 5-30　38CrMoAl 钢等温渗氮工艺曲线

等温渗氮的优点是渗氮温度低，硬度高（966~1 034HV）而畸变小；缺点是生产周期太长，当退氮不当时，脆性较大。它适用于要求表面硬度高、渗氮层浅、畸变小的工件。常用于承受大载荷的精密件，如镗床镗杆、主轴、曲轴和齿轮等。

（2）气体二段渗氮。

气体二段渗氮又称双程渗氮。其第一段的渗氮温度和氨分解率与等温渗氮相同，第二段采用较高的温度（一般为 550~560 ℃）和较高的氨分解率（为 40%~60%）。渗氮结束前一般也要进行 2 h 退氮处理，以降低脆性。

两段渗氮可缩短渗氮周期（比一段渗氮缩短 1/4~1/3 的时间），但表面硬度稍有下降（825~1 025HV），畸变量有所增加。例如，上述 38CrMoAl 钢制精密磨床主轴的二段渗氮工艺曲线如图 5-31 所示。

二段渗氮法应用最为广泛，适用于硬度要求略低、渗氮层较厚且不易畸变的工件。

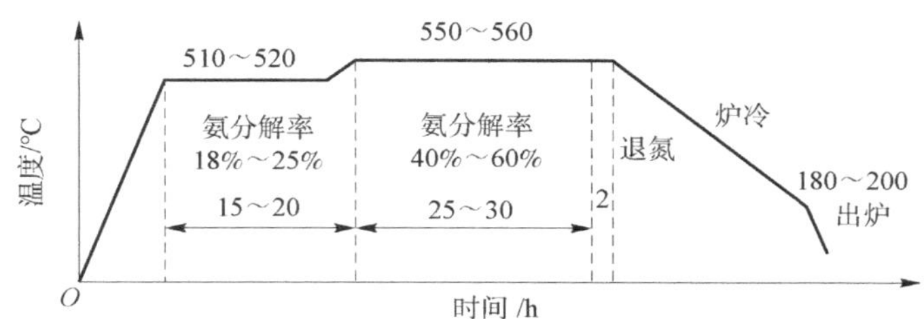

图 5-31 38CrMoAl 钢二段渗氮工艺曲线

（3）气体三段渗氮。

气体三段渗氮是将整个渗氮处理过程分为三个阶段进行的渗氮工艺。

三段渗氮的特点是在两段渗氮处理后再在 520~550 ℃继续渗氮，以提高表面硬度和缩短工艺周期（约为等温渗氮的 50%）。但三段渗氮的操作繁杂，而且渗氮后的硬度梯度较二段渗氮差。

例如，38CrMoAl 钢制精密磨床主轴的三段渗氮工艺曲线如图 5-32 所示。其工艺过程是：在依次升温和增加氨分解率的二段渗氮之后，于第三阶段恢复到第一阶段的温度（或略高，但低于第二阶段）和氨的分解率，再保持一段时间（第三阶段），使表面硬度又获得提高。

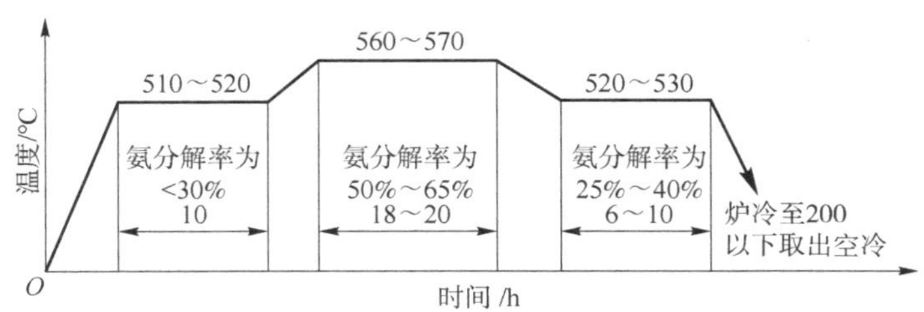

图 5-32 38CrMoAl 钢三段渗氮工艺曲线

三段渗氮适于硬度要求较高、不易畸变或对畸变要求略低的工件。由于工艺复杂、畸变较大，故应用较少，主要用于受冲击的重要零件。

至于不锈钢等高合金钢的渗氮，由于氮原子在这类钢中扩散困难，往往不易得到较深的渗层，故一般采用较高温度的渗氮工艺（550~650 ℃），以提高渗氮速度。

2）抗蚀渗氮

抗蚀渗氮是为了提高工件的抗蚀性能而进行的渗氮处理。工件表面可获得厚度为0.015～0.06 mm的致密、化学稳定性高的ε相层。

抗蚀渗氮过程与强化渗氮过程基本相同，只是渗氮温度较高，有利于致密ε相层的形成，也有利于缩短渗氮时间。但温度过高，表面氮含量降低，孔隙度增大，抗蚀性下降。氨气分解率较低时，容易形成致密的ε相。一般钢的抗蚀渗氮工艺规范见表5-6。

表5-6　抗蚀渗氮工艺规范

材料	渗氮工艺				ε相层厚度/μm
	温度/℃	时间/h	氨分解率/%	冷却方式	
工业纯铁	550±10	6	30～50	随炉冷却至200 ℃以下出炉空冷，以提高磁导率	20～40
	600±10	3～4	30～60		
10	600±10	6	45～70	根据要求的性能和零件的精度，分别冷至200 ℃出炉空冷、直接出炉空冷、油冷或水冷	40～80
10	600±10	4	40～70		15～40
20	610±10	3	50～60		17～20
30	620～650	3	40～70		20～60
40、45、40Cr、50以及所有牌号的低碳钢	600±10	2～3	35～55	对于要求基体具有强韧性的中碳或中碳合金钢工件，尽可能水冷或油冷	15～50
	650±10	0.75～1.5	45～65		
	700±10	0.25～0.5	55～75		

经抗蚀渗氮的碳钢、低合金钢及铸铁零件，在自来水、湿空气、过热蒸汽以及弱碱液体中，具有良好的抗蚀性能，因此已用来制造自来水龙头、锅炉汽管、水管阀门以及门把手等，可代替铜件和镀铬件，但渗氮层在酸溶液中并不具有耐蚀性。

5.4.4　离子渗氮

离子渗氮又称为辉光离子渗氮或等离子渗氮，是利用辉光放电现象，将含氮气体介质电离进行渗氮的工艺。离子渗氮的研究始于20世纪30年代，但由于大电流稳定辉光放电设备在技术应用上的困难，故一直到20世纪60年代初才在少数国家的生产中得到应用。目前在世界各国，离子渗氮已获得广泛应用并在不断发展。

1. 离子渗氮的特点

与普通气体渗氮相比，离子渗氮具有以下优点。

（1）渗氮速度快，时间短，如当渗氮层厚度为0.3～0.5 mm时，离子渗氮所需时间仅为普通气体渗氮的1/3～1/5，因此节约电能和气体。

（2）渗氮层的性能更加优越。离子渗氮可以通过改变工艺参数来控制渗氮层的成分和结构，使其表面形成的白层很薄，甚至没有。

（3）变形小，特别适用于形状复杂的精密零件。

（4）易于实现局部渗氮，只要设法使不欲渗氮的部位不产生辉光即可；易于实现均匀渗氮，只要能产生辉光的表面就能进行渗氮。

（5）适用于各种材料，包括要求渗氮温度较高的不锈钢、耐热钢，以及渗氮温度较低的工模具（具钢）和精密零件，而低温渗氮对气体渗氮来说是相当困难的。

（6）劳动条件好，对环境污染轻。

离子渗氮的主要缺点是准确测定零件的温度有困难，对于大型炉及各类零件的混装炉，各处工件的温度难以达到均匀一致。

2. 离子渗氮原理

离子渗氮是在真空室内高压直流电场作用下进行的，其装置及原理如图 5-33 所示。离子渗氮时，将工件置于真空室内，并接直流电源阴极，容器壁则接阳极（或另设阳极）。先抽真空，当真空度达到 1. 33～13. 3 Pa 后，充入氨气或氮、氢混合气，待真空容器中压力升至 70 Pa 左右时，在阴、阳极间施加 400～800 V 的直流电压，容器中的稀薄气体便会被电离成 N^+、H^+离子和电子。在电场的作用下，电子向阳极迁移，并在运动过程中不断使气体分子电离，而 N^+、H^+等正离子则向阴极迁移，在这个过程中还可能与未电离的中性粒子碰撞，使之也向阴极迁移。当正离子达到阴极附近时，被强烈的电场突然加速而轰击工件表面，当这一综合运动过程达到稳态时，就可以在零件表面获得稳定的辉光。此时电压和电流保持稳定，零件表面覆盖一层紫蓝色或紫红色悦目的辉光，其厚度为 4～8 mm（取决于真空室内的压力和外加电压）。高速运动的正离子对零件表面的轰击，产生下列过程。

（1）使工件加热；

（2）使部分氮离子直接渗入工件表面；

（3）使零件表面的铁原子等部分地飞溅出来，即发生阴极溅射现象。

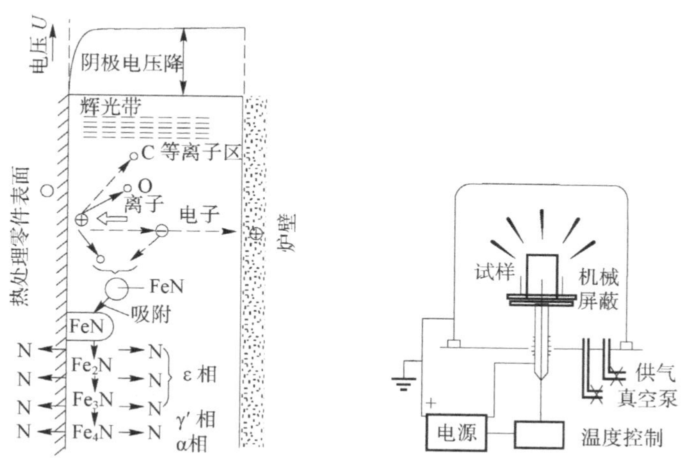

图 5-33　离子渗氮原理和离子渗氮装置示意

由阴极溅射出来的铁原子在阴极压降区与氮离子结合生成 FeN，FeN 由于附着作用而吸附在工件表面。在高温及离子轰击的作用下，FeN 很快转变成低价氮化物 Fe_2N 及 Fe_3N 等，并放出活性氮原子，其中一部分活性氮原子渗入工件表面并向内部扩散而形成渗氮层；另一部分又回到等离子区，和其他氮离子一样重新参与渗氮过程。

但也有研究认为，离子渗氮是通过氨不完全分解产生的 NH_2^+ 和 NH^+离子对阴极（工件）的轰击，并在阴极分解出活性氮原子，活性氮原子被表面吸收并向内部扩散而完成的。

其主要依据是，当使用不含氢的气氛如氮气或氮氩混合气进行离子渗氮时，几乎没有渗氮层产生。

3. 离子渗氮工艺

离子渗氮前，应将零件彻底清洗，以免因油污、锈斑、挥发物等引起电弧损伤零件的现象。零件在装炉时，其间隔必须足够大而均匀，装载过密处往往会引起温度过高。对局部渗氮的零件，可在非渗氮部位用外罩（对凸出面而言）或塞子（对内凹面或孔而言）屏蔽，以避免在该处产生辉光。装炉时还要注意合理分布测温热电偶等。

离子渗氮的工艺参数包括电参数、热参数和气参数，三者之间相互影响。电参数包括电压和电流，热参数包括温度和时间，气参数包括气体成分、压力和流量。在选择工艺参数时主要是确定温度、时间和气氛，然后改变或调节电参数和气压来满足温度的要求。但是，辉光放电的特性本身又决定了电、气参数只可能在一定范围以内变化。下面对三组参数分别介绍。

渗氮温度是最主要的参数，它是根据零件的材料和对零件的技术要求（主要是硬度）来决定的，其选择原则和普通气体渗氮相似。一般说来，对于渗氮钢温度可选为520~540 ℃，不锈钢及耐热钢为550~580 ℃。在温度确定后，时间则依渗氮层深度而定。

离子渗氮所用介质有纯氨气、氨分解气及不同比例的 N_2 和 H_2 的混合气。氨分解气实际上相当于25% N_2+75% H_2 的混合气（体积分数）。使用纯氨时炉内各处氨的分解情况不同，因此气氛氮势也不相同，容易造成零件硬度和渗氮层的不均匀，尤其是各个零件之间可能差别很大。另外，氨分解气氮势较高，控制困难，故渗层金相组织也不理想。相反，使用 N_2 和 H_2 的混合气，则可通过改变 N_2 和 H_2 的比例来改变渗氮层的结构、化合物层和扩散层厚度，调整渗氮层性能。目前，国内主要使用纯氨，国外最常用的是在零件升温阶段用纯氨，到温后用氨分解气。炉内气体压力在工作温度下一般维持在267~1 000 Pa，低压用于处理结构钢，高压用于处理工具钢。在升温阶段，气体压力应随温度升高而逐步加大，直到工作温度下的稳定值。渗氮气体的流量也必须选择适中，过小则供氮不足，渗氮层深度和表面硬度都会下降；过大则造成渗层深度不均匀。

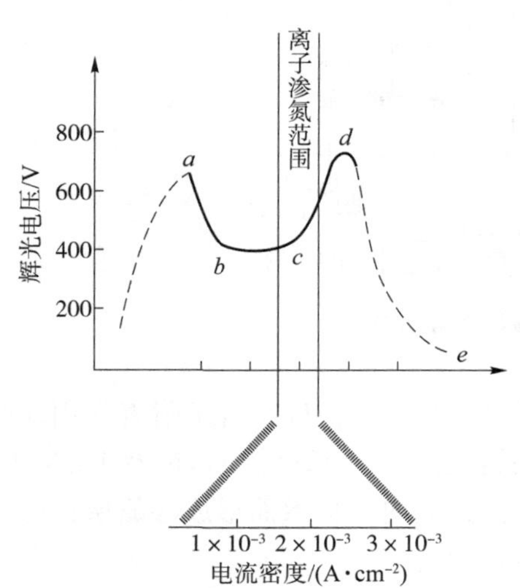

图 5-34　辉光放电时电压电流特性曲线

离子渗氮中电参数的选择和控制也很重要。图 5-34 是辉光放电时电压电流特性曲线。图中 *a* 点之前增加阴阳极间的电压，阴阳极间并没有电流，至 *a* 点时突然出现电流，故 *a* 点的电压称为点燃电压。*bc* 为正常辉光放电区，*cd* 为异常辉光放电区，*de* 为弧光放电区。在正常辉光放电 *bc* 区中，电压保持恒定而电流密度可以变化；在异常辉光放电 *cd* 区中，电流密度随电压升高而升高。离子渗氮实际上是在正常辉光放电区与异常辉光放电区间的过渡区进行的。这是因为零件是借辉光放电加热，如果选择正常辉光放电区，则电压或电流不可调，放电过程失去控制；

但若选择在异常辉光放电区的高压端，则又极易产生弧光放电。弧光放电在阴极上的某一点与阳极之间进行，很容易烧伤工件，因此应当绝对避免。

5.4.5　渗氮后的质量检验及常见缺陷

对渗氮工件的技术要求一般包括表面硬度、渗氮层深度、心部硬度、金相组织和变形量。如前所述，由于渗氮层较浅，因此检验表面硬度时应注意载荷的选择，以防止压穿渗氮层。通常选用 10HV（试验力为 98 N）或 HR5N（表面洛氏硬度，试验力为 147 N）。表面硬度偏低，可能是表面氮浓度不足或渗前处理时回火温度偏高所致。渗氮层深度的检验也可采用测渗碳层所用的各种方法，但仍以硬度法最为精确。例如，规定硬度>550HV 的层深为有效层深，或以 400HV 来分界等。

心部硬度超差，往往是渗氮前的回火温度选择不当所致。

渗氮层的正常金相组织应是回火索氏体+氮化物，无白层或白层很薄，内部无网状、针状和鱼骨状氮化物，波纹状氮化物层不太厚。心部组织应全部为回火索氏体，允许少量铁素体，但不允许粗大组织与大块自由铁素体。如 38CrMoAl 钢经调质后再经 525 ℃×25 h+545 ℃×40 h 气体渗氮，随炉冷却，由表及里组织应为：表层为白亮层；次表层为氮化物（脉状）和含氮回火索氏体的混合物的扩散层；心部组织为回火索氏体和少量沿晶界分布的白色铁素体。

渗氮时产生金相组织不合格的原因，主要是气氛氮势过高、渗氮温度过高、渗氮前热处理时发生表面脱碳或细化晶粒不够等所致，可针对具体情况具体分析解决。

5.4.6　渗氮工艺的发展

1. 表面纳米化渗氮

表面纳米化渗氮是我国科学家卢科等人发明的一种渗氮技术。表面纳米化渗氮是在渗氮前，预先对欲渗氮工件表面进行超声波喷丸处理的渗氮工艺。由于钢丸无定向地不断打击工件表面，故使表层金属在不同方向上反复发生塑性变形，造成晶粒碎化，获得尺寸为纳米级的晶粒组织，并产生大量晶界。在随后的渗氮中，由于氮原子沿晶界扩散速度很快，从而显著提高了渗氮速度。纳米化渗氮还使渗氮层硬度明显提高，渗氮温度降低，有利于减小渗氮引起的畸变。表面纳米化渗氮的发明，开拓了一个重要的渗氮发展方向。

2. 真空脉冲渗氮

真空脉冲渗氮是将渗氮炉抽至一定真空度，对零件整体加热，脉冲式送入氨气，在低真空脉冲渗氮状态下进行的渗氮工艺，如图 5-35 所示。真空脉冲渗氮对带有细长孔、不通孔的工件或深窄的槽内侧需渗氮的工件，可获得均匀性很好的渗氮层。

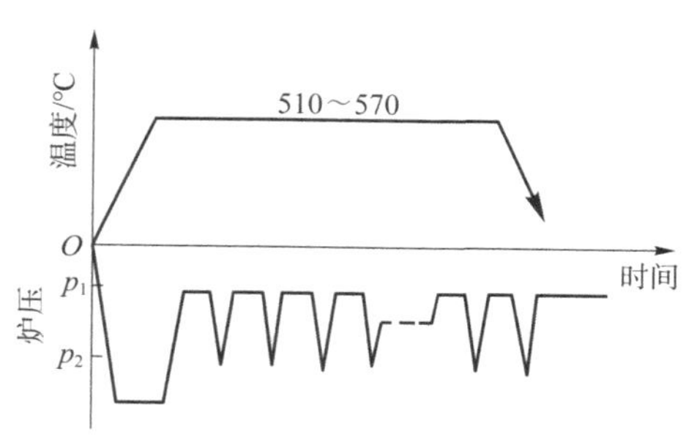

图 5-35　真空脉冲渗氮工艺曲线

真空渗氮后的硬度在 600～1 500HV，渗氮层深度 20～60 μm，渗氮层的硬度分布曲线比较平稳，不易产生剥落和热疲劳。通过对送气量和成分的控制，可得到只有过渡层的渗氮层，使韧性显著提高。与普通气体渗氮相比，真空渗氮具有渗速快、生产效率高的优点，耗气量只有普通渗氮的 1/5，并采用真空排气燃烧废气，无公害产生。

3. 压力渗氮

压力渗氮即加压渗氮或增压渗氮，是将通氨的工作压力提高到300~5 000 kPa，此时氨分解率降低，气氛活度与界面反应速度提高，零件表面氮原子的吸附量增加，渗氮速度加快。渗剂为NH_3，渗氮温度为500~600 ℃，渗氮速度快，渗氮层质量好。对具有复杂形状的合金钢零件显示出良好效果，对于狭缝、小直径深孔与盲孔（直径<0. 40 mm）都能获得满意的渗氮效果。对于钛合金的渗氮可将温度降低到600 ℃。

此法适用于钢管或套筒内表面渗氮。根据需渗氮部位面积的大小，将一定量的液氨（0. 5 g/dm^3）装入用焊料塞密封的小容器内，再将小容器放入需渗氮的钢管或套筒中，两端焊接密封。加热时，小容器的焊料塞熔化，液氨挥发，充满钢管内，产生2 940~3 920 kPa的压力。用此法可在最初几小时内得到比普通渗氮更快的渗氮速度，并能节约大量氨气。例如，碳的质量分数为0. 24%的NiCrMoAl钢应用压力渗氮时，540 ℃×4 h可得到深度为0. 22 mm、硬度达1 040HV的渗氮层。

4. 真空高压快速离子渗氮

对于深层（≥0. 7 mm）渗氮，若采用常规气体渗氮方法，其工艺周期长达80~100 h。采用离子渗氮工艺，在渗氮层较薄时，离子渗氮的渗氮速度快、工艺周期短、工艺过程易于控制。但是，当渗氮层深达到一定深度后，氮原子通过渗氮层向内层的扩散速度大为减慢，深层离子渗氮的应用受到了限制。对此，可采用真空高压快速深层离子渗氮工艺。

真空高压渗氮具有渗氮速度快、硬度高的特点。渗氮零件渗氮层均匀，小孔、深孔和盲孔均可得到均匀的渗氮层，渗氮层深度和硬度与外表面相差无几，并且升、降温时间大大减少，同时保温期间的平均渗氮速度提高，渗氮层硬度高。以38CrMoAl钢和40Cr钢为例，保温期间的平均渗氮速度分别可达0. 03~0. 04 mm/h和0. 06~0. 08 mm/h，渗氮层硬度分别可达1 000HV和600HV。

25Cr2MoVA钢制石油钻机齿轮快速深层离子渗氮工艺：齿轮经调质处理后进行制齿加工，精加工后经汽油清洗并装入LD-150A离子渗氮炉；装炉后抽至67 Pa真空度，向炉内通入少量氨气，并通电对工件进行离子轰击，进一步清洁工件表面；在闪弧结束后，适当提高炉内氨供给量和加热电流，使工件升温。在保温阶段的工艺参数为：渗氮温度为520 ℃，电流为35 A，电压为650 V。结果表明，在深层渗氮条件下，快速深层离子渗氮的渗氮速度为常规离子渗氮速度的1倍以上。

5. 5 钢的碳氮共渗与软氮化

向钢中同时渗入碳和氮的化学热处理方法称为碳氮共渗。根据渗入温度可将碳氮共渗分为高温（790~920 ℃）碳氮共渗和低温（520~580 ℃）氮碳共渗。高温碳氮共渗以渗碳为主。如果不加限定，通常说的“碳氮共渗”指的就是高温碳氮共渗，又称奥氏体碳氮共渗。而低温碳氮共渗是以渗氮为主，又称软氮化，其实质是铁素体状态的氮碳共渗。

5. 5. 1 碳氮共渗

与渗碳和渗氮相比，碳氮共渗在工艺与渗层性能两方面均有其独特之处。渗氮处理能得到高硬度表层（1 000HV以上），因而具有高的耐磨性，但缺点是渗氮时间太长，高硬度扩散层很浅，过渡层硬度下降太快，致使工件不能承受大的工作负荷。渗碳处理时，高硬度表层较深，次表层硬度下降缓慢，能承受大的负荷，但缺点是渗碳温度高、时间长，变形大，且耐磨性和疲劳性能较低。碳氮共渗兼有两者的优点。

（1）氮的渗入降低了渗层的相变温度（A_1 和 A_3 点），所以共渗温度较低，工件不易过热，渗后可直接淬火，变形较小。

（2）渗入速度较快，可大大缩短工艺周期，但共渗层较薄（<0.8 mm）。

（3）氮的渗入提高过冷奥氏体的稳定性，故渗层淬透性较高，淬火时可采用较低的淬火冷却速度，有利于减小淬火变形。同时，氮的渗入还使渗层 M_s 点降低，淬火后共渗层中残留奥氏体较多，降低了脆性。

（4）表层硬度、耐磨性与疲劳强度比渗碳件高，且承载能力比渗氮件高。

因此，碳氮共渗正取代薄层渗碳（层深<0.75 mm），应用越来越广。对于承受弯曲、交变载荷及一定冲击的轴和齿轮来说，共渗层深度常取 0.65～0.75 mm；对于轻载荷的工件，共渗层深度可减少到 0.55 mm 以下。原来进行渗碳的工件改为碳氮共渗时，共渗层深度一般取原渗碳层深度的 2/3。

碳氮共渗可分为固体碳氮共渗、液体碳氮共渗和气体碳氮共渗，目前主要为气体碳氮共渗。因此，下面以气体碳氮共渗为基础，对比讨论渗入反应以及渗层成分、组织和性能的变化。

1. 碳氮共渗件用钢及加工路线

渗碳用钢一般均可用于碳氮共渗。对于渗层较薄的工件，碳氮共渗还可采用中碳钢或中碳合金钢（如 40Cr、40CrNiMo 等）。由于这类钢心部具有较高的强度，因此在共渗层较薄的条件下可获得较高承载能力。

碳氮共渗件的加工路线与渗碳件类似，即下料→锻造→预备热处理→粗加工、半精加工→碳氮共渗→淬火+低温回火→精磨，只有碳氮共渗后才可直接淬火，而渗碳件则需根据钢种而定。

2. 气体碳氮共渗原理与工艺

1）气体碳氮共渗原理

气体碳氮共渗通常使用渗碳气（载气+富化气）+1%～10%氨气的气氛。此外，还有使用滴注苯或煤油+氨气，以及滴注含碳氮的有机化合物（如三乙醇胺等）的气体碳氮共渗。

氨气加入渗碳气氛中，与其中的组分发生下述反应

$$NH_3+CO \rightleftharpoons HCN+H_2O$$

$$NH_3+CH_4 \rightleftharpoons HCN+3H_2$$

反应生成的氰化氢则依下式发生分解

$$HCN \rightleftharpoons \frac{1}{2}H_2+[C]+[N]$$

形成活性碳、氮原子，渗入工件表面。

氨通过稀释和与其他组分反应这两种作用也会影响到气氛的碳势。氨的加入降低了气氛碳势，这种影响可能是通过提高气氛露点或是降低 CH_4 含量而引起的。

为获得良好的力学性能，必须严格控制碳氮共渗表层的碳氮含量。碳氮含量过低，不能获得高硬度、高强度和合理的残余压应力分布；碳氮含量过高，淬火后残留奥氏体过多，出

现大量不均匀的块状碳氮化物，使表层脆化，性能降低。一般认为，表层最佳含量 w_C 为 0.7%~0.9%和 w_N 为 0.25%~0.4%。图 5-36 所示为在氨含量（体积分数）为 5%的气氛中碳氮共渗渗层中所获得的碳、氮浓度分布和硬度值。在氨加入量相同时，气氛碳势的变化只影响渗层的碳含量，而对氮含量影响很小。

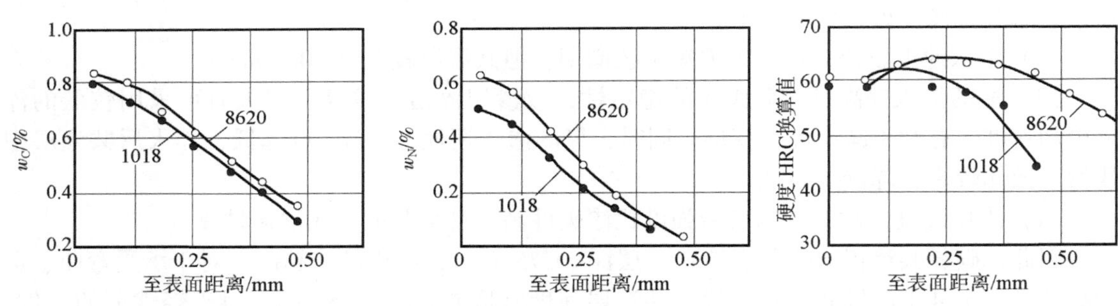

图 5-36　1018（0.18C）钢和 8620（0.2C-0.65Cr-0.55Ni-0.12Mo）钢在 845 ℃碳氮共渗 4 h 后渗层中的碳、氮含量和硬度梯度

2）气体碳氮共渗工艺

在共渗剂一定时，共渗温度不同，渗层中碳、氮含量及渗层深度将不同。图 5-37 为共渗温度对渗层碳、氮含量分布的影响。由图可见，共渗中渗入的主要是碳原子，并且随温度提高，渗层中氮含量急剧下降，而碳含量却逐渐提高。这是由于温度升高，氨分解率增大，大量氨尚未与工件表面接触就已发生分解，分解出的活性氮原子在到达工件表面前很短时间内就已结合成氮分子，使工件表面获得活性氮原子的概率减少。另外，由 Fe-N 相图可知，温度升高，氮在奥氏体中溶解度降低，而温度升高却使碳在奥氏体中溶解度增大，这也对渗碳有利，但对渗氮不利。

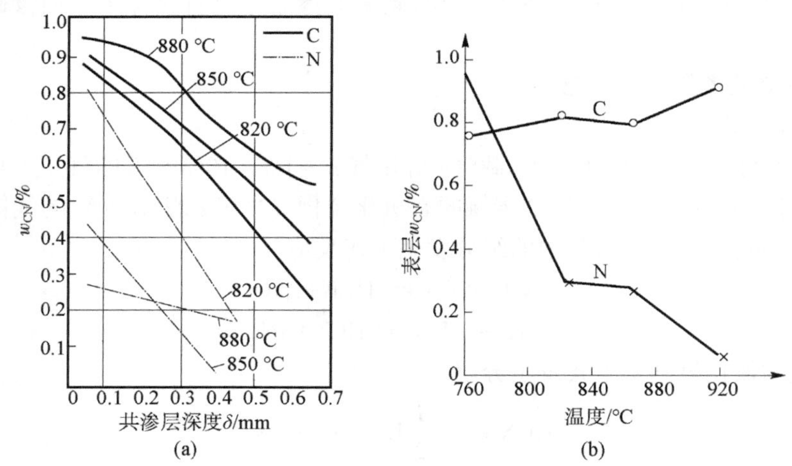

图 5-37　共渗温度对渗层碳、氮含量分布的影响

（a）20 钢，煤油 80~90 滴/min，氨 1.8~1.9 L/min；（b）10 钢，煤油+氨气，1.5 h

把共渗温度提高到 900 ℃以上时，渗层中氮含量极低，共渗层成分及组织与渗碳层相近，如图 5-37（b）所示，且使工件畸变增大，晶粒粗化，失去共渗意义，所以高温碳氮共渗很少采用。而温度过低，则渗速太慢，且渗层易出现脆性氮化物，心部组织淬火后会出现未溶铁素体使性能变差。生产中碳氮共渗温度一般采用 800~880 ℃，此时，渗速中等，畸变较小，且奥氏体晶粒没有粗化，渗后可直接淬火。

图 5-38 所示为不同温度下共渗时间对碳氮共渗层深度的影响。由图可见，共渗时间对渗层深度的影响也符合 $\delta=k\tau^{\frac{1}{2}}$ 规律，即渗速也是先快后慢。在温度一定的情况下，共渗时间主要取决于所要求的渗层深度。此外，共渗保温时间还受共渗剂及氨的供给量、工件的钢种和装炉量等因素影响。生产中常以共渗平均速度来估算时间。例如，在 840 ℃共渗，渗层深度在 0.5 mm 以下时，共渗平均速度为 0.15 ~ 0.25 mm/h；渗层深度在 0.5~0.9 mm 时，共渗平均速度为 0.1 mm/h。此估算方法很粗略，只能作为参考，生产中还需通过检查随炉试样的渗层深度来确定工件出炉时间。由于共渗后期碳氮共渗速度明显减慢，与渗碳速度差别变小，故碳氮共渗多用于渗层要求较薄的工件（<0.8 m）。当工件渗层深度要求较薄时，用碳氮共渗取代渗碳较为合理。生产中，在800~880 ℃下，碳氮共渗时间通常取 0.5~4 h。

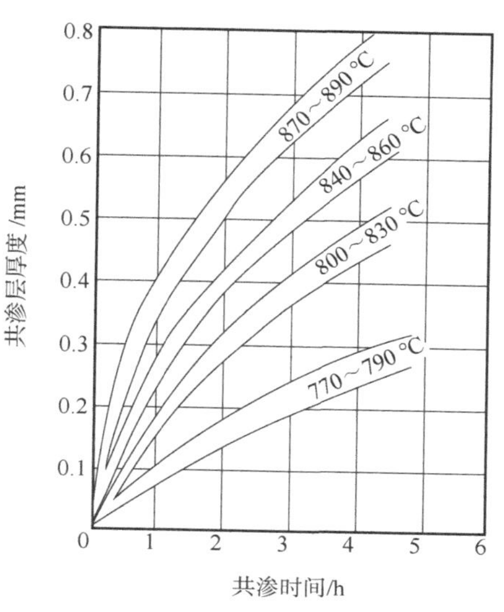

图 5-38 不同温度下碳氮共渗层深度与共渗时间的关系

共渗剂中渗碳与氨的比例，对共渗层的碳、氮含量影响很大。氨加入量增加，将使氮势提高，碳势降低，从而使共渗层氮含量提高，碳含量降低，组织中易出现块状碳氮化物，使渗层脆性增大。若氨加入量太少，渗层中氮含量太低（w_N<0.1%），则渗层淬透性偏低，淬火时易出现托氏体组织。因此，应根据工件钢种、渗层组织、性能要求及共渗温度等确定氨气加入量。在吸热式气体+富化气（甲烷或丙烷）+氨气中共渗时，加入氨的比例以 3%（体积分数）左右为宜；采用煤油+氨气进行碳氮共渗时，氨的体积分数可占总气体体积的 10%。

氨量增加，碳势降低的原因可能与以下因素有关：氨气分解后，生成的 N_2 和 H_2 体积比原氨气体积增加 1 倍，使炉气稀释；氨气与其他组分发生的反应使渗碳组分减少。

3. 碳氮共渗后的热处理

碳氮共渗后的热处理与渗碳后的热处理基本相同，即共渗后进行淬火和低温回火。

由于共渗温度较低，变形较小，所以除渗后需要机械加工的零件外，一般均采用直接淬火。同时由于氮的渗入提高了渗层的淬透性，所以可以采用较缓和的介质冷却。

淬火后一般在 180~200 ℃进行低温回火。由于共渗层的耐回火性较高，所以在此温度回火后仍可保持 58HRC 以上的硬度。

4. 碳氮共渗层的组织与性能

碳氮共渗并淬火后，一般其表层组织为马氏体+残留奥氏体+弥散分布的碳氮化物，向内是马氏体+残留奥氏体。如果渗层中碳、氮浓度较低，则仅形成马氏体+残留奥氏体层，而不出现碳氮化物。

由于碳氮共渗表层具有较多的弥散分布的碳氮化物，因而具有较高的硬度和耐磨性，其耐磨性一般高于渗碳件。另外，碳氮共渗后工件表层产生很大的残余压应力，此压应力远高于渗碳件，因此其疲劳强度远大于渗碳件。

然而，碳氮共渗钢容易出现下列一些组织缺陷。

(1) 表层残留奥氏体量过多，这是由于表层碳、氮含量过高造成的；

(2) 渗层中出现空洞，这是由于氮含量太高，使氮原子聚集成分子而逸出造成的；

(3) 内氧化，其氧化物可能呈点状或小块状分布，或沿晶界分布，其扩展深度一般在 10 μm 之内，可能导致晶界非马氏体组织的出现，这同渗碳时的情况极为相似；

(4) 网状化合物，降低韧性和疲劳强度，且淬火时易产生应力集中，形成表面微裂纹。

5.5.2 软氮化

如前所述，软氮化的实质是在铁素体状态下的氮碳共渗，可分为液体氮碳共渗和气体氮碳共渗两类。早期的氮碳共渗是在液体渗氮和低温液体碳氮共渗（氰化）的基础上发展起来的，所用盐浴是剧毒的氰盐。为了提高盐浴活性而通入空气或氧气，即产生氧化过程，以加大氮和碳原子的活性。由于氰盐会引起严重公害，且会发展为加尿素为主要成分的氮碳共渗，虽然不用剧毒氰盐，但盐浴中仍有氰酸根，且使用过程中盐浴成分不稳定，因而盐浴氮碳共渗工艺的应用受到限制。

20 世纪 70 年代以后，发展了气体氮碳共渗。美国 Lpson 公司发展了一种使用 50% NH_3+ 50%吸热式气氛的气体软氮化方法（商名 Nitemper），随后 Midland-Ross 公司发展了一种使用 20%NH_3+80%放热式气氛的气体软氮化方法（商名 Triniding），日本发展了一种利用尿素热分解气的气体软氮化法（商名 Unison）。

目前，在世界范围内，软氮化已得到广泛的应用。在国内，软氮化工艺主要是采用尿素热分解法和含碳、氮有机液体的滴入法。

软氮化的温度略高于渗氮温度（常为 570 ℃）。氮碳共渗层的组织也是由化合物层和扩散层组成，氮碳共渗件的加工路线也与渗氮件类似。与气体渗氮相比较，氮碳共渗具有工艺时间大幅缩短、成本低、渗层韧性较好等特点。

1. 软氮化原理与工艺

软氮化温度一般为（570±10）℃，时间为 1~4 h，介质则有气体介质和液体介质。

1）气体软氮化

所用介质有氨气与吸热式气氛的混合气体、尿素热分解气体等。

使用氨气与吸热式气氛的混合气体进行气体软氮化时，氨气分解形成活性氮原子，吸热式气氛分解可提供活性碳原子。两种气体的比例为 50 : 50。吸热式气氛的露点为 0 ℃时，能获得最佳的渗层质量。这种方法易实现机械化、自动化，产品质量稳定，但设备相对复杂，适于批量生产。

尿素热分解气体是将尿素的白色晶体粉末直接送入软氮化炉中，在 500 ℃以上尿素发生分解得到活性氮、碳原子，即

$$(NH_2)_2CO \rightleftharpoons CO+2[N]+2H_2$$

$$2CO \rightleftharpoons [C]+CO_2$$

此外，还有三乙醇胺+乙醇混合液滴注、甲酰胺滴注并通氨气等。

2）液体软氮化

例如，使用尿素：碳酸钠：氯化钾=3：2：2（质量）的盐浴，通过下述反应得到活性氮原子和碳原子。

$$2(NH_2)_2CO+Na_2CO_3 \rightleftharpoons 2NaCNO+2NH_3+CO_2+H_2O$$

$$2NaCNO+O_2 \rightleftharpoons Na_2CO_3+CO+2[N]$$

$$2CO \rightleftharpoons [C]+CO_2$$

2. 软氮化层的组织和性能

软氮化的渗层可以分为两层：外层是化合物层，由 ε-Fe_{2-3}（C，N）和 γ'-Fe_4N 组成，厚度为 2~25 μm；内层是扩散层，慢冷时由渗前的基体组织和高度弥散的氮化物组成，快冷时氮仍溶于基体中，无氮化物出现。对外层成分的分析表明，其碳、氮含量（质量分数）分别为 1.0%~3.8%和 8.15%~8.25%。40Cr 钢调质后软氮化的渗层组织，外层白亮氮化合物厚约为 20 μm；以下为扩散层，为含氮索氏体，组织较均匀，并有碳、氮原子沿晶界高速扩散的迹象。正是由于具有这样的组织特点，故使软氮化表现出以下特性。

1）软氮化可以大大提高零件的耐磨性和抗咬合、抗擦伤性能

图 5-39 为 15 钢经不同处理后耐磨性的比较。碳钢及低合金钢软氮化后的耐磨性高于渗碳处理。软氮化后的良好耐磨性来源于其表面化合物层的组织，该组织不仅硬度高、摩擦系数小、耐磨性好，而且因为 ε 相中含碳而使脆性降低，故渗层具有较好的韧性。尤其是这种外层组织基本上不随钢中合金元素含量而变，因此用普通碳素钢代替合金钢可得到相同效果。

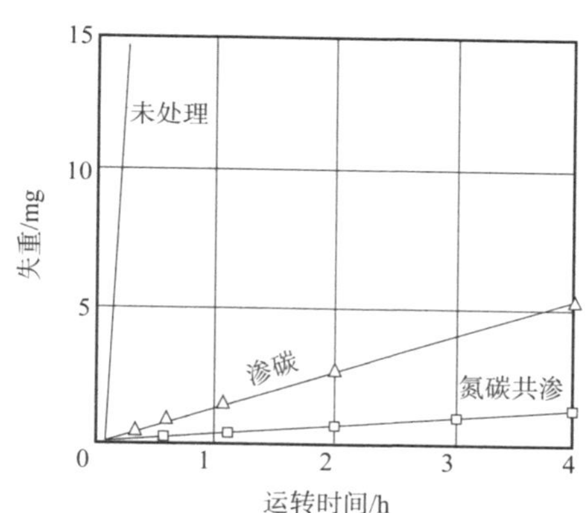

图 5-39　15 钢经不同处理后耐磨性的比较

2）软氮化可大大提高零件的疲劳强度

其提高的幅度与气体渗氮相当。例如，15 钢软氮化后疲劳强度可提高 80%。其主要原因是氮过饱和地固溶于扩散层中，引起较大残余压应力的结果，因此软氮化后必须快冷。

3）软氮化可提高钢的抗大气和海水腐蚀的能力

这是以 ε 相为主的化合物层的贡献。

由于上述特点，软氮化广泛应用于碳素结构钢、合金结构钢、碳素工具钢、合金工具钢、不锈钢、铸铁、粉末冶金材料等，但软氮化渗层较薄，不宜在重载条件下工作。

5.6　其他化学热处理

随着工业的发展和科学技术的进步，对材料的性能提出了更多的特殊性能要求，促进了化学热处理表面强化技术的发展，如钢的渗硼和渗金属等。下面简单介绍渗硼、渗铬和渗铝等其他化学热处理方法。

5.6.1 渗硼

渗硼是将工件置于渗硼剂中加热、保温，使渗剂分解出硼原子并渗入工件表层的化学热处理工艺。

渗硼的工艺方法主要有固体渗硼、盐浴渗硼、气体渗硼、膏剂渗硼等，其中以固体渗硼和盐浴渗硼应用最多。

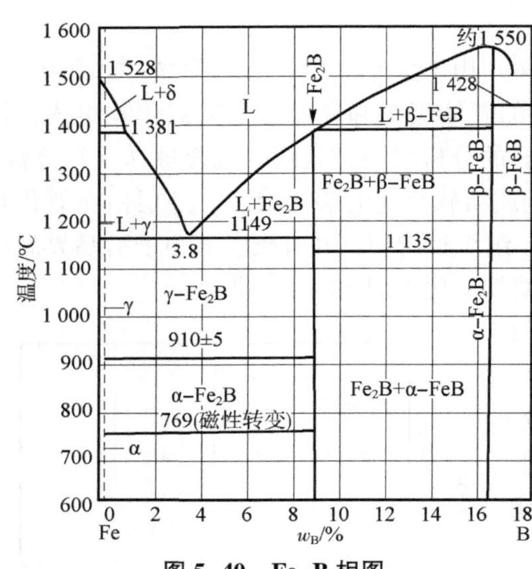

图 5-40 Fe-B 相图

1. 渗硼层组织与性能特点

1）渗硼层组织

渗硼层一般由硼化物层和扩散层组成。硼化物层为单相 Fe_2B 或两相的 $FeB+Fe_2B$，厚度一般为 0.05～0.15 mm。由图 5-40 所示 Fe-B 相图可知，硼在 α-Fe 和γ-Fe 中的溶解度都很小，在 1 149 ℃，硼在γ-Fe 中的最大饱和溶解度也只有 0.02%。在渗硼过程中，硼原子渗入工件表面后，很快就达到 γ 固溶体的饱和溶解度，并形成 Fe_2B（w_B=8.83%）化合物。如果渗硼剂的活性较高，并且渗硼的时间足够长，表层硼含量继续提高，将在 Fe_2B 的外侧形成含硼量更高（w_B = 16.23%）的化合物 FeB。FeB 和 Fe_2B 通常为梳齿状，垂直于表面楔入基体。渗硼后的金相组织由表面到心部依次为 FeB→Fe_2B→扩散层→基体。由于碳及大多数合金元素不能溶解于铁硼化合物（FeB 和 Fe_2B），在渗硼过程中，随着硼化物的形成，钢表面的大部分碳及合金元素被挤至内侧，因而在紧靠硼化物的内侧将出现一个碳和合金元素的富集层。如 40Cr 钢 850 ℃固体渗硼后油淬的金相组织，最表层白色物体为 Fe_2B 化合物，呈梳齿状楔入基体，与基体间有较大的接触面积，使硼化物层与基体接触比较紧密，内层为马氏体。

2）渗硼层性能

工件经渗硼后，表面获得单相或双相的硼化物层，其中 Fe_2B 硬度为 1 290～1 680HV，脆性较小；FeB 硬度为 1 890～2 349HV，脆性较大。硼化物摩擦因数较小，钢件表面经渗硼后表面硬度可达 1 400～2 000HV，并且红硬性好，在 800 ℃以下能保持高硬度。在冲击载荷不大的情况下，其耐磨性优于渗碳和渗氮。经渗硼处理的工件在 600 ℃以下抗氧化性好。另外，渗硼层具有良好的抗蚀性，对盐酸、硫酸、醋酸、氢氧化钠水溶液等都具有较高的耐蚀性，但不耐硝酸腐蚀。

渗硼层的缺点是脆性较大，尤其双相层的脆性更大。双相渗硼层在受冲击及温度急剧变化时容易剥落，这是由于 Fe_2B 与 FeB 的膨胀系数不同，二者之间存在较大内应力所致。

3）碳和合金元素对渗硼层深度的影响

钢中的碳和合金元素都会不同程度地阻碍硼的扩散，减小硼化物层的深度，并使硼化物的梳齿状趋于平直化，与基体接触面积减小，结合牢固程度减弱。钢中碳含量增加，渗硼层深度减小，如图 5-41 所示。渗硼时间越长，碳的影响越明显。合金元素对渗硼层厚度的影响如图5-42所示。所有合金元素都使渗硼层深度减薄，其中Mo、W最强烈，Cr、Si、Al次之，Mn、Ni影响很小。

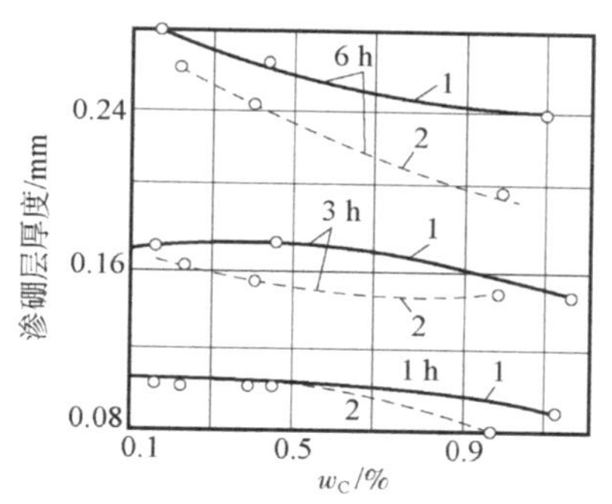

图5-41 钢中碳含量对渗硼层厚度的影响

1—碳钢；2—铬钢

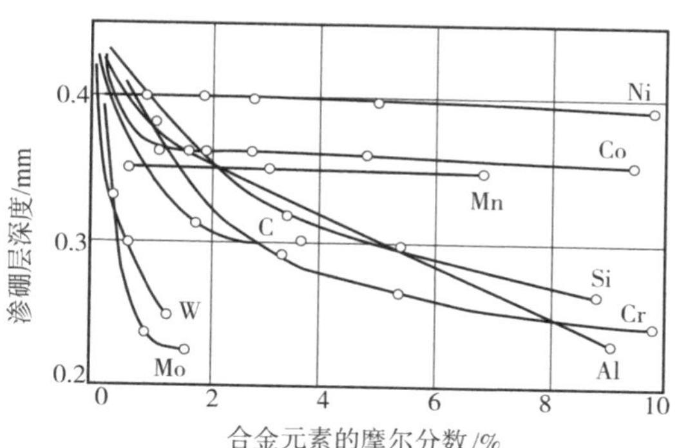

图5-42 合金元素对渗硼层厚度的影响

必须指出，当钢中硅的质量分数大于0.5%时，硅元素将在渗硼过程中被硼化铁挤入内层，造成一个富硅的过渡区。硅是强烈缩小奥氏体区、促使铁素体形成的元素，因此富硅区形成铁素体软化区，在渗硼层承受较大外力时易被压陷和剥落。所以含硅的合金钢（9SiCr、38CrSi、60Si2Mn）是不适宜渗硼的。

2. 渗硼工艺

1）盐浴渗硼

将工件置于熔融的盐浴中，使其表面渗入硼原子的工艺方法称为盐浴渗硼。

渗硼剂由供硼剂、还原剂和活化剂三部分组成。供硼剂常采用硼砂$Na_2B_4O_7$，还原剂常用SiC、Si-Fe、Si-Ca等，活化剂常用K_2CO_3、KCl、NaCl等。活化剂的作用是改善盐浴的流动性，使黏附在工件表面的残盐容易清洗，同时还可以促进活性硼原子的产生，加速渗硼过程。

渗硼剂质量配比如70% $Na_2B_4O_7$+20% SiC+10% NaF。

目前大多以SiC作为还原剂进行盐浴渗硼，SiC与硼砂的反应如下

$$Na_2B_4O_7+SiC=Na_2O\cdot SiO_2+CO_2+O_2+4[B]$$

活性硼原子［B］被工件表面吸收，生成硼化物层（Fe_2B或Fe_2B+FeB）。考虑盐浴的流动性，SiC的加入量不应超过盐浴总量的30%（质量分数），以13.6%为最佳。选用铝或稀土作为还原剂，盐浴的流动性好，活性强，一般得到双相（FeB+Fe_2B）硼化物层。这类盐浴成分偏析大，使用时需搅动，且熔融的铝对钢铁零件及坩埚有腐蚀作用。

渗硼速度除与渗剂配方有关外，还与处理温度、时间和基体材料成分有密切关系。

渗硼层厚度随着温度的提高和时间的延长而增加，如图5-43所示。渗硼温度是影响渗硼层性能的主要因素，

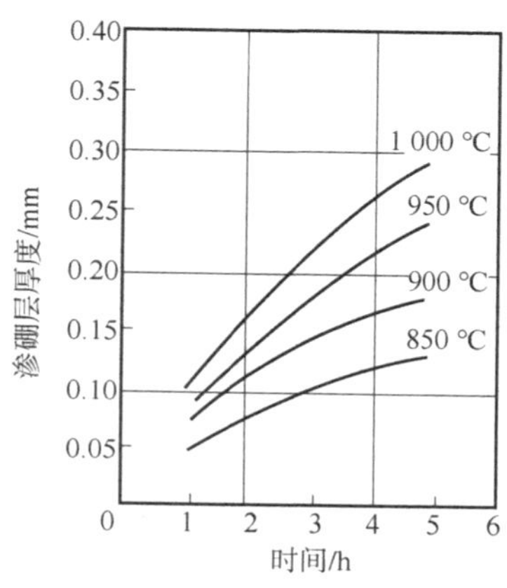

图5-43 渗硼温度和时间与渗硼层厚度的关系

温度过高（高于1 000 ℃）会引起晶粒粗大、表层致密度降低，出现多孔层，脆性增加；温度过低，盐浴活性小，渗硼速度太慢。目前广泛采用的渗硼温度为930~950 ℃，保温2~6 h。

2）固体渗硼

固体渗硼是将工件埋入粉末或颗粒状的渗硼剂中进行渗硼的工艺。

固体渗硼剂由供硼剂、活化剂和填充剂组成。供硼剂的作用是在渗入过程中，通过化学反应连续不断地提供活性硼原子。常用的有碳化硼（B_2C）、硼铁合金（Fe-B）、无水硼砂（$Na_2B_4O_7$）等。碳化硼含硼量高，渗硼能力强，渗硼层较致密，但价格较贵。国内多采用价格较低的硼铁合金或硼砂作为供硼剂。活化剂的主要作用是提高渗硼剂的活性，使工件表面处于活化状态，使硼原子容易吸附于工件表面，加速渗硼过程。活化剂多采用氟硼酸钾（KBF_4）、氯化铵（NH_4Cl）、碳酸盐［Na_2CO_3、$(NH_4)_2CO_3$］等。加入填充剂的目的是使渗硼剂保持松散，防止渗硼剂在高温下烧结并黏附在工件表面。填充剂常用的有碳化硅（SiC）、三氧化二铝（Al_2O_3）和木炭粉等。

固体渗硼具有设备简单、操作方便、工件表面便于清理等优点。但固体渗硼能耗大，生产效率低，工作环境差，劳动强度大，渗层组织和深度较难控制。

3. 渗硼后的热处理

工件渗硼后是否进行热处理要视具体要求而定。对只要求表面耐磨而对心部强度要求不高的工件，渗硼后可空冷；对心部强度要求较高的工件，渗硼后还应进行淬火、回火处理，以提高基体的力学性能，增强基体对渗硼层的支撑能力。由于在热处理过程中基体发生相变，而渗硼层不发生相变，硼化物（FeB、Fe_2B）和基体的膨胀系数相差悬殊，渗硼层易因淬火应力而出现裂纹和崩落，因此，淬火时要尽量采用较缓和的淬火介质，并及时回火，一般为低温回火。

4. 渗硼的应用

低、中、高碳钢及合金钢均可渗硼，具体可根据心部及渗层性能的不同要求采用不同钢种。

渗硼主要应用于各类冷、热作模具，以及探矿和石油机械、砖成形模板等要求耐磨粒磨损、耐高温磨损和耐高温腐蚀的工件。所有这些应用中，渗硼都能使寿命成倍甚至成十倍的提高，并可以用碳钢或低合金钢代替高合金钢，节约了价格较高的材料，降低了生产成本，显示了巨大的技术和经济效益。

5.6.2 渗硫

渗硫是指在含硫的活性剂中加热工件，使钢和铸铁表面形成铁的硫化物层的化学热处理工艺。渗硫层硬度不高，对工件表面不产生硬化效果，但它能降低工件表面的摩擦因数，从而提高工件的耐磨性和抗擦伤能力。渗硫主要应用于轻负荷、低速运动的工件，如滑动轴承、低速变速器齿轮、钻岩机活塞气缸套筒等。

渗硫可分为低温渗硫和高温渗硫，为了保证渗硫后不影响基体的力学性能，渗硫温度一般采用略低于工件的回火温度，低温渗硫为170~205 ℃，高温渗硫为520~600 ℃，应用较广的是低温电解渗硫。

1. 渗硫层组织、性能特点

渗硫层外观为灰黑色，由 FeS 和 Fe_2S 组成，厚度为 0.001~0.04 mm，硬度为 90~100HV。电子显微镜观察发现，渗硫层呈多孔鳞片状，容易沿滑动方向流动。渗硫层不仅在润滑条件下有减摩作用，而且在干摩擦条件下的摩擦因数也比较小，能够减少咬合与擦伤，降低磨损与点蚀。但是渗硫的这些优点需要在工件表面具有高硬度的条件下才能充分发挥出来，因此，渗硫大多是在工件整体强化或经过表面淬火、渗碳淬火、渗氮和碳氮共渗等表面强化处理之后进行，或者与渗氮、氮碳共渗同时进行，即进行硫氮共渗或硫氮碳共渗。

2. 渗硫工艺方法

1）低温电解渗硫

低温电解渗硫是将工件放入渗硫盐浴中，并接直流电源正极，不锈钢板（或浴槽）接负极。电解渗硫的盐浴成分（质量分数）为 75%硫氰酸钾（KSCN）+25%硫氰酸钠（NaSCN），混合盐的熔点为 120 ℃。电解渗硫温度一般控制在 80~190 ℃（温度太高熔盐易挥发），熔融状态的盐发生电离

$$KSCN \longrightarrow K^+ + SCN^-$$

$$NaSCN \longrightarrow Na^+ + SCN^-$$

盐浴中的离子在直流电场的作用下，SCN^-向阳极（工件）移动；K^+、Na^+向阴极（不锈钢板）移动，并通过下列电化学反应于工件表面形成 FeS 层

$$Fe-2e \longrightarrow Fe^{2+}$$

$$SCN+2e \longrightarrow S^{2-}+CN^-$$

$$Fe^{2+}+S^{2-} \longrightarrow FeS$$

低温电解渗硫的工艺流程为：脱脂→沸水煮→酸洗→冷水清洗→中和→冷水清洗→电解渗硫→空冷至室温→清洗→浸入 100 ℃热油→检验。脱脂和酸洗的目的是使工件表面活化。

2）硫氮共渗

渗硫层只有结合在高硬度的基体上，才能充分发挥硫化物的减摩、润滑作用，因此，实际生产中应用较多的是硫氮共渗和硫氮碳共渗。硫氮共渗和硫氮碳共渗的外层主要是渗硫层，摩擦因数小，抗咬合、抗擦伤能力强，渗层的里面是硬度高的渗氮层或碳氮共渗层，起支撑作用，耐磨性好，因而具有渗硫层与渗氮层两方面的优点。

硫氮共渗主要有液体硫氮共渗、气体硫氮共渗等。

（1）液体硫氮共渗。

液体硫氮共渗常用成分为 20%NaCl+30%$BaCl_2$+50%$CaCl_2$（质量分数），或在其中外加 5%~10%FeS，并在盐浴底部通入氨气；处理温度为 540~560 ℃，时间为 1.5~2 h。经此工艺处理后，硫氮共渗的 W6Mo5C4V 钢链片冲头的使用寿命成倍提高。硫氮共渗 3Cr2W8V 钢铝合金压铸模比软化氮的使用寿命提高 3 倍。

（2）气体硫氮共渗。

气体硫氮共渗的介质是氨气和硫化氢气体。硫化氢是由盐酸与硫化铁作用产生后通入炉内的。经（530~560）℃×（1~1.5）h 处理，可得到 0.02~0.03 mm 渗层。经硫氮共渗的高速钢刀具表面硬度为 950~1 050HV。

5.6.3　渗铬

渗铬就是将工件放在渗铬介质中加热，使介质中析出活性的原子铬为工件所吸收，在工

件表面形成一层与基体不可分割的铬、铁、碳合金层。

随着生产与科学技术的发展，渗铬处理的应用也日益广泛。渗铬材料有各种合金钢、非合金钢、铸铁、高温合金、钨、钼和钛等金属材料。不同钢种的工件经渗铬处理后能获得各种优良性能，以满足不同用途的需要。如低碳钢渗铬后能获得耐酸、耐蚀、耐热等性能，可用于油泵、化学泵上的零件，化工器械零件，各种阀门以及其他要求耐蚀、耐热的元件。

1. 渗铬层组织与性能特点

中碳钢和高碳钢渗铬层表层为铬的碳化物。渗铬钢的碳含量越高，铬的碳化物层的厚度越厚。渗层外表面的碳化物通常为 $Cr_{23}C_6$，其下层为 Cr_7C_3，再下层为 α 固溶体。在渗铬层和基体之间存在一个明显的贫碳过渡区，这是由于铬是碳化物形成元素，渗铬过程中基体内部的碳向表层扩散。贫碳区的出现会影响基体的淬火硬度，削弱对渗铬层的支撑作用，严重时甚至可能使渗铬层在工作时发生破裂。因此，对基体硬度要求高的工件，应采用高碳钢或高碳合金钢。

渗铬层硬度随基体材料碳含量增加而增高：10 钢工件渗铬后，表面为 α 固溶体，硬度为 150~200HV；45 钢工件渗铬后，由于碳化物增多，硬度可达 1 350HV 左右；T8 钢渗铬后，表层碳化物更多，硬度约为 1 500HV，甚至更高。

除硬度、耐磨性显著提高外，渗铬后还可获得良好的抗高温氧化性和抗多种介质腐蚀的性能。

由于渗铬温度高、时间长，渗铬后工件心部的组织往往比较粗大，因此，对基体强度和韧性要求高的工件，渗铬后必须进行正火或淬火、回火处理，如工模具、排气阀等。若只要求表面耐磨、耐蚀、抗氧化，渗铬后可不进行热处理，如塞规、样板等。渗铬后的热处理视基体材料而定，可以不考虑渗铬层，因为热处理对渗铬层组织影响不大。

2. 渗铬工艺方法

目前，生产上应用的渗铬方法有固体法、液体法和气体法，其中以固体渗铬法（又称为粉末渗铬法）应用较广。

1）固体渗铬

固体渗铬的操作与固体渗碳法相似，把工件及渗铬剂放在箱子里，加热到渗铬温度保温较长时间，进行渗铬处理。

常用的渗铬剂一般由铬粉（或铬铁粉）、氧化铝 Al_2O_3 及氯化铵 NH_4Cl 组成。其中铬粉或铬铁粉是基本组成物质，依靠它来产生活性铬原子，渗入钢铁表面；Al_2O_3 起稀释填充剩余空间和减少渗铬剂黏结的作用；NH_4Cl 起促进渗铬反应的作用。

金属铬粉在化学上是比较稳定的，不能直接渗入工件表面。为了渗铬，就必须获得原子状态的铬。在一定温度下，要使金属铬粉转化为铬原子，还需要一个“媒介物”的作用，这就是所谓的催化剂。NH_4Cl 是进行固体渗铬常用的催化剂。在渗铬过程中，渗铬箱内发生如下的化学反应

$$NH_4Cl \rightleftharpoons NH_3+HCl$$

$$2HCl+Cr(\text{铬粉}) \longrightarrow CrCl_2+H_2$$

$$3CrCl_2+2Fe(\text{工件}) \longrightarrow 2FeCl_3+3[Cr]$$

反应生成的活性铬原子［Cr］被工件表面吸收，并向工件内扩散，形成渗铬层。

常用的渗铬剂成分（质量）为 50% Cr+48% Al_2O_3+2% NH_4Cl。装箱后控制升温至

1 050~1 100 ℃渗铬，保温到所需的渗层厚度后，炉冷至 600~700 ℃，再在空气中冷却至室温。

对基体力学性能要求不高，仅要求提高表面耐蚀性、耐热性的低碳钢件，以及只要求表面高硬度、耐磨的高碳钢量具，渗铬后可不进行热处理。

但是，工件在渗铬过程中由于在高温下长时间保温，基体晶粒发生激烈长大，导致基体塑性与韧性等力学性能降低，这就不能满足某些使用性能的要求。高碳钢工件渗铬层很薄，硬度高且脆，因此要求有强度较高的基体来支持这个渗铬层，否则使用中容易导致渗铬层的破碎剥落。一些中、高碳钢的渗铬件，如拉深模、压铸模、排气阀等，不但要求表面耐蚀耐磨、高硬度，还要求基体有足够的强度和一定的韧性。在这种情况下，渗铬后还必须进行相应的退火、正火或调质处理等。

2）真空渗铬

在真空中进行钢件表面渗铬的工艺方法称为真空渗铬。真空渗铬工件具有很强的耐蚀性和高的硬度（1 200~2 000HV）。渗铬后需经热处理（如正火、调质）。

真空渗铬通常在 0. 133 Pa 的真空度下进行，常用温度为 1 100~1 150 ℃，保温时间根据要求渗铬层的厚度而定。所用渗剂为：粒度为 0. 4 mm、质量分数为 25%的铬铁粉与粒度为 0. 400~0. 071 mm、质量分数为 75%的氧化铝粉；或质量分数为 50%的铬铁粉与质量分数为 50%的耐火土粉，再加入总量 2%的氯化铵可起到催渗作用，而明显缩短工艺周期。也有用颗粒状铬作为渗剂的，粒度为 3~5 mm。

真空渗铬具有渗入速度快、工件表面光洁及渗剂利用率高等优点。渗铬层性能及应用范围与一般渗铬相同，适用于一些要求极高耐磨损、耐腐蚀的传动零件的表面强化处理。

5. 6. 4　渗铝

渗铝可以在钢件表面形成一层铝含量约为 50%（质量）的铝铁化合物，这层化合物在氧化时可以在钢件表面形成一层致密的 Al_2O_3 膜，从而使钢件得到保护，大大提高其抗高温氧化和抗热蚀能力。渗铝层在大气、硫化氢、碱和海水等介质中也有良好的耐蚀性能。实践表明，渗铝后可以使零件的抗氧化工作温度提高到 950~1 000 ℃。因此，常用普通低碳钢、中碳钢渗铝作为高合金耐热钢及耐热合金的代用品，如热处理炉用的炉底板、炉罐、渗碳箱、热电偶套管、盐浴坩埚、辐射管、叶片等，可节约昂贵的 Ni、Cr 元素。

1. 渗铝层的组织与性能

钢件渗铝时，渗铝层的组织可能是由 $\theta(Fe_3Al)+\eta(Fe_2Al_5)+\zeta(FeAl_2)+\beta_2(FeAl)$+过渡区组成，而外层究竟是哪种化合物相，完全取决于气氛的铝势。

零件经过渗铝后，其抗高温氧化性能和抗蚀性能都有明显提高，但渗铝层较厚时，强度、塑性、疲劳强度却有所下降。

2. 渗铝工艺方法

渗铝方法很多，如固体粉末渗铝、热浸渗铝、静电喷涂渗铝、电泳沉积渗铝、气相渗铝等，其中热浸渗铝和粉末渗铝设备简单、工艺稳定、应用较广。

1）气相渗铝

气相渗铝属于化学热处理范畴，是一种非接触扩散渗铝工艺。渗剂与工件不直接接触，当加热到一定温度时，在活化剂作用下气相渗铝剂中的铝生成铝的卤素化合物，经分解、还原或置换化学反应而产生活性大的新生态铝原子，在高温下渗入工件表层。

该工艺特点是渗铝层均匀，一致性好，可解决小孔内渗铝层不均匀和小孔易堵塞的问题。

渗铝粉剂一般由三部分组成：铝粉或铝铁合金粉（块）、氧化铝和卤化物。其中，铝粉或铝铁合金粉（块）作为供铝剂，是提供渗铝过程中铝原子的原料；氧化铝是一种稀释填充剂，又兼有防止金属粉末氧化黏结的作用；卤化物是渗铝过程中的一种活化剂。

气相渗铝工艺过程为：将洁净工件装在鸟笼式夹具后装入渗铝炉中，渗剂位于下方，工件位于上方；渗前往密闭罐中通入氩气，排净空气，抽真空度至 1.33 kPa 左右；气相渗铝；工件随炉冷至 50 ℃以下开罐出炉。

例如，航空发动机涡轮叶片渗铝工艺：980 ℃×8 h 气相渗铝后，随炉冷却至 50 ℃以下开炉。具体工艺流程：叶片毛坯固溶处理→机械加工→一次时效→渗铝→二次时效。叶片经 $w_{Al}=5\%\sim20\%$ 的渗铝剂渗铝后，渗铝层深度为 10~20 μm。

2）热浸渗铝

热浸渗铝是将经过表面处理的工件浸入熔融的铝液中，保温一定时间后取出空冷，再经高温扩散退火的工艺方法。铝液的温度一般控制在 680~800 ℃，保温 10~20 min，这时发生铝液对钢表面浸润、铁原子溶解并与铝原子的相互扩散和反应，形成 Fe-Al 化合物层。工件从铝液中提出时还在表面黏附一薄铝层，随后需在 950~1 050 ℃进行 3~8 h 的扩散退火，以减少渗铝层的脆性，提高渗铝层与基体的结合力，增加渗铝层厚度，并使表面光洁美观。

3）粉末渗铝

粉末渗铝是将欲渗铝的工件埋在粉末状渗铝剂内并在高温下渗铝的方法。渗铝剂由纯铝粉或铝铁合金粉（固态粉末渗铝或料浆渗铝）或铝铁合金块（固态气相法或低压渗铝法）与适量的活化剂混合组成。渗铝工艺根据钢种和零件服役条件而定，通常采用 850~950 ℃保温 4~8 h，可获得 50~400 μm 的渗铝层。通过高温下活化剂的作用把铝原子从铝粉或铝铁合金块上转移到工件表面，再扩散到基体中，以形成渗铝层。由于活化剂的作用，铝源可以不与欲渗表面直接接触。活化剂（以 NH_4Cl 为例）的作用如下

$$NH_4Cl \rightleftharpoons NH_3+HCl$$

$$6HCl+2Al \rightleftharpoons 2AlCl_3+3H_2$$

$$AlCl_3+2Al \rightleftharpoons 3AlCl$$

$$3AlCl \rightleftharpoons AlCl_2+2[Al]$$

反应的结果在钢件表面形成活性铝原子［Al］，并立即渗入钢件表面。

习题请扫二维码获取

习题答案

第6章

钢的形变热处理

形变热处理是对材料同时进行形变强化和相变强化，即把塑性变形和热处理结合，使材料综合性能得到提高的工艺方法。形变热处理不仅能够获得优异的力学性能，而且可以省去热处理时的重新高温加热的过程，从而节省能耗，减少材料的氧化损失及脱碳、畸变等缺陷。因此，形变热处理工艺兼有优异的强韧化效果与巨大的经济效益，是先进的热处理技术之一。

形变热处理工艺可应用的范围极为广泛，适用于各种非合金钢、合金结构钢、工具钢、不锈钢、镍或钼基合金、铝合金，以及钛合金等金属材料。

形变热处理工艺方法可根据形变温度分为低温形变热处理和高温形变热处理。此外，还有一类派生的形变热处理工艺方法，包括表面形变热处理、形变化学热处理等。

本章主要介绍不同类型钢的形变热处理工艺对组织性能的影响以及形变热处理的工艺方法。

6.1　低温形变热处理

低温形变热处理主要指亚稳奥氏体形变淬火。其工艺过程为：把钢加热至奥氏体状态，保持一定时间急速冷却至 Ac_1 以下高于 M_s 点的某一中间温度施行锻压或轧制成形，随后立即淬火获得马氏体组织，如图6-1所示。为了获得强度和韧性的良好配合，一般不希望在亚稳奥氏体的形变和随后的冷却过程中产生非马氏体组织，因而过冷奥氏体应具有足够的稳定性。

钢材的化学成分不同，低温形变淬火的强化效果也就不同。影响强化效果最显著的元素是碳。当合金结构钢中的 w_C 在0.3%~0.6%的范围内时，低温形变淬火后的强度随碳的质量分数的增加成直线上升。对于某些多元素合金钢，随着碳的质量分数的增加，形变淬火后的抗拉强度约在 $w_C=0.48\%$ 处存在极大值，超过此碳的质量分数，强度逐步下降。因此，为了获得力学性能的良好配合，低温形变淬火用钢的 w_C 应控制在0.5%以下。

6.1.1　低温形变热处理工艺参数

低温形变热处理工艺的优化取决于影响形变热处理效果的各工艺参数的选择。这些工艺参数是：奥氏体化温度、形变温度、形变前后的停留和再加热、形变量、形变方式、形变速度和形变后的冷却等。其中形变温度和形变量是影响钢材强化效果的重要参数。

1. 奥氏体化温度

奥氏体化温度对低温形变淬火效果的影响与钢的化学成分有很大关系。奥氏体化温度对有些钢形变淬火后的性能几乎没有影响，如 AISI H11 钢，而对另外一些钢，如图 6-2 所示，40CrNiMo 钢的抗拉强度随奥氏体化温度的提高有明显降低的现象。因此，在低温形变淬火时，应尽量采取较低的奥氏体化温度。

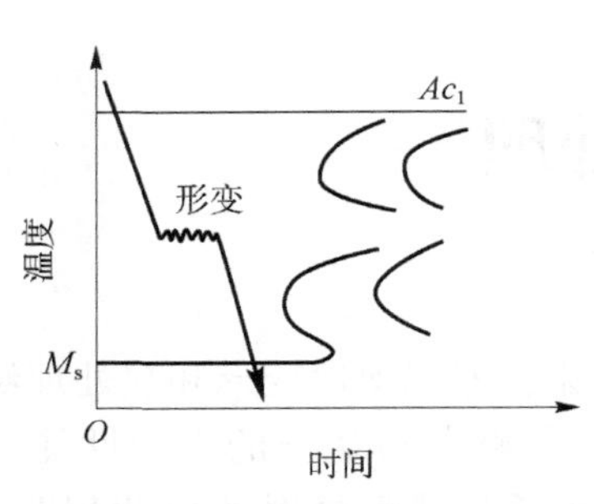

图 6-1　低温形变淬火示意

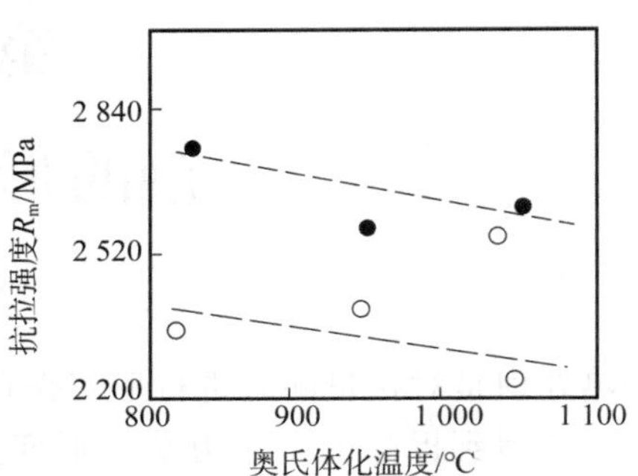

图 6-2　40CrNiMo 钢奥氏体化温度对低温形变淬火抗拉强度的影响

2. 形变温度

形变温度对钢材力学性能影响的总趋势：形变温度越低，形变强化效果越显著。但形变温度过低，在形变过程中或形变后会形成贝氏体，将显著降低钢的强化效果。

图 6-3 为形变温度对 30CrNiMo 钢力学性能的影响，由图可知，在 500 ℃以上，随形变温度的降低，硬度和强度都增加，而塑性指标都明显降低。但当变形温度低于 500 ℃，随着变形温度的降低，其性能的变化规律相反。成分为 0. 35C-1. 5Mo-5Cr-0. 4V（H11 钢）的钢形变温度对低温形变淬火、回火后的力学性能的影响如图 6-4 所示，其基本规律也是形变温度低，强化效果大。另外，形变量对形变温度的影响非常明显。形变量和形变温度对力学性能的影响大。

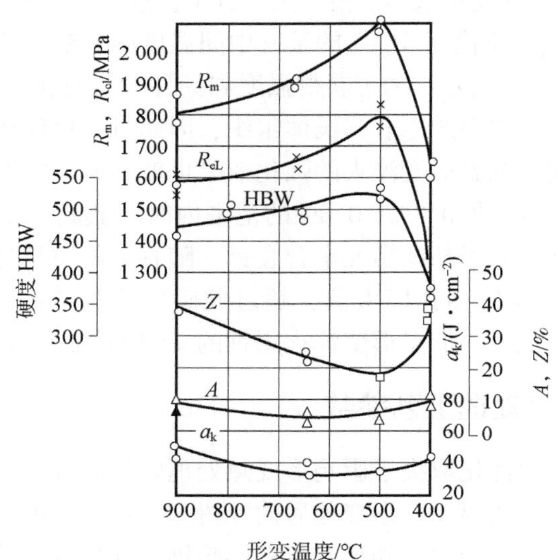

图 6-3　形变温度对 30CrNiMo 钢力学性能的影响

注：奥氏体化温度 1 150 ℃，形变量 50%，形变淬火后 200 ℃回火 4 h

3. 形变量

在低温形变淬火工艺中形变量是一个很重要的工艺参数。一般情况下，随着形变量的增大，钢的强化效果也增大，但塑性有所降低，如图 6-5 所示。为了获得较优强度与塑性的匹配，一般低温形变淬火时所采用的形变量为 60%～70%。

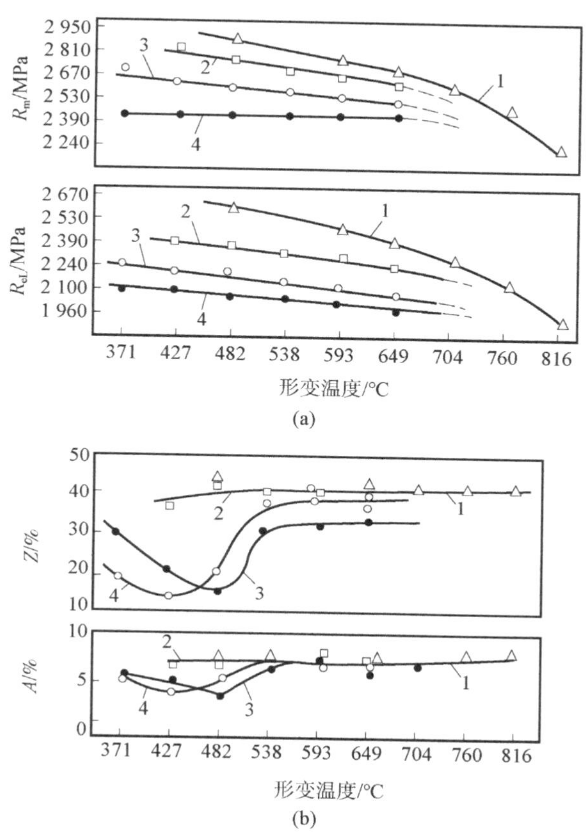

图 6-4　0. 35C-1. 5Mo-5Cr-0. 4V 钢形变温度对形变淬火、回火后力学性能的影响

（a）抗拉强度与屈服强度；（b）断后伸长率与断面收缩率

形变量：1%～94%，2%～75%，3%～50%，4%～30%

注：一般处理时 R_m 为 2 170 MPa，R_{eL} 为 1 968 MPa

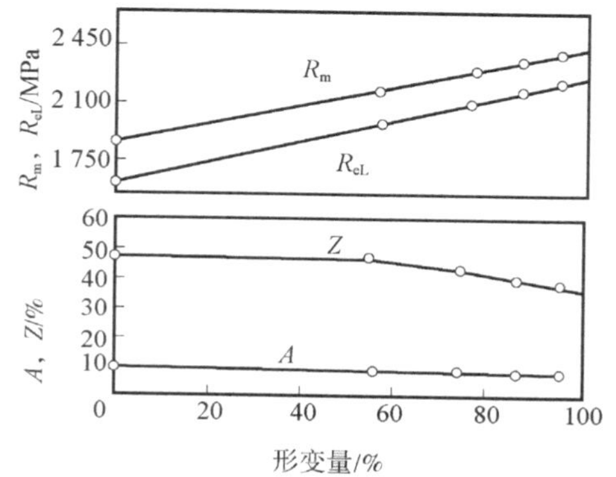

图 6-5　形变量对 0. 3%C-3. 0%Cr-1. 5%Ni 钢拉伸性能的影响

注：奥氏体化温度 930 ℃、形变温度 540 ℃、回火温度 330 ℃

4. 形变前后的停留及形变后的再加热

若奥氏体的稳定性较高，钢材奥氏体化后冷却到形变温度并保持一段时间，奥氏体不发生分解，则形变前的停留对低温形变淬火后的性能没有影响。为获得理想的强化效果，低温形变淬火时形变量应达到60%甚至70%以上。在一般低温形变条件下，一次得到如此大的形变量是非常困难的。研究表明，通过多次形变累积达到要求与一次形变达到要求的效果几乎一样。例如，对35CrMnSiNiA钢进行了两种工艺的低温形变淬火，一种是900 ℃奥氏体化后冷至550 ℃，进行一次变形量为63%的形变，然后油冷；另一种工艺是900 ℃奥氏体化后冷至550 ℃，先进行25%的变形，再入炉在550 ℃下保温1 h，再变形25%，随后又入炉，再在550 ℃下保温1 h，最后进行了13%的变形（累计变形量63%）。结果表明，两种工艺后的强度和塑性相当。

需要指出，低温形变后不一定必须立即淬火。事实上，形变后停留一段时间不但不会影响形变淬火的效果，甚至在形变后将钢件加热到略高于形变温度并在此温度保温，能够进一步提高某些钢的强度和塑性。这是由于形变后的加热和保温可使奥氏体产生晶粒多边化的稳定过程。

5. 形变方式

低温形变淬火时，一般棒材、钢带和钢板都采用轧制形变；棒材可用挤压方式；直径<250 mm的管材可用旋压；各种锻件可用锤锻和压力机锻压成形；直径<76 mm的管材可用爆炸成形；直径<305 mm的钢材可用深拉伸。

研究结果表明，低温形变淬火强化效果只与形变温度和形变量有关，而与形变方式无关。

6. 形变速度

形变速度对强化效果的影响没有一致的规律，有时表现为随形变速度提高，强度指标下降，有时则相反。当截面较大的工件形变时，由于机械能向热能的转化，心部温度随形变速度提高而迅速增加。由于形变温度提高的作用，强化效果降低。工件截面小时，随着形变速度的增加，工件的温度升高不大，使形变过程基本在恒定温度下进行，从而导致强化效果的提高。

7. 形变后的冷却

形变后是否需要立即淬火，取决于钢中过冷奥氏体的稳定程度。在过冷奥氏体相当稳定且不会产生非马氏体组织的前提下，形变后的保温和加热对强化效果影响不大，有时甚至还有正面作用。当过冷奥氏体形变中或形变后分解形成珠光体组织时，强化效果明显下降，分解形成贝氏体组织时，强化效果下降幅度较小。

8. 回火温度

钢经低温形变淬火后力学性能的另一特征是有较高的耐回火性，因形变淬火而产生的强化效果可以保持很高的回火温度。

6.1.2 低温形变热处理后的组织变化

1. 形变淬火马氏体组织的细化

低温形变淬火可使马氏体细化。在一定奥氏体化温度下，形变量越大，马氏体组织越细，钢的屈服强度越高。例如，对含0.32% C、3.0% Cr、1.5% Ni（质量分数）的钢在

930 ℃、1 040 ℃和 1 150 ℃奥氏体化，595 ℃形变，形变率为 50%、75%、90%时的马氏体片尺寸均随变形量的增加而减小。在相同奥氏体化温度加热后，在相同温度下进行形变，其抗拉强度 R_m 和屈服强度 R_{eL} 与马氏体片尺寸 d 满足 Hall-Petch 关系。但不同奥氏体化温度下，获得同样尺寸的马氏体，具有不同的屈服强度。显然马氏体组织的细化不是在钢低温形变淬火后获得强化效果的唯一原因。

2. 钢形变淬火组织中存在大量晶体缺陷

低温形变淬火马氏体中有大量位错，在位错线处有细小弥散的碳化物析出，在马氏体细片中还存在更微细的亚晶块结构。亚晶块边界由位错组成，是大量位错聚集的场所。在研究 0.2C-5Cr-2Mo 和 0.2C-5Ni-2Mo 钢低温形变淬火组织时，发现钢的屈服强度与亚晶块尺寸满足 Hall-Petch 关系。

低温形变淬火马氏体的组织结构是从形变奥氏体继承下来的。在形变奥氏体中有较高的位错密度和在形变中析出的细小弥散的碳化物。形变奥氏体处于加工硬化状态。

为了研究奥氏体的形变强化以及碳化物形成元素的影响，还必须引入奥氏体加工硬化度（nK）的概念。假定奥氏体在 427~538 ℃时形变，其真应力 σ 与真应变 ε 之间符合下列关系

$$\sigma = K\varepsilon^n \tag{6-1}$$

式中 K——强化系数；

n——加工硬化系数。

从式（6-1）可求出，加工硬化率 $\dfrac{d\sigma}{d\varepsilon} = nK\varepsilon^{n-1}$，定义 $\varepsilon = 100\%$时的加工硬化率为加工硬化度。研究发现，形变淬火钢的强度与奥氏体加工硬化度之间存在良好的线性关系。形变淬火钢强度与奥氏体强化程度间、形变淬火马氏体硬度与形变奥氏体流变应力间都存在着一定的线性关系。从这些关系中不难看出，形变奥氏体的亚晶结构确实被随后转变成马氏体继承下来。

3. 形变奥氏体中的碳化物析出

在钢的低温形变淬火时，亚稳奥氏体强度随形变率的增加而不断上升，当形变率超过 40%时，强度上升速度更快（图 6-6）。这一现象不能用单纯的位错密度增加来解释，因为位错密度的增加呈抛物线规律。当形变率超过 10%时，位错数量的增长变缓。

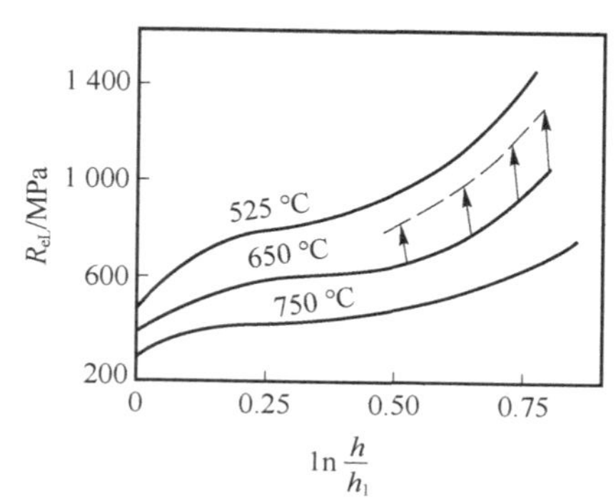

图 6-6 45Cr3NiSi 钢亚稳奥氏体在不同温度下压缩时的强度曲线

一些研究结果证实，在 400~500 ℃时，未形变奥氏体中的碳化物形核比较困难，只能沿晶界生成粗粒状碳化物，而形变之后却可以在位错上形核。这说明在 500 ℃左右的形变温度下，形变奥氏体位错上的沉淀反过来又影响形变中产生的位错密度，因为碳化物沉淀能很快钉扎已有位错，使在进一步形变时能以更大的速度产生新的位错。这样就可以提供更多的沉淀部位，相互促进，往复不断。这就可以解释图 6-6 中出现的亚稳奥氏体形变的高应变强化速度，也可以解释低温

形变淬火钢强度与形变量间的线性关系，还可以解释低温形变淬火钢为什么具有较高的耐回火性。

在形变温度下，许多合金钢亚稳奥氏体中的碳溶解度极低，其中的碳处于过饱和状态，析出碳化物后固溶体以及随之转变形成的马氏体碳含量很低。总之，低温形变淬火所形成的马氏体含有较高的位错密度、细小弥散的碳化物和较低的固溶碳含量。马氏体中固溶碳的含量低可能就是低温形变淬火钢比普通淬火钢有较高塑性和韧性的主要原因。

6.1.3 低温形变热处理后的力学性能

1. 化学成分对钢形变淬火后力学性能的影响

钢化学成分不同，低温形变淬火强化效果也不同。影响强化效果最显著的元素是碳。合金结构钢中的 w_C 为 0.3%～0.6%时，低温形变淬火后的强度随碳含量的增加成直线上升，如图 6-7 所示。钢形变淬火强度随形变量的增加而增大，随着钢碳含量的增加，此效果更加明显，如图 6-8 所示。

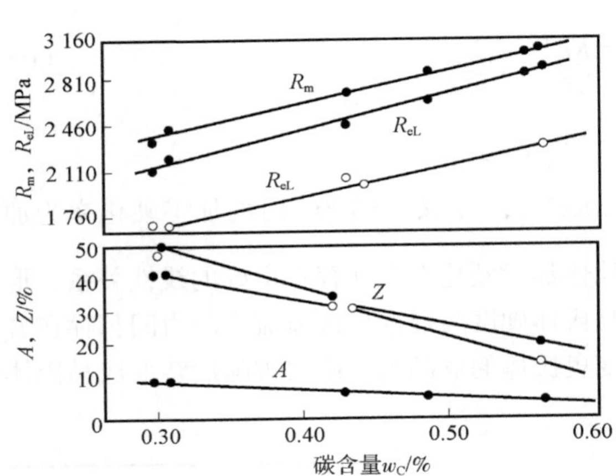

图 6-7 碳含量对 3%Cr-1.5%Ni 钢拉伸性能的影响

●—低温形变淬火；○—普通热处理

注：900 ℃奥氏体化、540 ℃形变 91%，330 ℃回火

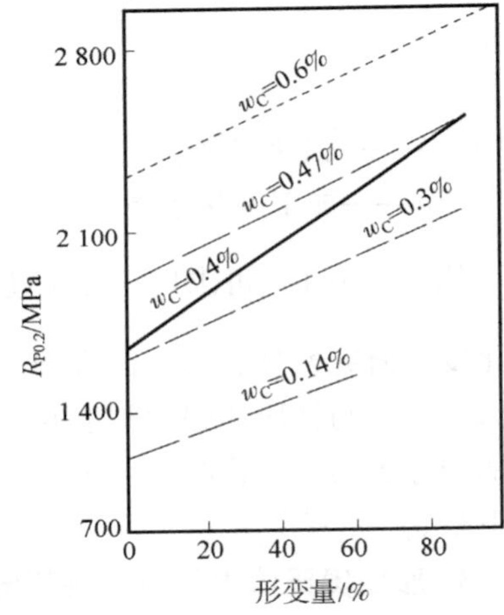

图 6-8 低温形变热处理时的形变量对不同碳含量（质量分数）钢强度的影响

注：———3%Cr 钢；- - - - -—SAE4340 钢；— — —410 不锈钢

对某些多元合金钢，随着碳含量的增加，形变淬火后抗拉强度的变化约在 w_C 为 0.48%处存在极大值，超过此碳含量，强度逐步下降（图 6-9）。因此，为了获得力学性能的良好配合，低温形变淬火用钢的 w_C 应控制到 0.5%以下。

Cr、Mo、V 等碳化物形成元素对钢低温形变淬火强化效果亦有明显影响。图 6-10 为 Cr、Mo、V 元素总量达 7%的 H11 钢与不含碳化物形成元素钢形变淬火强化后屈服强度变化的比较。Fe-Ni-C 合金为每 1%的形变量，屈服强度增加 5 MPa，而 H11 钢的屈服强度增加率为9 MPa。由此可知，碳化物形成元素能显著提高合金钢奥氏体的加工硬化度 nK，其中以 Mo 的影响最大，其次是 V，再次是 Cr；在 Fe-Mn-C 奥氏体合金上也得到了类似结果；碳化物形成元素能显著提高强度增加率；碳化物形成元素能显著提高低温形变淬火马氏体的强度。

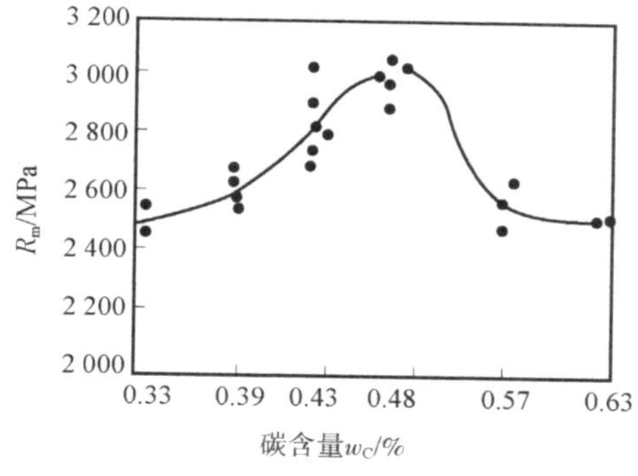

图 6-9　碳含量对 1.86%Cr-2.33%Ni-1.05%Mn-1.03%Si-1.03%W-0.47%Mo 钢低温形变淬火抗拉强度的影响

注：1 000 ℃奥氏体化、550 ℃形变 90%，100 ℃回火

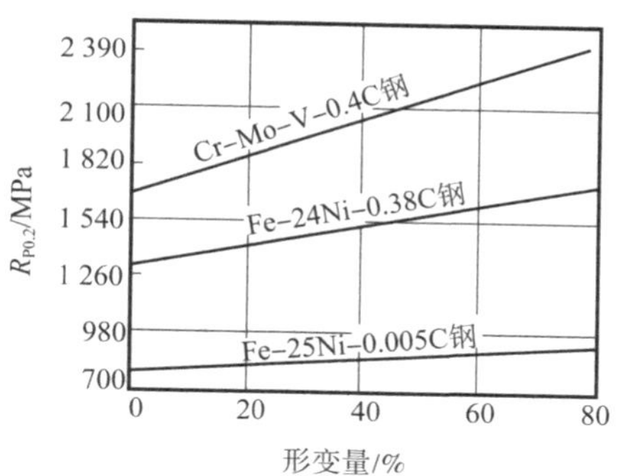

图 6-10　含碳化物形成元素的 H11 钢和不含碳化形成元素的 Fe-Ni-C 合金的低温形变淬火强度的增加率

非碳化物形成元素 Si 能显著提高钢的耐回火性。在 $w_C=0.4\%$ 的 Cr-Ni-Mo 钢中加入 1.5%Si（质量分数），在形变淬火和 200~300 ℃回火后抗拉强度达到 2 670 MPa，屈服强度达到 2 350 MPa，而加入 0.3%Si（质量分数）其抗拉强度只有2 200 MPa，屈服强度只有 1 960 MPa。Mn 对于提高钢形变淬火的强韧性没有贡献，但价格便宜，可用来代替 Ni，提高亚稳奥氏体的稳定性，便于钢施行低温形变淬火。

低温形变淬火可以提高钢的耐回火性，即经过低温形变的钢加热到较高温度尚可保持形变强化效果。图 6-11 为 45CrMnSi 钢在 950 ℃奥氏体化、535 ℃压缩形变 30%，然后油淬的硬度—回火硬度曲线。由图 6-11可见，形变淬火的钢在加热到较高的回火温度尚可保持较高硬度。

低温形变淬火可改变淬火回火时有二次硬化特性钢的性能。在普通淬火后回火具有二次硬化效应的钢，通常经过低温形变淬火后再回火，硬度可能比二次硬化峰值硬度高，但二次硬化效应没有出现，表现出较高的耐回火性。

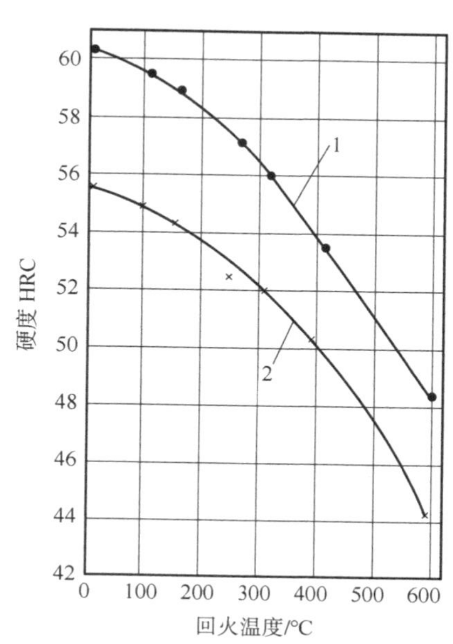

图 6-11　45CrMnSi 钢低温形变淬火与普通淬火试样的硬度—回火温度曲线

1—低温形变淬火；2—普通淬火

2. 低温形变淬火钢的力学性能

1）拉伸性能

在一般情况下，低温形变淬火比普通淬火能提高强度 300~700 MPa，对 Vasco MA 合金甚至能提高 1 000 MPa。低温形变淬火不但能提高钢的常温力学性能，而且能提高其高温性能。

2）冲击韧度

目前，低温形变淬火对钢冲击韧度的影响规律尚无一致的认识。有的试验结果表明：低温形变淬火可提高某些钢的冲击韧度；部分试验结果认为无影响；还有的试验结果正好相反。

3）疲劳性能

通常认为，疲劳极限σ_{-1}与抗拉强度R_m、断面收缩率Z间的关系为$\sigma_{-1}=ZR_m$。低温形变淬火在提高钢的强度的同时，能使塑性指标基本不变，这就能使钢维持高的σ_{-1}/R_m值，从而延长机器零件的使用寿命。在$N=10^7$循环下，H_{11}钢经普通热处理后的疲劳极限平均值为960 MPa，而低温形变淬火后则为1 180～1 210 MPa，即提高了20%～26%。

4）延迟断裂倾向

强度在1 200 MPa以上的高强度钢，在含H_2的介质中经受静载荷所引起的应力在屈服强度以下，但经过一定的加载时间后会发生突然的脆断，此即为延迟断裂现象。低温形变淬火能显著改善钢的延迟断裂性能。

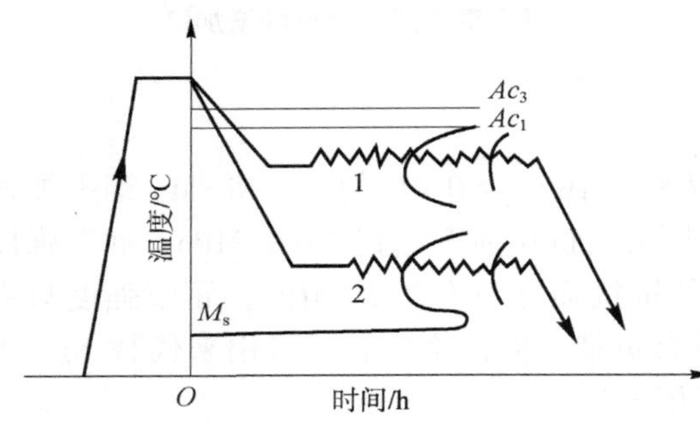

图6-12　等温形变热处理工艺曲线

1—获得珠光体组织；2—获得贝氏体组织

6.1.4　其他低温形变热处理

1. 等温形变热处理

等温形变热处理是在奥氏体等温分解过程中进行形变，可在提高钢材强度的同时获得较高的韧性。其分为获得珠光体组织和获得贝氏体组织等温形变热处理两类，工艺曲线如图6-12所示。

1）获得珠光体组织的等温形变热处理

这一工艺对提高钢材强度作用不大，但对于提高韧度和降低脆性、转变温度效果十分显著。如$w_C=0.4\%$的钢在600 ℃等温形变热处理后的屈服强度达804 MPa，20 ℃时的冲击吸收能量高达230 J。

2）获得贝氏体组织的等温形变淬火

此工艺对于提高强度的作用显著，同时能保持理想的塑性。如40CrSi钢在350 ℃贝氏体等温形变时，屈服强度高、塑性差，而在400 ℃和450 ℃、形变量大于20%时强度和塑性同时提高。贝氏体等温形变淬火不但可以提高强度、改善塑性，而且可以提高40CrSi钢的冲击韧性。

2. 珠光体低温形变

珠光体低温形变热处理工艺，多使用在高强度线材（如钢琴丝和钢缆丝）的生产上。其工艺过程为：首先将钢丝加热奥氏体化，然后淬入500～520 ℃的热浴（以往多用铅浴，故称为淬铅）中等温保持，在等温过程中得到细的珠光体或珠光体+铁素体组织。该组织具有较高的强度及良好的塑性，为下一步的形变强化做好了组织方面的准备。再经大形变量（>80%）拉拔，形变时珠光体中的渗碳体发生塑性变形，其取向与拔丝方向逐渐趋于一致。铁素体的片间距因受到压缩而变细，其取向也与拔丝方向平行。这样便可得到一种类似于复合材料的强化组织。

此工艺多应用于 60、70、T7A、T8A、T9A、T10A 和 65Mn 钢丝的生产，所获得的直径 0.14~8.0 mm 的线材强度可达到 2 155~2 450 MPa。

珠光体形变处理还有一种工艺，即是通过形变促进珠光体球化。变形组织能显著缩短珠光体组织的球化过程，且可以提高轴承钢淬火、回火后的力学性能。例如，对珠光体组织进行室温冷变形，再加热到 700~750 ℃进行低温球化，如图 6-13 所示。

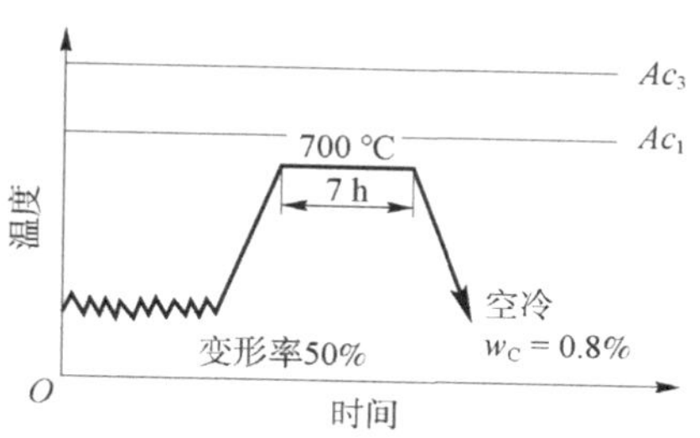

图 6-13　低温形变球化退火工艺曲线

3. 马氏体转变过程中的形变

（1）对奥氏体在低温（室温）下比较稳定的钢进行形变，诱发马氏体形变，以获得双相（奥氏体+马氏体）组织、处于冷作硬化状态的高强度钢。

（2）利用相变诱发塑性对 TRIP 钢进行形变。利用形变诱发马氏体相变和马氏体相变诱发超塑性而发展起来的一种高强度、高塑性钢材，称为 TRIP 钢，主要用于汽车钢板等。

TRIP 钢的处理方法如图 6-14 所示。TRIP 钢经 1 120 ℃固溶处理后，冷却至室温，全部成为奥氏体（M_s 点低于室温），然后于 450 ℃左右进行形变（低温加工），并进行深冷处理（如-196 ℃），使其发生马氏体形变，如图 6-14（a）所示。由于钢的 M_s 点较低，深冷处理只能形成少量马氏体。为了增加马氏体量，将钢于室温或室温附近形变，这样不仅可使奥氏体进一步加工硬化，而且能产生更多的马氏体，从而达到调整强度及塑性的目的。经过上述处理后，强度达到 1 410~2 210 MPa，伸长率达 25%~80%。TRIP 钢在室温形变后有时还进行 400 ℃左右的最终回火，如图 6-14（b）所示。TRIP 钢具有很高的塑性。成分为 0.3C-9Cr-8Ni-4Mo-2Mn-2Si 的 TRIP 钢的断裂韧度 K_{IC} 和 K_C 值都很高。当屈服强度为 1 620 MPa 时，K_C 为 8 750 $MPa \cdot m^{\frac{1}{2}}$ 左右，室温下的 K_{IC} 约为 3 250 $MPa \cdot m^{\frac{1}{2}}$，-196 ℃时为4 860 $MPa \cdot m^{\frac{1}{2}}$。TRIP 钢有这样高的断裂韧度是由于在破断过程中发生奥氏体向马氏体的转变所致。

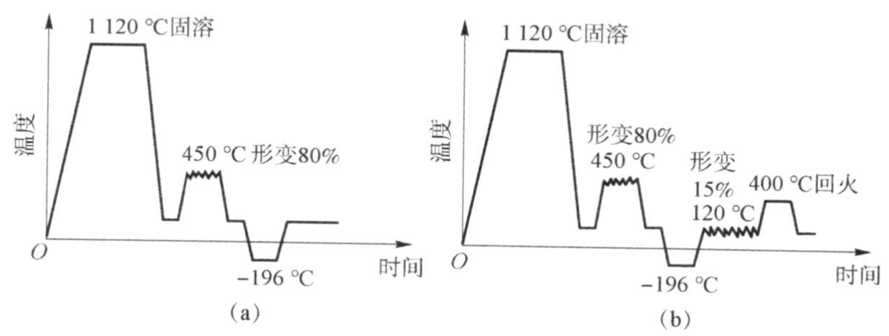

图 6-14　TRIP 钢的形变热处理工艺曲线

（a）一次形变；（b）二次形变

6.2　高温形变热处理

将钢加热到稳定奥氏体区保持一段时间，在该状态下形变，随后进行淬火以获得马氏体

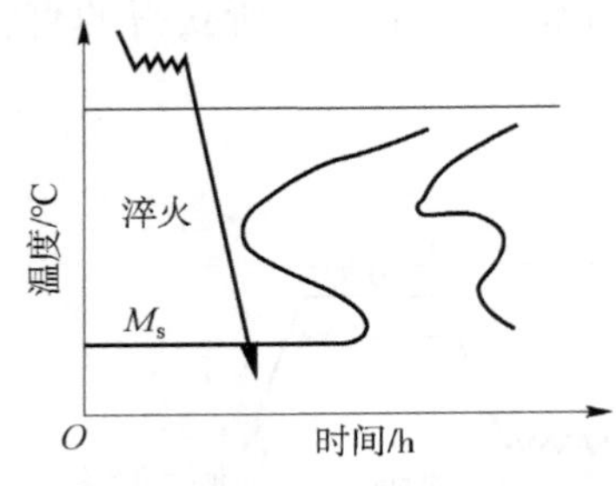

图 6-15　高温形变淬火工艺示意

组织的综合处理工艺，称为高温形变淬火。高温形变淬火工艺曲线如图 6-15 所示。

高温形变淬火辅以适当温度的回火处理，能在提高钢的强度的情况下，改善钢的塑性和韧性。高温形变淬火可提高钢材的裂纹扩展功、冲击疲劳抗力、断裂韧度、疲劳断裂抗力（特别是在超载区的疲劳破断抗力）、延迟破断裂纹扩展抗力、高接触应力下局部表面破损抗力和接触疲劳抗力（尤其是在超载区）。此外，高温形变淬火可降低钢材脆性转变温度及缺口敏感性，在低温破断时呈现韧性断口，但强化效果不及低温形变淬火。

高温形变淬火对材料没有特殊要求，一般碳钢和低合金钢均可应用。

高温形变淬火的形变温度高，形变抗力小，因而在一般压力加工（轧、锻）条件下即可采用，并容易安插在轧制或锻造生产流程中。

从力学性能组合、工艺实施和对钢材要求的角度来看，高温形变淬火比低温形变淬火有许多优越性，因此近年来发展较快。

6.2.1　高温形变热处理工艺参数

高温形变热处理的工艺参数为形变温度、形变量、形变后淬火前的停留时间、形变速度和形变淬火后的回火温度等。

1. 形变温度

从提高钢材强韧化的角度出发，形变温度应尽可能低些，以防高温形变后淬火前（或高温形变过程中）奥氏体发生再结晶而影响高温形变淬火的强韧化效果。

2. 形变量

高温形变淬火的形变量与钢材强韧化效果，常因钢材的化学成分不同而分为两种类型：一种类型是随着高温形变时形变量的增大，钢材的强度和塑性不断增大，如 45CrNiMnSiMoV 和 40Cr2Ni4SiMo 钢等；另一种类型是在高温形变淬火时，钢材的拉伸性能随着形变量的增大先增大后减小，如 55CrMnB 钢等。对于一般钢材，高温形变淬火时的最佳形变量为 25%~40%（强韧化效果达到极值）。

3. 形变后淬火前的停留时间

对非合金钢及低合金钢要求形变后立即淬火；对中合金钢允许有一段时间的停留；而对高合金钢，为了得到最佳的力学性能，形变后必须有一段较长时间的停留。

4. 形变淬火后的回火温度

高温形变淬火后必须进行回火处理。高温形变淬火钢马氏体的碳含量比普通淬火态低，因而具有高的强度、较高的塑性和韧性，可以在较低的温度下回火而不必担心发生脆断。由于此时形成非常稳定、细小而弥散的碳化物和规则排列的位错亚结构，故高温形变淬火钢具有很高的耐回火性。

对高强度结构件，可进行低温（100~200 ℃）回火；对塑性要求较高、在低温或高温工作的工件，应进行高温回火。

6.2.2　高温形变热处理后的组织变化

1. 马氏体形态与精细结构

高温形变淬火能显著细化马氏体组织，在这方面和低温形变淬火相似，随着形变量的增大，马氏体组织不断细化。但是，只有当形变奥氏体在初始再结晶时晶粒高度细化，在淬火后才能获得细而短的马氏体针。形变奥氏体在初始再结晶时，又会发生位错密度的严重降低，以致明显减弱形变强化效果。

高温形变淬火、回火后，马氏体位错密度显著增加，位错结构也发生变化。形变淬火钢的高强度就是高位错密度的反映，而马氏体组织的细化主要表现在塑性方面的改善。

2. 奥氏体组织结构

奥氏体在高温形变过程中的晶粒多边化具有普遍性。此现象对高温淬火钢的强度、韧性和强化效果稳定性都有正面作用。多边化过程是晶粒内部嵌镶块间小角边界上的位错攀移形成墙的结果。

在高温形变过程中，奥氏体晶粒被拉长，有时还在 900～1 100 ℃、20%～30%形变量条件下形成锯齿状晶界。后者有阻碍滑移向相邻晶粒内扩展的作用，从而也是提高强度、改善塑性、抑制回火脆性以及阻碍蠕变断裂的有利因素。

3. 残留奥氏体

形变淬火钢中的残留奥氏体受两个因素制约。一是碳化物自奥氏体中析出，使奥氏体的碳含量和合金元素含量减少，M_s 升高，奥氏体—马氏体转变的形核率提高，从而使残留奥氏体减少；二是形变奥氏体中有大量位错、压应力、细化的嵌镶块结构，造成马氏体转变形核的困难，使形变淬火后的残留奥氏体增多。因此，高温形变淬火钢中的奥氏体量增多或减少与形变量和形变温度有关。

从图 6-16 中可看出，在 T12 和 50CrNi4Mo 钢形变淬火后的残留奥氏体量与形变量的关系中存在一个极大值。这是因为在形变量小时，奥氏体析出的碳化物少，本身却受到高度强化，使马氏体转变受阻，残留奥氏体逐步增加，而在较大形变量时，由于动态回复或动态再结晶过程，使奥氏体的强化减弱，碳化物析出起到主要作用。奥氏体中碳化物和合金元素的明显减少，使 M_s 升高，残留奥氏体不断降低。

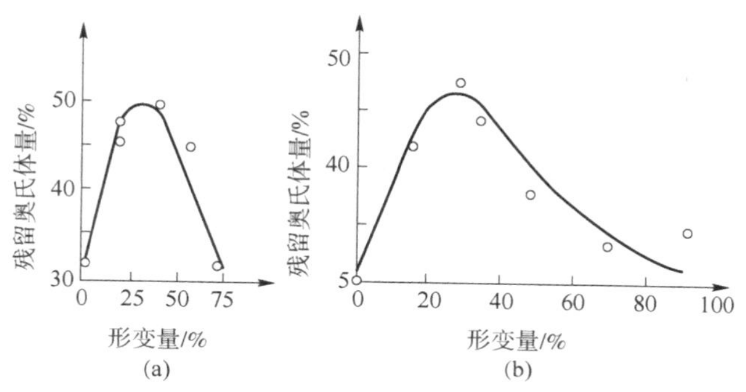

图 6-16　T12 和 50CrNi4Mo 钢 900 ℃形变淬火（未回火）后的残留奥氏体量与形变量的关系

（a）T12 钢；（b）50CrNi4Mo 钢

4. 碳化物析出

钢在高温形变时，在高的压应力作用下，碳在奥氏体中的溶解度会明显下降，导致形变中碳化物的析出。这可以在T12钢形变淬火后残留奥氏体晶体点常数随形变量的增加而逐步减少的事实中得到证实。有试验表明，55CrMnSiVA钢的马氏体碳含量随形变量增加而先减后增。先减是由于奥氏体中的碳化物析出起主导作用，后增是因为奥氏体的再结晶过程主导，碳化物析出减少的结果。而形变温度由950 ℃降到850 ℃时，由于再结晶过程受阻，马氏体碳含量随形变量增加而持续下降。

6.2.3 高温形变热处理后的力学性能

1. 钢的化学成分对高温形变淬火后力学性能的影响

合金元素对钢材高温形变淬火效果的影响与低温形变有很多相同之处。区别在于高温形变时，形变温度对合金元素作用的影响更为强烈。这是因为形变温度高会加速原子扩散，以及点阵缺陷（位错）的运动和重组，因此通过高温形变发挥钢中合金元素作用潜力，形成稳定的、对钢材力学性能有正面影响的位错结构是至关重要的。

1）碳的作用

随着钢中碳含量的增加，高温形变强化效果明显提高，而塑性指标则连续下降。钢的强度变化与碳含量的关系曲线存在一个极值，如图6-17所示。为获得强度和塑性的合理配合，钢的强度不宜提高到最大程度。

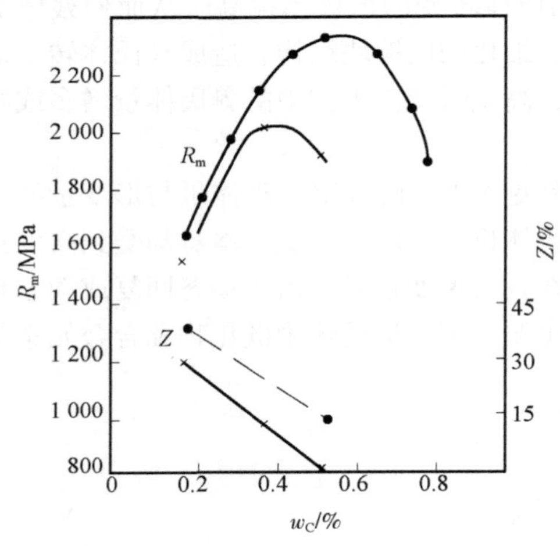

图6-17 碳含量对Cr-Mn-B钢力学性能的影响（200 ℃回火）

•—高温形变淬火；×—普通淬火

2）其他合金元素的作用

增加钢中的硅含量能提高高温形变强化效果。Cr、W、Mo、V等碳化物形成元素以及Mn、Ni、Si都对形变奥氏体的再结晶有抑制作用，从而可明显提高钢高温形变淬火回火后的强度和塑性。

2. 高温形变钢的力学性能

1）拉伸性能

与普通淬火、回火相比，高温形变淬火、回火能提高抗拉强度10%~30%，提高塑性40%~50%，而且高温形变量可降到20%~50%（低温形变则高达60%以上）。高温形变淬火+回火不但能提高钢材的室温拉伸性能，而且能提高高温拉伸性能。

2）冲击性能

高温形变淬火能使钢材的冲击韧度数倍增长，使脆性转变温度明显下降，在合理选择工艺的前提下减轻钢的第一类回火脆性，完全消除第二类回火脆性。图6-18为AISI 5150钢［0.5%C，0.9%Mn，0.1%N，0.8%Cr（质量分数）］在843 ℃奥氏体化并空冷至792 ℃施行60%形变量的形变后的冲击吸收能量随硬度的变化。高温形变淬火对37CrNi3A钢冲击吸收能量的影响如图6-19所示。

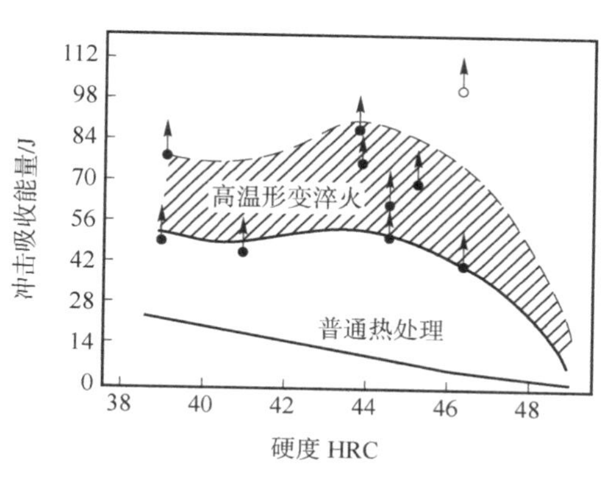

图 6-18　高温形变对 AISI 5150 钢冲击吸收能量的影响

注：箭头表示试样未断裂

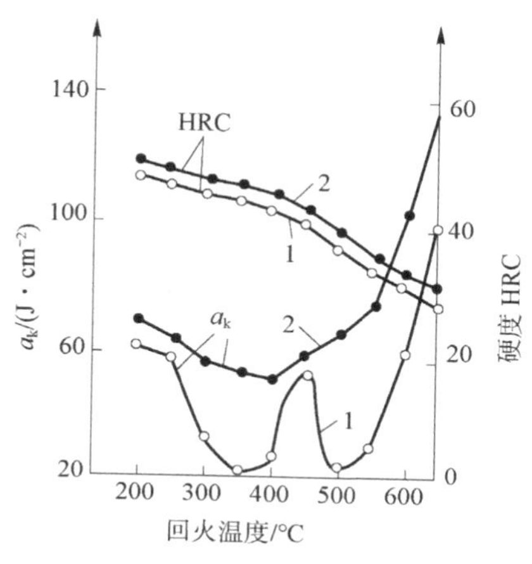

图 6-19　高温形变淬火对 37CrNi3A 钢冲击韧度的影响

1—普通淬火；2—高温形变淬火

3）疲劳性能

高温形变淬火能提高钢的疲劳极限，但应特别注意形变量的作用。对一些钢种，形变量与疲劳极限间的关系存在极大值，过度的形变会使疲劳极限降低，如 AS5160 钢（相当于 60MnCr），形变量约小于 30%，随着形变量的增加，疲劳极限增加，而当形变量超过 30%之后，随着形变量的增加，疲劳极限降低。

4）裂纹扩展功与断裂韧度

高温形变淬火能提高钢材的裂纹扩展功和断裂韧度，降低缺口敏感性。钢材断裂韧度 K_{IC} 随形变量的变化有极大值关系。在相同屈服强度下，高温形变淬火钢材的断裂韧度比普通淬火者高得多。

5）延迟断裂性能

高温形变淬火能提高钢的氢致延迟断裂性能，应力与断裂时间的关系：在 800～900 ℃下进行形变量为 20%～28%的变形，随后进行淬火可提高 32MnSi 钢断裂应力，达到1 370 MPa，断裂时间320 min；而普通淬火的断裂应力仅为 985 MPa，断裂时间 220 min。

6）热强性

高温形变淬火能提高钢的持久强度，从而延长钢高温承载条件下发生断裂的时间、降低第二阶段蠕变速度，是各种形变热处理方法中提高结构钢热强性效果最好的措施。

另外，高温形变淬火还能提高钢的耐磨性和抗蚀性。

6.2.4　其他高温形变热处理

1. 锻热淬火

锻热淬火是工件或毛坯经高温锻造后立即淬火的复合热处理工艺，也称锻造余热淬火。实际上是形变温度较高（一般为 1 050～1 250 ℃）的高温形变淬火处理工艺。与普通热处理相比，钢经锻热淬火后可使各项力学性能均有所提高：硬度提高10%、抗拉强度提高3%～10%、伸长率提高10%～40%、冲击韧度提高20%～30%。此外，经锻热淬火后，钢材具有很高的耐回火性，强化效果可保持到600 ℃以上。

锻热淬火的工艺参数对其强化效果有很大的影响，其中尤以锻造温度和锻造后淬火前的停留时间影响最大。

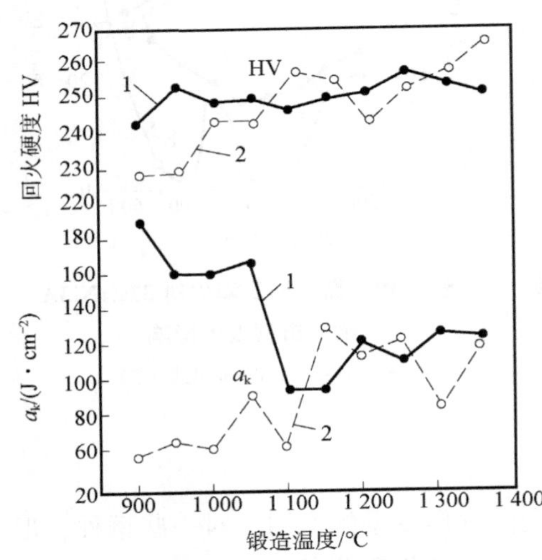

图 6-20　锻造温度对50钢锻热淬火后硬度和冲击韧度的影响

1—锻热淬火；2—普通淬火

注：回火温度为600 ℃

从获得最佳强韧化效果出发，锻造温度不宜过高，以避免工艺过程中奥氏体动态再结晶的发生，使钢的强度明显下降。图6-20为锻造温度对50钢硬度和冲击韧度的影响。

锻造后淬火前的停留时间对锻热淬火效果也有很大的影响，停留时间过长，也容易使形变奥氏体发生再结晶，使强度和硬度下降。图6-21为形变后停留时间对45钢力学性能的影响。从图中的数据可知，锻热淬火的锻造温度不宜过高，锻后应立即淬火，对非合金钢可有3～5 s的停留，合金钢停留时间可较此稍长。

锻热淬火具有强化钢材、简化工艺、节约能源等优点，所以在生产中得到了广泛的应用。

2. 高温形变正火

高温形变正火是钢材或工件毛坯在锻造（或轧制）时，适当降低终锻（轧制）温度（常取在Ac_3附近，或甚至在Ac_1以下，以避免再结晶过程的严重发展），之后空冷的复合热处理工艺。其主要目的是提高材料的冲击韧性、耐磨性及疲劳强度等，同时降低钢的脆性转变温度。

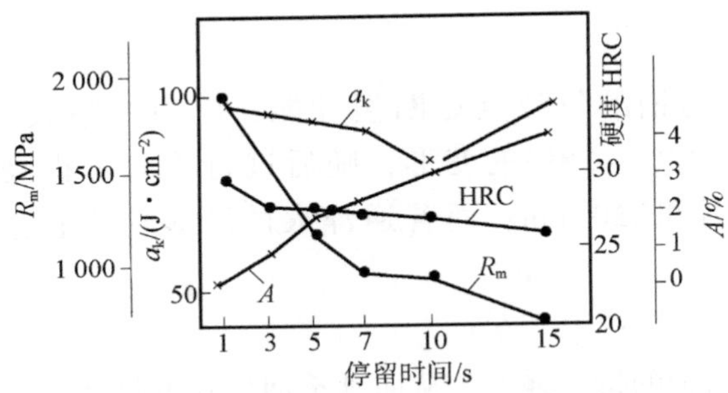

图 6-21　形变后停留时间对45钢力学性能的影响

注：600 ℃回火1 h

高温形变正火适用于用微量元素（V、Nb和Ti等）强化的建筑用钢及结构钢材，以改善其塑性。共析非合金钢经普通正火（860 ℃普通正火，冷却速度为85 ℃/s）及高温形变正火（860 ℃形变15%正火，冷却速度为85 ℃/s）后的力学性能分别为：R_{eL}=843 MPa、R_m=1 215 MPa、Z=38%；R_{eL}=911 MPa、R_m=1 274 MPa、Z=48%。

此外，高温形变正火还可以消除某些钢材粗大晶粒非平衡组织的组织遗传性。例如，20CrMnTi 钢锻件（尺寸为 80 mm×40 mm×80 mm），其粗大晶粒的非平衡组织在渗碳淬火加热时会发生组织遗传，然后又获得粗大晶粒。而原始组织粗大的平衡组织，在高温形变正火后再渗碳淬火加热条件下不发生组织遗传，从而获得细小晶粒组织。对此，可利用锻造余热控制冷却速度进行正火，如图 6-22 所示。其冷却方式是在缓冷箱中冷却，可得到平衡组织并能改善钢件的切削性能，节约能源。在随后渗碳、再加热淬火或直接淬火后都可获得细小晶粒，保证产品质量。

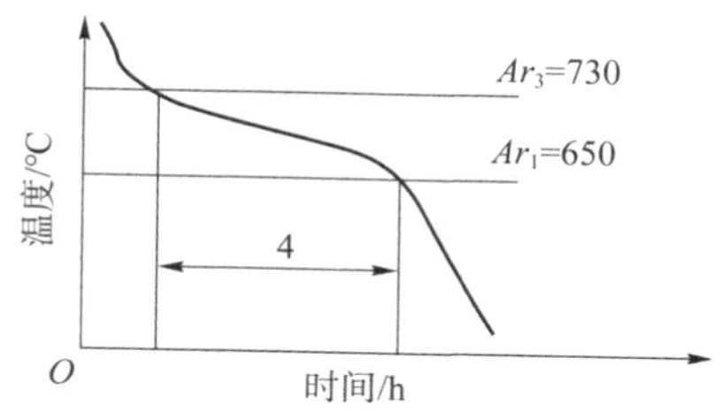

图 6-22　20CrMnTi 钢锻造余热正火冷却曲线

3. 高温形变球化退火

高温形变球化退火是在 Ac_1+（30~50）℃或相当于终锻温度下形变，随后缓冷退火时冷却速度为 30~50 ℃/h 进行等温球化退火。其适用于轧、锻件的锻后余热形变球化退火，可用于大批生产的弹簧钢和轴承钢等。例如，将 GCr15 轴承钢加热到 900 ℃以上均热后出炉进行形变，其最佳形变温度为 820~750 ℃，平均应变 ε>0. 3~0. 5，然后在680~720 ℃时等温退火，随炉冷却至 650 ℃出炉空冷；或者在完成形变后以 30~50 ℃/h 的冷却速度冷却至 650 ℃出炉空冷。上述形变球化退火工艺曲线如图 6-23 所示，总体加热时间及退火等温时间或缓冷时间将比常规球化退火时间缩短 1/8~1/5，碳化物细化到 0. 3~0. 8 μm，且较为均匀，二次网状碳化物基本上被抑制，且原奥氏体晶粒得到细化，硬度为 200~230HBW。

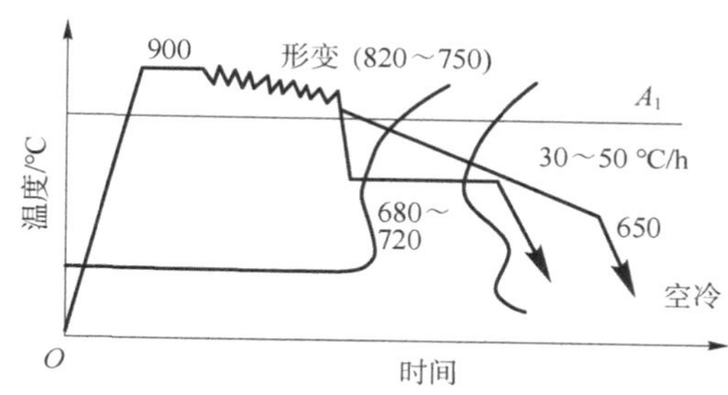

图 6-23　形变球化退火工艺曲线

4. 高温形变等温淬火

高温形变等温淬火是指钢材或工件毛坯经锻造（或轧制）后，利用余热直接、快速冷却至钢材的珠光体或贝氏体区间，进行等温转变的形变热处理工艺。经此法处理的钢材可获得高强度与高塑性的良好配合，适用于缆绳用的中碳（$w_C \approx 0.4\%$）和高碳（$w_C \approx 0.8\%$）钢丝及小型零件（如螺钉等）的生产。

贝氏体区域的高温形变等温淬火可使钢材的强度及塑性提高更多。例如，共析钢在 950 ℃轧制形变 25%后，在 300 ℃等温保持40 min，可使其抗拉强度比普通热处理后提高 294 MPa，屈服强度提高 431 MPa。如将等温转变温度提高到 400 ℃，当其强度指标与经普通热处理（淬火及回火）后的相同时，其断后伸长率 A 与断面收缩率 Z 分别由 8. 7%和 24. 7%相应地提高到 16%和 46%。

6. 3　表面形变热处理

将钢件表面形变强化，如喷丸、滚压等与整体热处理强化或表面热处理强化相结合可显著提高其疲劳和接触疲劳强度，延长机器零件的使用寿命。

6.3.1 表面高温形变淬火

表面高温形变热处理是将被处理工件表面加热（利用感应加热或盐浴加热）到临界点以上的温度，进行滚压形变后淬火的形变热处理工艺。其适用于圆柱形或圆环形工件（如高速转动的轴类和轴承套圈）等，在提高抗磨零件（如履带板和机铲等）使用寿命方面也较有效。

表面高温形变淬火时，对于每一种钢，都有其最佳的表面形变量，该形变量可通过试验获得。

此工艺能显著提高钢材的接触疲劳极限及耐磨性。表 6-1 为 40Cr 钢经不同热处理后的接触疲劳极限。从表中数据可以看出，40Cr 钢经表面高温形变淬火后具有（比任何其他热处理方法）最高的接触疲劳极限。

表 6-1　40Cr 钢经各种处理后的接触疲劳极限

处理规范	硬度 HRC	接触疲劳极限/MPa
整体淬火，低温回火	46~48	940
整体淬火，低温回火，喷丸强化	49~51	1 080
高频感应淬火，低温回火	51~53	1 180
高频感应淬火，低温回火，喷丸强化	54~56	1 233
最佳规范高温滚压淬火（950 ℃、539 MPa），180~200 ℃回火	50~52	1 270

6.3.2 表面冷形变强化

经热处理后的钢制工件，在喷丸、滚压和挤压后，可使工件表面多次发生微小变形，叠加起来造成工件表面塑性变形（冷作硬化），改善工件表面的完整性（改善表面粗糙度、改变表层组织结构、提高表层密度），并形成压应力状态，从而提高工件表面的疲劳性能、应力腐蚀性能和耐磨性能等。

表面冷形变强化在（模具）模膛强化中的应用主要有喷丸强化、挤压强化和滚压强化等。挤压和滚压分别用于挤压模（内）模膛和凸模的强化，而喷丸则可用于任何形状的模膛。例如，汽车和拖拉机活塞销，通常采用冷挤压工艺生产，而冷挤压凸模寿命较短（多在凸模工作部分向夹持部分过渡的内圆角处断裂），影响生产率，对相同模具钢（W6Mo5Cr4V2）、热处理（淬火、回火）和加工（磨削）工艺的凸模，进行滚压圆角和未滚压圆角的对比试验，结果表明，滚压圆角的凸模寿命为未挤压圆角凸模的 4~6 倍。

模具的喷丸过程是弹丸（如钢丸、玻璃丸和陶瓷丸等）流不断撞击模膛表面层并使表面层在 0.1~0.7 mm 时不断积累塑性变形的过程。喷丸能促使工件表层的组织发生转变，如残留奥氏体诱发转变为马氏体，并引入压应力，从而提高表层的硬度、疲劳强度的耐磨性。例如，热精压活扳手锻件的 3Cr2W8V 钢模具经喷丸处理后，其使用寿命比未经喷丸处理的模具提高 50%。

经表面冷形变强化后进行时效（低温回火）处理，可使其进一步强化。例如，弹簧钢 55Si2 和 60Si2 所制试件在喷丸前均进行 900 ℃（60 min）加热、油淬及 450 ℃回火处理，然后进行喷丸强化处理。结果表明，在其疲劳极限—回火温度关系曲线上，存在一疲劳极限的极大值。对于 55Si2 钢，此极大值所对应的回火温度为 300 ℃，60Si2 钢为 200 ℃，即在喷丸处理后，选用适当的温度进行时效，可使疲劳极限值增大 10%左右。

对于一般喷丸或滚压强化后的工件，均可对其进行 200~300 ℃的附加时效处理，以进一步提高疲劳性能。

6.4　形变化学热处理

形变既可加速化学热处理的过程，也可强化化学热处理的效果，是一种值得重视的热处理新工艺。

6.4.1　钢件化学热处理后冷变形

钢件经渗碳、渗氮和碳氮共渗等化学热处理后施行喷丸和滚压等表面冷形变可获得进一步强化，得到更高的表面硬度、耐磨性和疲劳强度，进一步提高工件的使用寿命。

对渗碳后的工件进行喷丸或滚压表面形变处理，再进行低温回火，可使工件表面层得到超高的硬度及耐磨性。其适用于对耐磨性及疲劳性能要求极高的各种工件，如航空发动机齿轮及内燃机气缸套筒等。

冷形变能促使渗层晶粒内亚结构的变化，使部分残留奥氏体转变为马氏体，在表面形成较大的压应力。这些都是提高钢件表面硬度和综合力学性能的因素。

喷丸强化（如应力喷丸、两次喷丸和硬喷丸）不同于喷丸清理，它是一种受控喷丸工艺，其主要是借助于高速运动的弹丸冲击零件的表面，使其发生弹性、塑性变形，从而产生残余压应力、加工硬化和组织细化等有利的变化，以提高工件（如齿轮）的弯曲和接触疲劳强度（在齿根喷丸可有效提高其疲劳强度，尤其是弯曲疲劳强度），从而提高齿轮的疲劳寿命。

6.4.2　钢件形变后化学热处理

形变后化学热处理是将工件经冷形变或形变热处理后再进行化学热处理的复合热处理工艺。形变既可加速化学热处理过程，又可强化热处理效果，是一种新的热处理工艺方法。

冷形变+化学热处理工艺，如冷形变+渗碳冷形变+渗氮、冷形变+碳氮共渗、冷形变+渗硼，以及冷形变+渗钛等。形变热处理+化学热处理工艺，如低温形变淬火+渗硫、锻热淬火+渗氮和高温形变淬火+低温碳氮共渗等。

应力和形变均可加速铁原子的自扩散和置换原子的扩散。研究结果证实，无论是弹性形变、小的塑性形变，还是大的塑性形变，拉应力都能加速铁原子的自扩散过程。形变也会对间隙原子（碳、氮）的扩散产生影响。通过适当的形变和后热处理，均可加速渗碳和渗氮过程。例如，对 22CrNiMo 钢试件冷镦形变 25%、50%和 75%，然后渗碳。渗碳是在贯通式渗碳炉中进行的，渗碳温度为 930~950 ℃，渗碳时间为 2 h、7 h 和 13 h。渗碳后预冷至 850 ℃，油淬。为了进行对比，相同钢材、相同形状和尺寸的试件也同炉处理。由试验结果可知，室温形变促使渗碳过程加速；形变量不同，促渗作用也不相同。此外，室温形变还提高了 22CrNiMo 钢渗碳层中的碳含量。

表面形变处理也能促进化学热处理过程。例如，对工件进行喷丸处理，使其表面产生塑性变形，由此引起表层显微组织发生变化，产生表面压应力。它不仅可以改善材料表面的几何形貌和清洁度，还能去除化学覆盖层，有利于后续化学热处理。试验表明，在 520 ℃将经喷丸处理后的 4Cr5MoSiV1 钢离子渗氮 1 h，催渗效果十分显著，渗氮层深度由 31.6 μm 增至 52.5 μm，表层显微硬度也由 986HV 增加至 1 084HV。中国科学院卢柯采用高速喷丸工艺使低碳钢表面纳米化后再进行渗氮处理，不仅可使渗氮温度降至 300 ℃，而且可使渗氮时间缩短为 9 h，故具有很高的工程实用价值。

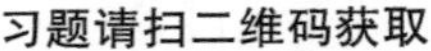
习题请扫二维码获取

习题答案

参考文献

[1] 中国机械工程师学会热处理学会．热处理手册：第1卷［M］.4版．北京：机械工业出版社，2013.

[2] 夏立芳．金属热处理工艺学［M］．修订版．哈尔滨：哈尔滨工业大学出版社，2012.

[3] 戚翠芬，张树海．加热炉基础知识与操作［M］．北京：冶金工业出版社，2005.

[4] 刘宗昌，赵莉萍．热处理工程师必备基础理论［M］．北京：机械工业出版社，2013.

[5] 冶金工业部钢铁研究院．合金钢手册：上册［M］．北京：机械工业出版社，1984.

[6] 金荣植．金属热处理工艺方法700种［M］．北京：机械工业出版社，2018.

[7] 侯旭明．热处理原理与工艺［M］．北京：机械工业出版社，2014

[8] 杨满．热处理工艺参数手册［M］．北京：机械工业出版社，2013.

[9] 王忠诚．热处理常见缺陷分析与对策［M］．北京：化学工业出版社，2008.

[10] 陆兴．热处理工程基础［M］．北京：机械工业出版社，2007

[11] 雷廷权，傅家骐．金属热处理工艺方法500种［M］．北京：机械工业出版社，1998.

[12] 黄拿灿．现代模具强化新技术新工艺［M］．北京：国防工业出版社，2008.

[13] 李国彬．热处理工艺规范与数据手册［M］．北京：化学工业出版社，2013.

[14] 王忠诚．真空热处理技术：真空热处理工艺与规程［M］．北京：化学工业出版社，2015.

[15] 齐宝森，王忠诚，李玉婕．化学热处理技术及应用实例［M］．北京：化学工业出版社，2015.

[16] 齐宝森，王忠诚，李玉婕．化学热处理技术及应用实例［M］．北京：化学工业出版社，2021.

[17] 雷廷权，赵连城．钢的形变热处理［M］．北京：机械工业出版社，1979.

[18] 吴元徽．形变热处理的强化机理与应用前景［J］．热处理技术与装备.2015，36（06）：46-49.

[19] 沈庆通，梁文林．现代感应热处理技术［M］．北京：机械工业出版社，2008.

[20] 潘邻．化学热处理应用技术［M］．北京：机械工业出版社，2004.

[21] 刘宗昌，冯佃臣.热处理工艺学［M］．北京：冶金工业出版社，2015.